建筑工程施工技术培训丛书

建筑装饰装修工程施工技术

白二堂　主编

中国铁道出版社

2012年·北京

内 容 提 要

　　本书主要内容包括：抹灰工程，门窗工程，吊顶工程，轻质隔墙工程，饰面板（砖）工程，幕墙工程，涂饰工程，裱糊与软包工程，细部工程等。

　　本书内容翔实，语言简洁，重点突出，力求做到图文并茂，表述准确，取值有据，具有较强的指导性和可操作性，是建筑工程项目各级工程技术人员、工程建设监理人员、施工操作人员等必备工具书，也可以作为大中专院校相关专业及建筑施工企业职工培训教材。

图书在版编目(CIP)数据

建筑装饰装修工程施工技术/白二堂主编 . —北京：中国铁道出版社，2012.11
（建筑工程施工技术培训丛书）
ISBN 978-7-113-15022-8

Ⅰ.①建… Ⅱ.①白… Ⅲ.①建筑装饰—工程施工—技术培训—教材
Ⅳ.①TU767

中国版本图书馆 CIP 数据核字(2012)第 152500 号

书　　名：建筑工程施工技术培训丛书
　　　　　建筑装饰装修工程施工技术
作　　者：白二堂

策划编辑：江新锡
责任编辑：冯海燕　　　电话：010-51873193
助理编辑：王佳琦
封面设计：郑春鹏
责任校对：孙　玫
责任印制：郭向伟

出版发行：中国铁道出版社(100054,北京市西城区右安门西街8号)
网　　址：http://www.tdpress.com
印　　刷：化学工业出版社印刷厂
版　　次：2012年11月第1版　2012年11月第1次印刷
开　　本：787mm×1092mm　1/16　印张：14.5　字数：361千
书　　号：ISBN 978-7-113-15022-8
定　　价：34.00元

前　　言

我国经济建设飞速发展，城乡建设规模日益扩大，建筑施工队伍不断增加。建筑工程基层施工人员肩负着重要的施工职责，他们将图纸上的建筑线条和数据，一砖一瓦建成实实在在的建筑空间。基层施工人员的技术水平的高低，直接关系到工程项目施工的质量和效率，关系到建筑物的经济效益和社会效益，关系到使用者的生命和财产安全，关系到企业的信誉、前途和发展。为此我们特组织编写该套《建筑工程施工技术培训丛书》。

本丛书不仅涵盖了先进、成熟、实用的建筑工程施工技术，还包括了现代新材料、新技术、新工艺和环境、职业健康安全、节能环保等方面的知识，力求做到技术内容最新、最实用，文字通俗易懂，语言生动，并辅以大量直观的图表，能满足不同文化层次的技术工人和其他读者的需要。

本丛书在编写上充分考虑了施工人员的知识需求，形象具体地阐述施工的要点及基本方法，以使读者从理论知识和技能知识两方面掌握关键点，满足施工现场所应具备的技术及操作岗位的基本要求，使刚入行的施工人员与上岗"零距离"接口，尽快入门。

《建筑工程施工技术培训丛书》共分 6 个分册，包括：《钢筋工程施工技术》、《防水工程施工技术》、《混凝土工程施工技术》、《脚手架及模板工程施工技术》、《砌体工程施工技术》、《装饰装修工程施工技术》。

本丛书所涵盖的内容全面，真正做到了内容的广泛性与结构的系统性相结合，让复杂的内容变得条理清晰，主次分明，有助于广大读者更好地理解和应用。

本丛书涉及施工、质量验收、安全生产等一系列生产过程中的技术问题，内容翔实易懂，最大限度地满足了广大施工人员对施工技术方面知识的需求。

参加本丛书的编写人员有王林海、孙培祥、栾海明、孙占红、宋迎迎、张正南、武旭日、张学宏、孙欢欢、王双敏、王文慧、彭美丽、李仲杰、李芳芳、乔芳芳、张凌、蔡丹丹、许兴云、张亚、张婧芳、叶梁梁、李志刚、朱天立、贾玉梅、白二堂等。

由于我们编写水平有限，书中的缺点在所难免，希望同行和读者给予指正。

编　者

2012 年 10 月

目　　录

第一章　抹灰工程

第一节　一般抹灰

一、抹灰做法

内墙抹灰的具体做法见表 1-1。

表 1-1　内墙抹灰分层做法

名称	适用范围	分层做法	厚度（mm）	施工要点
石灰砂浆抹灰	砖墙基体	（1）1:2:8（石灰膏：砂：黏土）砂浆抹底、中层。 （2）1:（2～2.5）石灰砂浆面层压光	13 6	应待前一层七八成干后，方可涂抹后一层
		（1）1:2.5 石灰砂浆抹底层。 （2）1:2.5 石灰砂浆抹中层。 （3）在中层还潮湿时刮石灰膏	7～9 7～9 1	（1）中层石灰砂浆用木抹子搓平稍干后，立即用铁抹子来回刮石灰膏，达到表面光滑平整，无砂眼，无裂纹，愈薄愈好。 （2）石灰膏刮后 2 h，未干前再压实压光一次
		（1）1:2.5 石灰砂浆抹底层。 （2）1:2.5 石灰砂浆抹中层。 （3）刮大白腻子	7～9 7～9 1	（1）中层石灰砂浆用木抹子搓平后，再用铁抹子压光。 （2）满刮大白腻子两遍，砂纸打磨
		（1）1:3 石灰砂浆抹底层。 （2）1:3 石灰砂浆抹中层。 （3）1:1 石灰木屑（或谷壳）抹面	7 7 10	（1）据木屑过 5 mm 孔筛，使用前石灰膏与木屑拌和均匀，经钙化 24 h，使木屑纤维软化。 （2）适用于有吸声要求的房间
		（1）1:3 石灰砂浆抹底、中层。 （2）待中层灰稍干，用 1:1 石灰砂浆随抹随搓平压光	13 6	—
	加气混凝土条板基体	（1）1:3 石灰砂浆抹底层。 （2）1:3 石灰砂浆抹中层。 （3）刮石灰膏	7 7 1	墙面浇水湿润

名称	适用范围	分层做法	厚度（mm）	施工要点
水泥混合砂浆抹灰	砖墙基体	（1）1：1：6 水泥白灰砂浆抹底层。 （2）1：1：6 水泥白灰砂浆抹中层。 （3）刮石灰膏或大白腻子	7～9 7～9 1	（1）刮石灰膏和大白腻子，参见石灰砂浆抹灰。 （2）应待前一层抹灰凝结后，方可涂抹后一层
		1：1：3：5（水泥：石灰膏：砂子：木屑）分两遍成活，木抹子搓平	15～18	（1）适用于有吸声要求的房间。 （2）木屑处理同石灰砂浆抹灰 抹灰方法同上
纸筋石灰或麻刀石灰抹灰	混凝土大板或大模板建筑内墙基体	（1）聚合物水泥砂浆或水泥混合砂浆喷毛打底。 （2）纸筋石灰或麻刀石灰罩面	1～3 2 或 3	—
	加气混凝土砌块或条板基体 1	（1）1：3：9 水泥石灰砂浆抹底层。 （2）1：3 石灰砂浆抹中层。 （3）纸筋石灰或麻刀石灰罩面	3 7～9 2 或 3	基层处理与聚合物水泥砂浆相同
	加气混凝土砌块或条板基体 2	（1）1：0.2：3 水泥石灰砂浆喷涂成小拉毛。 （2）1：0.5：4 水泥石灰砂浆找平（或采用机械喷涂抹灰）。 （3）纸筋石灰或麻刀石灰罩面	3～5 7～9 2 或 3	（1）基层处理与聚合物水泥砂浆相同。 （2）小拉毛完后，应喷水养护 2～3 d。 （3）等中层六七成干时，喷水湿润后进行罩面
	加气混凝土条板	（1）1：3 石灰砂浆抹底层。 （2）1：3 石灰砂浆抹中层。 （3）纸筋石灰或麻刀石灰罩面	4 4 2 或 3	—
纸筋石灰或麻刀石灰抹灰	板条、苇箔、金属网墙	（1）麻刀石灰或纸筋石灰砂浆抹底层。 （2）麻刀石灰或纸筋石灰砂浆抹中层。 （3）1：2.5 石灰砂浆（略掺麻刀）找平。 （4）纸筋石灰或麻刀石灰抹面层	3～6 3～6 2～3 2 或 3	—

续上表

名称	适用范围	分层做法	厚度（mm）	施工要点
石膏灰抹灰	高级装修的墙面	(1) (1:2)～(1:3)麻刀石灰抹底层。 (2) 同上配比抹中层。 (3) 13:6:4（石膏粉：水：石灰膏）罩面分两遍成活，在第一遍未收水时即进行第二遍抹灰，随即用铁抹子修补压光两遍，最后用铁抹子溜光至表面密实光滑为止	6 7 2～3	(1) 底、中层灰用麻刀石灰，应在 20 d 前消化备用，其中麻刀为白麻丝，石灰宜用 2:8 块灰，配合比为麻刀：石灰＝7.5:1 300（质量比）。 (2) 石膏一般宜用乙级建筑石膏，结硬时间为 5 min 左右，4 900 孔筛余量不大于 10%。 (3) 基层不宜用水泥砂浆或混合砂浆打底，亦不得掺用氯盐，以防返潮面层脱落
水砂面层抹灰	适用于高级建筑内墙面	(1) (1:2)～(1:3)麻刀石灰砂浆抹底层、中层（要求表面平整垂直）。 (2) 水砂抹面分两遍抹成，应在第一遍砂浆略有收水即抹第二遍，第一遍竖向抹，第二遍横向抹（抹水砂前，底子灰如有缺陷应修补完整，待墙干燥一致方能进行水砂抹面，否则将影响其表面颜色不均。墙面要均匀洒水，湿润，门窗玻璃必须装好，防止面层水分蒸发过快而产生龟裂）。 (3) 水砂抹完后，用钢皮抹子压两遍，最后用钢皮抹子先横向后竖向溜光至表面密实光滑为止	13 2～3	(1) 水砂，即沿海地区的细砂，其平均粒径 0.15 mm，容重为 1 050 kg/m³，使用时用清水淘洗除去污泥杂质，含泥量小于 2% 为宜。石灰必须是洁白块灰，允许有灰末子，氧化钙含量不小于 75% 的二级灰。 (2) 水砂砂浆拌制：块灰随淋随沥浆（用 3 mm 径筛子过滤），将淘洗清洁的砂沥浆过的热灰浆进行拌和，拌和后水砂呈淡灰色为宜，稠度为 12.5 cm。热灰浆：水砂＝1:0.75（质量比），每立方米水砂砂浆约用水砂 750 kg，块灰 300 kg。 (3) 使用热灰浆拌和的目的在于使砂内盐分尽快蒸发，防止墙面产生龟裂。水砂拌和后置于池内进行消化 3～7 d 后方可使用

抹灰砂浆配合比

　　抹灰砂浆配合比是指组成抹灰砂浆的各种原材料的质量比。抹灰砂浆配合比在设计图纸上均有注明，根据砂浆品种及配合比就可以计算出原材料的用量。抹面砂浆（含勾缝砂浆）常用于砌体表面，在材料配合比组成上，其水泥用量要多于砌筑砂浆。计算步骤是：先计算出抹灰工程量（面积），再查取《全国统一建筑工程基础定额》中相应项目的砂浆用量定额，工程量乘以砂浆用量定额得出砂浆用量，将砂浆用量乘以相应砂浆配合比，即可得出组成原材料用量。

各种抹面砂浆配合比可参考表1-2。抹灰砂浆的使用时应注意以下几点。

表 1-2 各种抹面砂浆配合比参考表

材　　料	配合比（体积比）	应用范围
石灰：砂	1：2～1：4	用于砖石墙表面（檐口、勒脚、女儿墙以及潮湿房间的墙除外）
水泥：石灰：砂	1：0.3：3～1：1：6	墙面混合砂浆打底
水泥：石灰：砂	1：0.5：1～1：1：4	混凝土顶棚抹混合砂浆打底
水泥：石灰：砂	1：0.5：4～1：3：9	板条天棚抹灰
石灰：石膏：砂	1：2：2～1：2：4	用于不潮湿房间的线脚及其他装饰工程
石灰：水泥：砂	1：0.5：4.5～1：1：6	用于檐口、勒脚、女儿墙外脚以及比较潮湿处
水泥：砂	1：3～1：2.5	用于浴室、潮湿车间等墙裙、勒脚等或地面基层
水泥：砂	1：2～1：1.5	用于地面、天棚或墙面面层
水泥：砂	1：0.5～1：1	用于混凝土地面随时压光
水泥：石膏：砂：锯末	1：1：3：5	用于吸声粉刷
水泥：白石子	1：2～1：1	用水磨石（底层用1：2.5水泥砂浆）
水泥：白石子	1：（1.5～2）	用于水刷石［打底用1：（0.5～4）］
水泥：石子	1：1.5	用于斩假石［打底用1：（2～2.5）水泥砂浆］
石灰：麻刀	100：2.5（质量比）	用于木板条天棚底层
石灰膏：麻刀	100：1.3（质量比）	用于木板条天棚面层（或100 kg 石灰膏加3.8 kg 纸筋）
纸筋：石灰膏	灰膏 0.1 m³、纸筋 0.36 kg	较高级墙面天棚

注：本表各项配合比，除有注明者外，水泥、石灰、砂子均为体积比；水灰比为质量比；麻刀、纸筋均为石灰膏质量的百分数。

（1）水泥中的颜料掺量不得大于水泥质量的15％。

（2）采用水泥砂浆面层时，不得用石灰砂浆、麻刀灰或草泥做底层及中层。抹水泥墙裙和水泥踢脚线，若已抹有石灰砂浆、麻刀灰或草泥底层或中层时，应清除干净。

（3）砂浆应随拌随用，不得存放过久。掺有水泥的砂浆不得超过 2 h，其他砂浆不得过夜使用。

（4）落地灰应随时打扫干净，重新拌和使用，以免浪费。

（5）通常情况下，抹面砂浆的体积配合比宜控制在（1：2）～（1：3）。同时，要求保水性好，并与基底有很好的粘附性。其稠度控制在 25～35 cm。

二、内墙面抹灰

1. 基层处理

清扫墙面上的浮灰污物，检查门窗洞口位置尺寸，打凿补平墙面，浇水湿润基层。

基层表面要保持平整洁净，无浮浆、油污，表面凹凸太大的部位要先剔平或用 1∶3 水泥砂浆补齐，表面太光的要剔毛，门窗洞口与木门窗框交接处用水泥砂浆嵌填密实，脚手眼要先堵塞严密，水暖、通风管道通过的墙洞、凿剔墙后安装的管道必须用 1∶3 的水泥砂浆堵严。

（1）表面的灰尘、污垢、油渍、碱膜、沥青渍、砖墙面的耳灰等均应清除干净，并洒水湿润。

（2）墙、混凝土梁头等凹凸太多的部位需剔平，或用 1∶3 水泥砂浆分层补齐。

（3）墙或板条顶棚板条间距过窄处，应予处理，一般要求达到 3~4 mm。

（4）金属网基层应铺钉牢固、平整，不得有挠曲、松动等现象。

（5）砖结构与砖石结构、木结构与钢筋混凝土结构相接处的抹灰基层，应铺设金属网，搭缝宽度从缝边起每边不得小于 10 mm，并应铺钉牢固，不挠曲。

（6）粗糙的混凝土表面、灰缝和表面齐平的砖砌体需要抹灰时，应凿毛或划凹槽。光滑、平整的混凝土表面如设计无要求时，可不必抹灰，用刮腻子处理。混凝土楼板顶棚，在抹灰前需用 1∶0.3∶3 水泥石灰砂浆勾缝。

（7）抹灰的混凝土垫层或炉渣垫层应符合标高，并拍实紧密，清理干净。基层表面的处理方法，一般有下列几种。

1）砖和抹灰层上出现白花时，可用水冲洗，用钢丝刷刷净。

2）用各种界面处理剂、黏结剂进行基层表面预处理。

3）使抹灰基层表面粗糙的方法有：将抹灰层表面划纹；先用铁抹子抹平抹灰层，然后用木抹子搓毛表面；如需要用铁抹子抹压时（如顶棚），可将铁抹子稍竖起来，将抹灰层带毛，成为粗糙的表面。

水泥和砂的质量要求

（1）水泥。宜采用普通水泥或硅酸盐水泥，也可采用矿渣水泥、火山灰水泥、粉煤灰水泥及复合水泥。水泥强度等级宜采用 32.5 级以上颜色一致、同一批号、同一品种、同一强度等级、同一厂家生产的产品。水泥进厂需对产品名称、代号、净含量、强度等级、生产许可证编号、生产地址、出厂编号、执行标准、日期等进行外观检查，同时验收合格证。

（2）砂。宜采用平均粒径为 0.35~0.5 mm 的中砂，在使用前应根据使用要求过筛，筛好后保持洁净。

2. 做灰饼、冲筋

对于中级和普通抹灰，先用托线板检查墙面平整垂直度，大致决定抹灰厚度，一般最薄处不小于 7 mm；在距顶棚 20 cm 处，做上灰饼。遇到门、窗垛角处要补做灰饼；灰饼大小 5 cm×5 cm，厚度以墙面平整垂直决定；然后根据上灰饼用托线板或线锤挂垂直做下灰饼，位置一般在踢脚线上口，厚度以垂直度为准。再用钉子钉在左右灰饼附近墙缝里，拴上小线挂好通线，并根据小线位置每隔 1.2~1.5 m 上下加做若干灰饼，待灰饼稍干后，在上下灰饼之间抹上宽约 10 cm 的砂浆冲筋，用木杠刮平，厚度与灰饼相同，待稍干后进行底层抹灰。灰饼可用 1∶3 水泥砂浆或打底砂浆抹制，如图 1-1 所示。

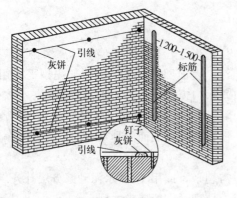

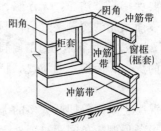

（a）灰饼、标筋位置示意　　　　（b）水平横向标筋示意

图 1-1　挂线做标准灰饼及冲筋

对于高级抹灰，先将房间规方。小房间可以一面墙作基线，用方尺规方。如为大房间，要在地面弹出十字中心线，作为墙面抹灰准线，在离墙角约 10 cm 处，用线锤吊直，在墙面弹一立线，再按房间规方地线（十字线）及墙面平整程度向里反线，弹出墙角抹灰准线，并在准线上下两端排好通线后做标准灰饼及冲筋。

纸筋和麻刀的质量要求

（1）纸筋。采用白纸筋或草纸筋施工时，使用前要用水浸透（时间不少于 3 周），并将其捣烂成糊状，且要求洁净、细腻。用于罩面时宜用机械碾磨细腻，也可制成纸浆。要求稻草、麦秆应坚韧、干燥、不含杂质，其长度不得大于 30 mm，稻草、麦秆应经石灰浆浸泡处理。

（2）麻刀。必须柔韧干燥，不含杂质，行缝长度一般为 10～30 mm，用前 4～5 d 敲打松散并用石灰膏调好，也可采用合成纤维。

3. 钉钢丝网

基层处理完后，在砌体与框架柱、梁、构造柱、剪力墙等交接处钉钢丝网。钢丝网的规格要符合设计要求，当设计无要求时应满足下列规定：直径不小于 $\phi 1.6$，网眼为 20 mm×20 mm 钢丝网，用钢钉或射钉每 200～300 mm 加铁片固定，钢丝网的宽度不应小于 220 mm，与不同基层的搭接宽度每边不小于 100 mm，挂网要做到均匀、牢固，在砌体上不得用射钉固定，如图 1-2 所示。

4. 做护角

墙、柱间的阳角应在墙、柱面抹灰前用 1∶2 水泥砂浆做护角，其高度自地面以上 2 m。其做法如图 1-3 所示，然后将墙、柱的阳角处浇水湿润。第一步在阳角正面立上八字靠尺，靠尺突出阳角侧面，突出厚度与成活抹灰面平。然后在阳角侧面，依靠尺边抹水泥砂浆，并用铁抹子将其抹平，按护角宽度（不小于 5 cm）将多余的水泥砂浆铲除。第二步待水泥砂浆稍干后，将八字靠尺移至抹好的护角面（A 字坡向外）。在阳角的正面，依靠尺边抹水泥砂浆，并用铁抹子将其抹平，按护角宽度将多余的水泥砂浆铲除。抹完后去掉八字靠尺，用素水泥浆涂刷护角尖角处，并用捋角器自上而下捋一遍，使之形成钝角。

5. 抹底层灰

标筋有一定强度后，洒水润湿墙面，然后在两筋之间用力抹上底灰，用木抹子压实搓毛。底层灰应略低于标筋，约为标筋厚度的 2/3，由上往下抹。若基层为混凝土时，抹灰前应先刮素水泥浆一道；在加气混凝土或粉煤灰砌块基层抹石灰砂浆时，应先刷 108 胶溶液一道（108 胶：水＝1：5），抹混合砂浆时，应先刷 108 胶水泥浆一道，108 胶掺量的质量分数为水泥质量的 10%～15%。

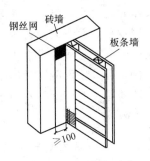

图 1-2　钢丝网铺钉示意

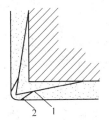

图 1-3　墙、柱阳角包角抹灰
1—1：1：4 水泥白灰砂浆；2—1：2 水泥砂浆

6. 抹中层灰

中层灰应在底层灰干至六七成后进行。

抹灰厚度以垫平标筋为准，并使其稍高于标筋。抹上砂浆后，用木杠按标筋刮平，刮尺刮平后，紧接着用木抹子搓压，使表面平整密实。在墙的阴角处，先用方尺上下核对方正（水平标筋则免去此道工序），然后用阴角器上下拖动搓平，使室内四角方正。在加气混凝土基层上抹底灰的强度与加气混凝土、强度接近，中层灰的配合比亦宜与底灰基本相同，底灰宜用粗砂，中层灰和面灰宜用中砂。板条或钢丝网的缝隙中，各层分遍成活，每遍厚 3～6 mm，待前一遍灰七八成干再抹第二遍灰。钢丝网抹灰砂浆中掺用水泥时，其掺量应通过试验确定。

7. 抹窗台线、踢脚线

窗台线应用 1：3 水泥砂浆抹底层，表面划毛，隔 1 d 后，用素水泥浆刷一道，再用 1：2.5 水泥砂浆抹面层。面层要用原浆压光，上口做成小圆角，下口要求平直，不得有毛刺，浇水养护 4 d。踢脚线比墙面凸出 3～5 mm，1：3 水泥砂浆或水泥混合砂浆打底，1：2 水泥砂浆抹面，根据高度尺寸弹出上线，把八字靠尺靠在线上用铁抹子切齐，修边清理。

8. 抹面层灰

采用水泥砂浆面层时，须将底子灰表面扫毛或画出纹道，面层应注意接槎，表面压光不得少于两遍，罩面后次日进行喷水养护。纸筋灰或麻刀灰罩面，宜在底子灰五六成干时进行，底子灰如过于干燥应先浇水润湿，罩面分两遍压实赶光。操作应以阴角开始，最好两人同时操作，一人在前面上灰，另一人紧跟在后找平，并用铁抹子压实赶光。阴阳角处用阴阳角抹子捋光，并用毛刷蘸水将门窗圆角等处清理干净。

（1）纸筋石灰或麻刀石灰面层。纸筋石灰面层一般宜在中层砂浆六七成干后进行操作。如底层砂浆过于干燥，应先洒水湿润后再抹面层。操作方法同上。压光后，可用排笔或扫帚蘸水横刷一遍，使表面色泽一致，用钢皮抹子再压实，揉平、抹光一次，则面层更为细腻光滑。麻刀灰抹面层的操作方法与纸筋石灰抹面层相同，而麻刀纤维比较粗，且不易捣烂，用它制成的麻刀石灰抹面厚度按要求不得大于 3 mm 比较困难，如果厚了，面层易产生收缩缝，影响工程质量。为此，在操作时，一人用铁抹子将麻刀石灰抹在墙上，另一人紧接着自左向右将面层赶平、压实、抹光；稍干后，再用钢皮抹子将面层压实、抹光。

（2）石灰砂浆面层。应在中层砂浆五六成干时进行。操作同前。

（3）石膏罩面。石膏罩面是高级抹灰中的一种，打底一般用1∶2.5石灰砂浆，也可用1∶3∶9混合砂浆。罩面用石膏灰浆时应掺缓凝剂，一般控制灰浆在15～20 min内凝结做掺量试验确定。抹石膏罩面的抹子一般用钢皮抹子和塑料抹子。做法是：对已抹好底子的表面用木抹子带水搓细，待底灰约六七成干方能罩面。操作时先浇水，将底子灰湿润，然后开始抹，组成小流水，一人先薄薄地抹一遍，第二人紧跟着找平，第三人跟着压光。抹时一般从左墙角开始，从下往上顺抹，压时抹子也要顺直，先压两遍，最后稍撒水压光压亮。如墙面太高，应上下同时操作，以免出现接槎。如果发现接槎，可等墙面凝固后用刨子刨平。清理、抹灰工作完毕后，应将粘在门窗框、墙面的灰浆及落地灰及时清除，打扫干净。

磨细石灰粉和石灰膏的质量要求

（1）磨细石灰粉。其细度过0.125 mm的方孔筛，累计筛余量不大于13%，使用前用水浸泡使其充分熟化，熟化时间最少不小于3 d。

*浸泡方法：*提前备好大容器，均匀地往容器中撒一层生石灰粉，浇一层水，然后再撒一层，再浇一层水，依次进行，当达到容器的2/3时，将容器内放满水，使之熟化。

（2）石灰膏。石灰膏与水调和后具有凝固时间快，并在空气中硬化，硬化时体积不收缩的特性。

用块状生石灰淋制时，用筛网过滤，贮存在沉淀池中，使其充分熟化。熟化时间常温一般不少于15 d，用于罩面灰时不少于30 d，使用时石灰膏内不得含有未熟化的颗粒和其他杂质。在沉淀池中的石灰膏要加以保护，防止其干燥、冻结和污染。

9. 抹水泥窗台

先将窗台基层清理干净，松动的砖要重新补砌好。砖缝划深，用水润透，然后用1∶2∶3豆石混凝土铺实，厚度宜大于2.5 cm，次日刷胶粘性素水泥一遍，随后抹1∶2.5水泥砂浆面层，待表面达到初凝后，浇水养护2～3 d，窗台板下口抹灰要平直，没有毛刺。

三、外墙面抹灰

1. 基层处理

外墙面基层处理同内墙面基层处理。

2. 找规矩，做灰饼、标筋

由于外墙抹灰面积大，另外还有门窗、阳台、柱、腰线等要横平竖直，抹灰操作则必须一步架一步架往下抹。因此，先在墙面上部拉横线，做好上边两角灰饼再用托线板按灰饼的厚度吊垂直线，做下边两角的灰饼；然后分别在上部两角及下部两角灰饼间横挂小线，每隔1.2～1.5 m做出上下两排灰饼，竖向每步架做一个灰饼，然后冲筋。门窗口上沿、窗口及柱子均应拉通线，做好灰饼及相应的标筋。高层建筑可按一定层数划分为一个施工段，垂直方向控制用经纬仪来代替垂线，水平方向拉通线同一般做法。

3. 抹底层、中层灰

外墙底层灰一般均采用水泥砂浆或水泥混合砂浆（水泥∶石子∶砂=1∶1∶6）打底和罩面。其底层、中层抹灰及赶平方法与内墙基本相同。

4. 弹分隔线、嵌分隔条

在室外抹灰中，为了增加墙体的美观，避免罩面砂浆收缩后产生裂缝，一般均有分格条分格。具体做法是：待中层灰六七成干时，根据尺寸用粉线包弹出分格线，分格条使用前要用水泡透，防止分格条变形，也便于粘贴。另外，分格条因本身水分蒸发而收缩也比较容易起出，又能使分格条两侧的灰口整齐。根据分格条的长度将分格条尺寸分好，在抹面层的分格条两侧用黏稠的水泥浆（最好掺108胶）与墙面抹成45°角。

横平竖直，接头平直。当天不抹面的"隔夜条"，两侧素水泥浆与墙面抹成60°，如图1-4所示。

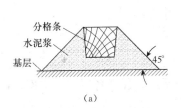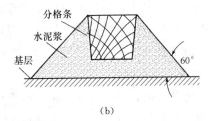

图1-4　分格条

5. 抹面层灰

抹面层灰前应根据中层砂浆的干湿程度浇水湿润。面层涂抹厚度为5～8 mm，应比分格条稍高。抹灰后，先用刮杠刮平，紧接着用木抹子搓平，再用钢抹子初步压一遍。待稍干，再用刮杠刮平，用木抹子搓磨出平整、粗糙均匀的表面。不得干磨，否则会造成颜色不一致。若表面太干，应用茅柴帚洒水后再打磨。

6. 拆除分隔条、勾缝

面层抹好后即可拆除分格条，并用素水泥浆把分格缝勾平整。若采用"隔夜条"的罩面层，则必须待面层砂浆达到适当强度后方可拆除。

7. 养护

面层抹光24 h后应浇水养护。养护时间应根据气温条件而定，一般不应小于7 d。

四、顶棚抹灰

1. 基层处理

在抹灰前应清除基层浮灰、油污和隔离剂，凹凸处已经填补平或已凿去。预制板顶棚应注意板缝的处理，板缝应灌筑细石混凝土并捣实。预制板底高差不能大于5 mm，不合格应重新处理，抹底灰前1 d用水湿润基层，抹灰当天洒水再湿润。

2. 弹线

顶棚抹灰通常不做灰饼和冲筋，而用目测的方法控制其平整度，以无明显的高低不平及无接槎痕迹为度。先根据顶棚的水平面，确定抹灰厚度，然后在墙面的四周与顶棚交接处弹出水平线，作为抹灰的水平标准。

3. 抹底层灰

当顶棚基层满刷一道掺质量分数为10%的108胶水溶液或刷一道水灰比为0.4∶1的素水泥浆后，紧跟着抹底层灰，抹时用力挤入缝隙中，厚度3～5 mm，并随手带成粗糙毛面。抹底灰的方向与楼板接缝及木模板木纹方向相垂直。抹灰顺序一般是由前往后退。

4. 抹中层灰

底层灰抹完后，紧跟着抹中层灰找平（若是预制混凝土楼板时，应待底层灰养护2～3 d后再抹），先抹顶棚四周，再抹大面。抹完后先用软刮尺顺平，然后用木抹子搓平。使整个中层灰表面顺平，如平整度尚欠佳，应再补抹及赶平一次灰。一般不宜多次修补与赶平，否则容易搅动底灰引起掉灰,为保证中层与底层黏结牢固,如底层砂浆的吸收快,应及时洒水。

5. 抹面层灰

待中层灰有六七成干时,即可用纸筋石灰或麻刀石灰抹面层。抹面层一般两遍成活,其涂抹方法及抹灰厚度与内墙抹灰相同。第一遍抹得越薄越好,紧接着抹第二遍,抹第二遍时抹子要平,砂浆稍干,再用塑料抹子顺着抹纹压实压光。

抹灰完成后,应关闭窗门,使抹灰层在潮湿空气中养护。

五、细部抹灰

1. 阳台、窗台细部

(1)外装饰时,阳台要从上至下吊垂线和每层找平线,保证各层阳台饰面、阳角横平竖直。阳台上外挑排水管,从下至上逐层增加 2 cm,并设置在一条垂直线上(仅适用于多层住宅)。

(2)外窗台:正确做法如图 1-5 和图 1-6 所示,错误做法如图 1-7 所示。

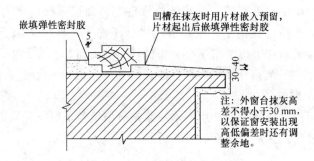

图 1-5　外窗台(阳台)剖面图一

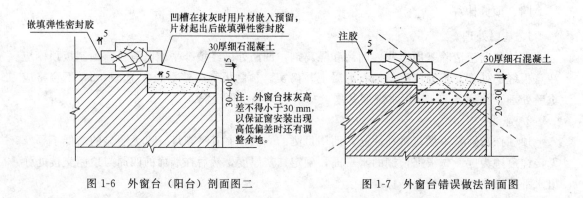

图 1-6　外窗台(阳台)剖面图二　　　　　图 1-7　外窗台错误做法剖面图

2. 滴水线(槽)细部

(1)室外横向装饰线突出墙面 6 cm 以内者(如窗套、压顶、腰线等)上面均做流水坡度,下面均做滴水线,如图 1-8 所示。

(2)室外突出墙面超过 6 cm 者(如雨篷、挑檐、阳台、遮阳板等)上面做成流水坡度,下面做成滴水槽,如图 1-9 所示。

窗楣部位必须做滴水槽,滴水槽宜用深色铝合金条或塑料条(可不取出),不宜用预埋木条再取出的方法。如图 1-10 和图 1-11 所示。

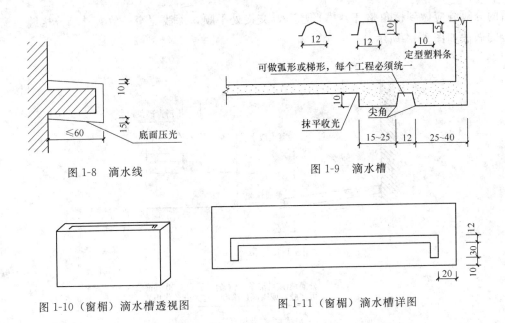

图 1-8 滴水线　　　　　图 1-9 滴水槽

图 1-10 （窗楣）滴水槽透视图　　　图 1-11 （窗楣）滴水槽详图

（3）建筑物外露明梁的底面要做滴水处理，采用滴水线时，滴水线宽 50 mm，厚 10 mm。采用鹰嘴时，鹰嘴坡度不宜太小，边缘要尖锐。如图 1-12 所示。

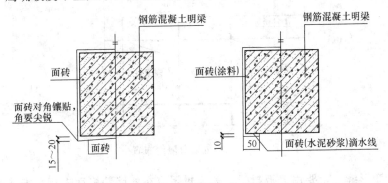

图 1-12 明梁滴水节点图

3. 勾缝措施

（1）砖砌清水墙勾缝要求深度为 5 mm，深浅一致，粘接牢固，光洁整齐，严禁勾平缝。

（2）散水、台阶必须做到内高外低，按规范要求找坡确保不积水，散水与墙面处、沉降缝处、伸缩缝及沿散水纵长度每 4 m 均留出变形缝，断缝宽度一律为 20 mm 宽，缝深为基层和面层混凝土之和，用沥青砂浆勾平缝，为保证散水外观质量，散水下的回填土密实度要达到规范要求，散水外观线条要顺直，棱角整齐，分色清晰，填缝深浅一致。如图 1-13 所示。

4. 外墙分隔缝、变形缝留设

（1）在建筑物外墙饰面中不同材质、不同色彩交接处留设分隔缝（条），使其界限清晰，需要时，缝内填弹性密封胶。例如花岗岩饰面与面砖饰面交接、面砖与涂料交接处、面砖与一般抹灰交接处，使分色、分界线清晰。如图 1-14 所示。

室外饰面的分隔缝，在抹灰时应采用 20 mm 宽定型塑料条施工，施工完可不取出。粉刷后的分隔缝应做到棱角整齐，横平竖直，交接处平顺，深浅宽窄一致。外墙分格缝在窗口部位的做法如图1-14所示。

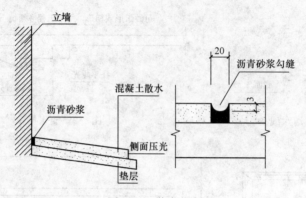

图1-13　散水节点

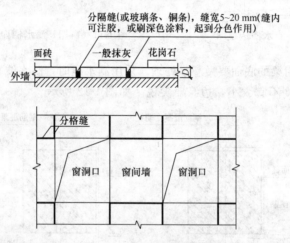

图1-14　外墙分隔缝布置

（2）室外变形缝处，要用盖板封闭，盖板封闭应在外墙装修后进行，安装盖板时，要上下通直，与外墙找平，防止出现盖板安装时倾斜现象，盖板与外墙缝隙用弹性密封胶封堵，不得用砂浆封堵，以免出现裂缝。如图1-15和图1-16所示。

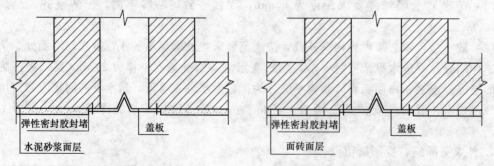

图1-15　室外变形缝处理（一）　　　　图1-16　室外变形缝处理（二）

（3）北方地区室内外温差大，外墙、屋面内侧保温不宜采用苯板，更不能直接将苯板用于墙外，因为墙体易收缩开裂，必须采用时，一定要注意设分格缝，相当于苯板规格分块，装修面层的分格缝位置严禁苯板分缝同抹灰层分格缝错开，特别是在墙体同结构主体交接处，必须在缝内注弹性胶。

5. 室内墙面抹灰细部

室内阳角均做 90°角 1：2 水泥砂浆护角，门窗洞口一侧（小面）均用水泥砂浆抹面压光，木门窗与立墙交接处先用水泥砂浆掺适量的麻丝嵌缝密实，两天后再打底抹灰，如图 1-17 所示。

6. 内窗台细部

内窗台：水泥砂浆窗台的统一做法如图 1-18 所示。

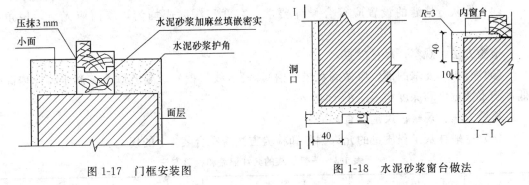

图 1-17　门框安装图　　　　　图 1-18　水泥砂浆窗台做法

7. 踢脚线细部

踢脚：水泥砂浆踢脚厚度一般为 8 mm；面砖、石材踢脚厚度为 8～12 mm，踢脚线设计无要求时，其高度一般为 120 mm 或 150 mm，上口要光滑，四周应交圈，阳角部位宜割角镶贴。目前石材踢脚超厚现象比较严重，为控制踢脚超厚，在墙面抹灰时预留出踢脚位置或选用与石材同颜色面砖镶贴做踢脚。

水泥砂浆踢脚线最后交工前统一用相近颜色涂料涂刷一遍，注意要采取防止污染墙面与地面的措施。

六、质量标准

1. 主控项目

（1）抹灰前基层表面的尘土、污垢、油渍等应清除干净，并应洒水润湿。

检验方法：检查施工记录。

（2）一般抹灰所用材料的品种和性能应符合设计要求。水泥的凝结时间和安定性复验应合格。砂浆的配合比应符合设计要求。

检验方法：检查产品合格证书、进场验收记录、复验报告和施工记录。

（3）抹灰工程应分层进行。当抹灰总厚度大于或等于 35 mm 时，应采取加强措施。不同材料基体交接处表面的抹灰，应采取防止开裂的加强措施，当采用加强网时，加强网与各基体的搭接宽度不应小于 100 mm。

检验方法：检查隐蔽工程验收记录和施工记录。

（4）抹灰层与基层之间及各抹灰层之间必须黏结牢固，抹灰层应无脱层、空鼓，面层应无爆灰和裂缝。

检验方法：观察；用小锤轻击检查；检查施工记录。

2. 一般项目

（1）一般抹灰工程的表面质量应符合下列规定。

1) 普通抹灰表面应光滑、洁净、接槎平整，分格缝应清晰。

2) 高级抹灰表面应光滑、洁净、颜色均匀、无抹纹，分格缝和灰线应清晰美观。

检验方法：观察；手摸检查。

（2）护角、孔洞、槽、盒周围的抹灰表面应整齐、光滑；管道后面的抹灰表面应平整。

检验方法：观察。

（3）抹灰层的总厚度应符合设计要求；水泥砂浆不得抹在石灰砂浆层上；罩面石膏灰不得抹在水泥砂浆层上。

检验方法：检查施工记录。

（4）抹灰分格缝的设置应符合设计要求，宽度和深度应均匀，表面应光滑，棱角应整齐。

检验方法：观察；尺量检查。

（5）有排水要求的部位应做滴水线（槽）。滴水线（槽）应整齐顺直，滴水线应内高外低，滴水槽宽度和深度均不应小于 10 mm。

检验方法：观察；尺量检查。

（6）一般抹灰工程质量的允许偏差和检验方法应符合表 1-3 的规定。

表 1-3　一般抹灰的允许偏差和检验方法

项次	项　目	允　许　偏　差（mm）		检　验　方　法
		普通抹灰	高级抹灰	
1	立面垂直度	4	3	用 2 m 垂直检测尺检查
2	表面平整度	4	3	用 2 m 靠尺和塞尺检查
3	阴阳角方正	4	3	用直角检测尺检查
4	分格条（缝）直线度	4	3	拉 5 m 线，不足 5 m 拉通线，用钢直尺检查
5	墙裙、勒脚上口直线度	4	3	拉 5 m 线，不足 5 m 拉通线，用钢直尺检查

注：1. 顶棚抹灰，本表第 2 项表面平整度可不检查，但应平顺。

　　2. 普通抹灰，本表第 3 项阴角方正可不检查。

第二节　装饰抹灰

一、基层处理

抹灰前应根据具体情况对基体表面进行必要的处理。

（1）墙上的脚手眼、各种管道穿越过的墙洞和楼板洞、剔槽等应用 1∶3 水泥砂浆填嵌密实或堵砌好。散热器和密集管道等背后的墙面抹灰，应在散热器和管道安装前进行，抹灰面接槎应顺平。

（2）门窗框与立墙交接处应用水泥砂浆或水泥混合砂浆（加少量麻刀）分层嵌塞密实。基体表面的灰尘、污垢、油渍、碱膜、沥青渍、黏结砂浆等均应清除干净，并用水喷洒湿润。

（3）混凝土墙、混凝土梁头、砖墙或加气混凝土墙等基体表面的凸凹处，要剔平或用1：3水泥砂浆分层补齐；模板铁线应剪除。

水泥和砂的质量要求

（1）水泥：应采用硅酸盐水泥、普通硅酸盐水泥，其质量必须符合现行国家标准《通用硅酸盐水泥》（GB 175—2007/XG1—2009），强度等级不小于32.5级，水泥应有出厂质量保证书，使用前必须对水泥的凝结时间和安定性进行复验。不同品种、不同等级的水泥不得混用。

（2）砂：应采用中砂，质量符合《普通混凝土用砂、石质量及检验方法标准》（JGJ 52—2006），含泥量不应大于3%，使用前应过筛。

（3）水：宜用饮用水，当采用其他水源时，水质应符合国家饮用水标准。

（4）板条墙或顶棚，板条留缝间隙过窄处，应进行处理，一般要求达到7～10 mm（单层板条）。

（5）金属网应铺钉牢固、平整，不得有翘曲、松动现象。

（6）在木结构与砖石结构、木结构与钢筋混凝土结构相接处的基体表面抹灰，应先铺设金属网，并绷紧牢固。金属网与各基体的搭接宽度从缝边起每边不小于100 mm，并应铺钉牢固，不翘曲。

（7）平整光滑的混凝土表面，如设计无要求时可不抹灰，用刮腻子处理。如设计有要求或混凝土表面不平，应进行凿毛，而后方可抹灰。

（8）预制混凝土楼板顶棚，在抹灰前需用1：0.3：3水泥石灰砂浆将板缝勾实。

砂浆材料的质量要求

（1）石灰膏使用前应经熟化，时间一般不少于15 d，用于罩面的磨细石灰粉熟化时间不应少于3 d。石灰膏应细腻洁白，不得含有未熟化颗粒，已冻结风化的石灰膏不得使用。

（2）掺入砂浆中的粉煤灰、颜料、外加剂等，应符合质量标准和设计要求。

二、水刷石抹灰施工

1. 抹水泥石粒浆

待中层砂浆六七成干时，按设计要求弹线分格并粘贴分格条（木分格条事先在水中浸透），然后，根据中层抹灰的干燥程度浇水湿润。紧接着用铁抹子满刮水灰比为0.37～0.40的水泥浆一道，随即抹面层水泥石粒浆。面层厚度视石粒粒径而定，通常为石粒粒径的2.5倍。水泥石粒浆（或水泥石灰膏石粒浆）的稠度应为5～7 cm。要用铁抹子一次抹平，随抹随用铁抹子压紧、揉平，但不要把石粒压得过于紧固。

每一块分格内应从下边抹起，每抹完一格，即用直尺检查其平整度，凸凹处应及时修理，并将露出平面的石粒轻轻拍平。同一平面的面层要求一次完成，不宜留施工缝。如必须留施工缝时，应留在分格条的位置上。

抹阳角时，先抹的一侧不宜使用八字靠尺，应将石粒浆抹过转角，然后再抹另一侧。抹另一侧时，用八字靠尺将角靠直找齐。这样可以避免因两侧都用八字靠尺而在阳角处出现的明显接槎。

石粒的质量要求

石粒：多用作水磨石、水刷石及斩假石的骨料，是由天然大理石破碎而成，其规格、品种和质量应符合设计要求。

分格施工要求

墙面有分格要求时，底层应分格弹线，粘米厘条（分格条）时要四周交接严密、横平竖直，米厘条要平贴齐整，不得有扭曲现象。

2. 修整

罩面后水分稍干，墙面无水光时，先用铁抹子溜一遍，将小孔洞压实、挤严。分格条边的石粒要略高 1~2 mm。然后用软毛刷蘸水刷去表面灰浆，阳角部位要往外刷。并用抹子轻轻拍平石粒，再刷一遍，然后再压。水刷石罩面应分遍拍平压实，石粒应分布均匀而紧密。

水刷石施工要求

水刷石在基层砂浆终凝后，按设计要求抹结合层灰浆（设计无要求时，刮水灰比为 0.37~0.4 的水泥浆），设好界条（缝）；把搅拌好的水刷石用料抹在结合层上，然后用木抹子找平、拍实；待面层初凝后，用刷子蘸水刷掉（或用喷雾器喷水冲掉）表面的水泥浆，至石子外露。

3. 喷刷

罩面灰浆凝结后（表面略发黑，手指按上去不显指痕），用刷子刷不掉石粒时，即可开始喷刷。喷刷分两遍进行，第一遍先用软毛刷子蘸水刷掉面层水泥浆，露出石粒；第二遍用手压喷浆机（采用大八厘或中八厘石粒浆时）或喷雾器（采用小八厘石粒浆时）将四周相邻部位喷湿，然后由上往下顺序喷水。喷射要均匀，喷头离墙 10~20 cm，将面层表面及石粒间的水泥浆冲出，使石粒露出表面 1/2 粒径，达到清晰可见、均匀密布。然后用清水［用 3/4 1 in（1 in＝0.025 4 m）自来水管或小水壶］从上往下全部冲净。

喷水要快慢适度。喷水速度过快会冲不净浑水浆，表面易呈现花斑；过慢则会出现塌坠现象。喷水时，要及时用软毛刷将水吸去，以防止石粒脱落。分格缝处也要及时吸去滴挂的浮水，以使分格缝保持干净清晰。如果水刷石面层过了喷刷时间而开始硬结，可用 3%~5%盐酸稀释溶液洗刷，然后须用清水冲净，否则，会将面层腐蚀成黄色斑点。

冲刷时应做好排水工作，不要让水直接顺墙面往下流淌。一般是将罩面分成几段，每段都抹上阻水的水泥浆挡水，在水泥浆上粘贴油毡或牛皮纸将水外排，使水不直接往下淌。冲洗大面积墙面时，应采取先罩面先冲洗，后罩面后冲洗，罩面时由上往下，这样既保证上部罩面洗刷方便，也可避免下部罩面受到损坏。

水刷石抹灰施工机具选用要求

（1）机械：砂浆搅拌机、手压泵、喷雾器等。

（2）工具：软（硬）毛刷、托灰板、木抹子、铁抹子、刮杠、靠尺、分格条、小压子、喷壶、大（小）水桶、筷子笔、小车、小灰桶、铁板、灰勺、扫帚等。

（3）计量检测用具：磅秤、钢尺、水平尺、方尺、托线板、线坠等。

（4）安全防护用品：口罩、手套、护目镜等。

4. 起分格条

喷刷后，即可用抹子柄敲击分格条，并用小鸭嘴抹子扎入分格条上下活动，将其轻轻起出。然后用小溜子找平，用小刷子刷光理直缝角，并用素灰将缝格修补平直，颜色一致。

外墙窗台、窗楣、雨篷、阳台、压顶、檐口及突出腰线等部位，也与一般抹灰一样，应在上面做流水坡度，下面做滴水槽或滴水线。滴水槽的宽度和深度均不应小于 10 mm。

5. 施工养护

水刷石抹完第二天起要经常洒水养护，养护时间不少于 7 d，在夏季酷热天施工时，应考虑搭设临时遮阳棚，防止阳光直接辐射，致使水泥早期脱水影响强度，削弱黏结力。

三、斩假石装饰抹灰施工

1. 面层抹灰

在基层处理之后，即涂抹底层、中层砂浆。砖墙基体底层、中层砂浆用 1∶2 水泥砂浆。底层和中层表面均应划毛。涂抹面层砂浆前，要认真浇水湿润中层抹灰，并满刮水灰比为 0.37～0.40 的素水泥浆一道，按设计要求弹线分格，粘分格条。

面层砂浆一般用 2 mm 的白色米粒石内掺 30% 粒径为 0.15～1 mm 的石屑。材料应统一备料干拌均匀后备用。

罩面操作一般分两次进行。先薄薄抹一层砂浆，稍收水后再抹一遍砂浆与分格条平。用刮尺赶平，待收水后再用木抹子打磨压实，上下顺势溜直，最后用软质扫帚顺着剁纹方向清扫一遍，面层完成后不能受烈日暴晒或遭冰冻，且须进行养护。养护时间根据气候情况而定，常温下（15℃～30℃）一般为 2～3 d，其强度应控制在 5 MPa，即以水泥强度还不大、容易剁得动而石粒又剁不掉的程度为宜。在气温较低时（5℃～15℃），宜养护 4～5 d。

面层抹灰施工注意事项

　　面层抹完后，应进行养护，不能受烈日暴晒，浇水养护 2～3 d；在冬季施工时，要考虑防冻。各层抹灰不得有脱壳、裂缝、高低不平等弊病，斩剁前应弹顺线，相距约 10 cm，按线操作，以免剁纹跑斜。

2. 面层斩剁

应先进行试斩，以石粒不脱落为准。斩剁前，应先弹顺线，相距约 10 cm，按线操作，以免剁纹跑斜。斩剁时必须保持墙面湿润。如墙面过于干燥，应予蘸水，但已斩剁完的部分不得蘸水，以免影响外观。

斩假石的质感效果分立纹剁斧和花锤剁斧，可以根据设计选用。为便于操作及增强其装饰性，棱角与分格缝周边宜留 15～20 mm 镜边。镜边也可以同天然石材处理方式一样，改为横方向剁纹。

斩假石操作应自上而下进行，先斩转角和四周边缘，后斩中间墙面。转角和四周边缘的剁纹应与其边棱呈垂直方向，中间墙面斩成垂直纹。斩斧要保持锋利，斩剁时动作要快并轻重均匀，剁纹深浅要一致。每斩一行随时将分格条取出，同时检查分格缝内灰浆是否饱满、严密，如有缝隙和小孔，应及时用素水泥浆修补平整。一般台口、方圆柱和简单的门头线脚，操作时大多是先用斩斧将块体四周斩成 15～30 mm 的平行纹圈，再将中间部分斩成棱点或垂直纹。

四、干粘石装饰抹灰施工

1. 施工要求

（1）干粘石所用材料的产地、品种、批号应力求一致。同一墙面所用色调的砂浆，要做到统一配料以求色泽一致。施工前一次性将水泥和颜料拌均匀，并装于纸袋中贮存，随时备用。

（2）干粘石面层应做在干硬、平整而又粗糙的中层砂浆面层上。

（3）在粘或喷石渣前，中层砂浆表面应先用水湿润，并刷水灰比为 0.40～0.50 的水泥浆一遍。随即涂抹水泥石灰膏或水泥石灰混合砂浆黏结层。黏结层砂浆的厚度宜为石渣粒径的 1～1.2 倍，一般是 4～6 mm。砂浆稠度不大于 8 cm，石粒嵌入砂浆的深度不应小于石粒粒径的 1/2，以保证石粒黏结牢固。

（4）干粘石粘贴在中层砂浆面上，并应做到横平竖直，接头严密。分格应宽窄一致，厚薄均匀。

（5）建筑物底层或墙裙以下不宜采用干粘石，以免碰撞损坏和遭受污染。

2. 抹黏结层

黏结层很重要，抹前用水湿润中层，黏结层的厚度取决于石子的大小，当石子为小八厘时，黏结层厚 4 mm；为中八厘时，黏结层厚度为 6 mm；为大八厘时，黏结层厚度为 8 mm。湿润后，还应检查干湿情况，对于干得快的部位，用排刷补水到适度时，方能开始抹黏结层。

抹黏结层分两道做成：第一道用同标号水泥素浆薄刮一层，因薄刮能保证底、面粘牢。第二道抹聚合物水泥砂浆 5～6 mm。然后用靠尺测试，严格执行高刮低添，反之，则不易保护表面平整。黏结层不宜上下同一厚度，更不宜高于嵌条，一般来说，在下部约 1/3 的高度范围内要比上面薄些，整个分块表面又要比嵌条面薄 1 mm 左右，撒上石子压实后，不但平整度可靠，条整齐，而且能避免下部鼓包皱皮的现象发生。

3. 甩石子

抹好黏结层之后，待干湿情况适宜时即可用手甩石粒。一手拿 40 cm×35 cm×6 cm 底部钉有 16 目筛网的木框，内盛洗净晾干的石粒（干粘石一般多采用小八厘石渣，过 4 mm 筛子，去掉粉末杂质），一手拿木拍，用拍子铲起石粒，并使石粒均匀分布在拍子上，然后反手往墙上甩。甩射面要大，用力要平稳有劲，使石粒均匀地嵌入黏结层砂浆中。如发现有不匀或过稀现象时，应用抹子和手直接补贴，否则会使墙面出现死坑或裂缝。

在黏结砂浆表面均匀地粘上一层石粒后，用抹子或油印橡胶辊轻轻压一下，使石粒嵌入砂浆的深度不小于 1/2 粒径，拍压后石粒表面应平整坚实。拍压时用力不宜过大，否则容易翻糯糊面，出现抹子或滚子轴的印迹。阳角处应在角的两侧同时操作，否则当一侧石粒粘上去后，在角边口的砂浆收水，另一侧的石粒就不易粘上去，出现明显的接槎黑边。如采取反贴八字尺也会因 45°处砂浆过薄而产生石粒脱落的现象。

甩石粒时，未粘上墙的石粒到处飞溅，易造成浪费。操作时，可用 1 000 mm×500 mm× 100 mm 木板框下钉 16 目筛网的接料盘，放在操作面下承接散落的石粒。也可用 $\phi 6$ 钢筋弯成 4 000 mm×500 mm 长方形框，装上粗布作为盛料盘，直接将石粒装入，紧靠墙边，边甩边接。

甩石子施工注意事项

（1）石粒粒径过小，则容易进入砂浆内形成泛浆，影响美观。当下部拍进或压进小粒径的石粒后，其面上如不再有石粒，则与缺粒一样难看。如在其上面再拍或压一层小石粒，就会因拍或压进太少，黏结不牢。

（2）石粒粒径过大，则不易拍或压入黏结层内，特别是拍或压入的深度达不到 1/2 粒径时，会影响牢固。此种现象在局部黏结层过薄处更显著，容易形成一片石粒稀或无石粒的现象。

综上所述，干粘石的石粒粘得过浅、泛浆，都会影响美观，故在施工操作时，干粘石的粒径、黏结层砂浆的厚度应掌握好。对石渣粒，要过筛洗净、晾干、去掉粉末，选用颜色规格一致的石粒，粘贴一个施工段。这样，石粒的牢度一致，色泽均匀，墙面平整美观。

4. 起分格条与修整

干粘石墙面达到表面平整，石粒饱满时，即可将分格条取出。取分格条时应注意不要掉石粒。如局部石粒不饱满，可立即刷胶黏剂溶液，再甩石粒补齐。将分格条取出后，随手用小溜子和素水泥浆将分格缝修补好，达到顺直清晰。

由于干粘石表面容易挂灰积尘，如施工不慎，极易产生掉粒，因此，目前的干粘石施工，多采用革新工艺。根据选用的石粒粒径大小决定黏结层厚度，把石渣甩到墙面上并保持石粒分布密实均匀，用抹子把石粒拍入黏结层，然后采取水刷石的冲洗方法，结果外观像水刷石，实际是将干粘石做法进行了革新。

5. 施工养护

干粘石的面层施工后应加强养护，在 24 d 后，应洒水养护 2～3 d。夏季日照强，气温高，要求有适当的遮阳条件，避免阳光直射，使干粘石凝结有一段养护时间，以提高强度。砂浆强度未达到足以抵抗外力时，应注意防止脚手架、工具等撞击、触动，以免石子脱落，还要注意防止油漆或砂浆等污染墙面。

五、假面砖装饰抹灰施工

（1）墙面基层处理，抹底、中层砂浆等工序同一般抹灰。

（2）面层砂浆涂抹前，浇水湿润中层，先弹水平线，按每步架为一个水平工作段，上、中、下弹三道水平线，以便控制面层划沟平直度。

（3）抹1∶1水泥砂浆垫层3 mm，接着抹面层砂浆3～4 mm厚。

（4）面层稍收水后，用铁梳子沿靠尺板由上向下划纹，深度不超过1 mm。然后根据面砖的宽度用铁钩子沿靠尺板横向划沟，深度以露出垫层灰为准，划好横沟后将飞边砂粒扫净。

假面砖装饰抹灰施工注意事项

（1）做出的假面砖能以假代真，关键是假面砖的分格和质感，墙面、柱面分格应与面砖规格相符，并符合环境、层高、墙面的宽窄及使用要求。

（2）假面砖。分格要横平竖直，使人感到是面砖而不是抹灰。

（3）面层彩色砂浆稠度必须依据试验，色调也应该通过样板确定。

六、拉条抹灰施工

1. 基层处理、找规矩、抹底层、中层砂浆

基层处理、找规矩、抹底层、中层砂浆等操作均同一般抹灰。

2. 抹面层灰

在抹灰前先湿润中层，再弹水平线（可按每步架为一个水平工作段，上、中、下弹三条水平通线，以便控制面层划沟平直度）。接着抹面层浆，厚3～4 mm。

拉条抹灰材料及砂浆配合比

拉条装饰抹灰的基层处理及底、中层抹灰与一般抹灰相同，黏结层和面层则根据所需要的条形采用不同的砂浆。如拉细条时，黏结层和罩面可采用同一种1∶2∶0.5（水泥∶细砂∶细纸筋石灰）混合砂浆；如做粗条形，黏结层用1∶2.5∶0.5（水泥∶中粗砂∶细纸筋石灰）混合砂浆；罩面用1∶0.5（水泥∶细纸筋石灰）砂浆。

假面砖彩色砂浆配合比见表1-4。

表1-4　假面砖彩色砂浆配合比（体积比）

颜　色	普通水泥	白水泥	石灰膏	颜料（按水泥用量百分数，%）	细　砂
土黄色	5	—	1	氧化铁红 0.2～0.3 氧化铁黄 0.1～0.2	9
咖啡色	5	—	1	氧化铁红 0.5	9
淡黄	—	5	—	铬黄 0.9	9
浅桃色	—	5	—	甲苯胺红 0.4，铬黄 0.5	白色细砂 9
浅绿色	—	5	—	氧化铬绿 2	白色细砂 9
灰绿色	5	—	1	氧化铬绿 2	白色细砂 9
白色	—	—	—		白色细砂 9

3. 做面砖

面层稍收水后，先用铁梳子沿木靠尺由上向下划纹，深度不超过1 mm，再根据面砖的尺寸用铁皮刨子沿木靠尺横向划沟，沟深3～4 mm，深度以露出中层为准。划沟要水平成线，沟的深浅及间距要一致。竖向划纹也要垂直成线，水平灰缝要平直在底层砂浆上先划分竖格，竖格宽度可按条形模具宽度确定，弹上墨线。按线粘贴靠尺板，以作拉条操作的导轨。导轨靠尺板可于一侧粘贴，也可在模具两侧粘贴。靠尺板应垂直，表面要平整。在底层

砂浆达到七成干时，浇水湿润底灰后抹黏结层砂浆，用模具由上至下沿导轨拉出线条，然后薄薄抹一层罩面灰，再拉线条。

拉条抹灰操作时，每一竖线必须一次成活，以保证线条垂直、平整、密实光滑、深浅一致、不显接槎。为避免拉条操作时产生断裂等质量通病，黏结层和面层砂浆的稠度要适宜，以便于操作。

拉条抹灰施工注意事项

拉条抹灰要达到条形灰线平直通顺、光滑，无疤痕、裂缝、起壳等毛病。

4. 拉假面砖

除了用铁梳子拉假面砖外，还可用铁辊拉假面砖，操作方法及要求与用铁梳子基本相似。

七、拉 毛 灰

1. 抹底层灰

清除基层浮灰、砂浆、油污并湿润，做法同一般抹灰。砂浆配合比室内、室外有所不同，室内一般采用 1∶1∶6 水泥石灰混合砂浆，室外一般采用 1∶2 或 1∶3 水泥砂浆，底层灰厚度取 10～13 mm，砂浆稠度为 8～11 cm，表面搓毛。

2. 弹线、粘贴分格条

方法与水刷石相同。

3. 拉毛罩面

拉毛罩面的水泥石灰浆系 1 份水泥根据拉毛粗细按如下比例掺入石灰、纸筋和砂子，小拉毛灰掺入水泥质量分数 10%～20% 的石灰膏，大拉毛灰掺入石灰膏水泥质量分数 30%～50% 的石灰膏。素水泥浆容易龟裂，一般应掺入适量砂子和少量纸筋以避免开裂。

4. 拉细毛头

两人同时操作，在湿润的基层上，一人抹罩面砂浆，一人紧跟着拉毛，拉毛时宜用白麻缠绕的刷子，对着墙面把灰浆一点一拉，靠灰浆的塑性吸力顺势轻慢地拉出一个个毛头。个别毛头大小不均匀时，应随时补拉一次，至均匀为止。

5. 拉中毛头

一般用硬棕毛刷子，对着墙面垂直粘着后顺势拉出毛头。

6. 拉粗毛头

一般用光滑平整的铁抹子，轻按墙面灰浆上，待铁抹子被粘附有吸力感觉时，顺势慢慢拉起铁抹子，即可拉出毛头。拉毛头时应注意轻触慢拉，用力均匀，快慢一致。切忌用力过猛，提拉过快，致使露出底灰，一个平面应一气呵成，避免间断接槎。发现毛头不匀应及时抹平补拉。

7. 条筋拉毛

用硬棕毛刷拉出细毛面，再用特制的刷子蘸 1∶1 水泥石灰浆刷出条筋，条筋比拉毛面高出 2～3 mm，稍干后用铁抹子压一下。制条筋前应先在墙面上弹出垂直线，线与线之间的距离以 40 cm 为宜，作为刷筋的依据，条筋的宽度为 20 mm，间距 30 mm，刷条筋宽窄不要太一致，应自然带点毛边，条筋之间的拉毛应保持整洁、清晰。

八、聚合物水泥砂浆弹涂、喷涂与滚涂施工

1. 弹涂

聚合物水泥弹涂饰面，是在墙体表面刷一道聚合物水泥色浆后，用弹涂器分几遍将不同

色彩的聚合物水泥浆弹在已涂刷的涂层上，形成 3～5 mm 的扁圆形花点，再喷罩甲基硅树脂或聚乙烯醇缩丁醛溶液，使面层质感好并有干粘石装饰效果。弹涂较适用于建筑物的外墙面，也可用于顶棚饰面。

弹涂材料要求

（1）水泥。采用强度等级不低于 32.5 级的硅酸盐水泥、普通硅酸盐水泥、矿渣硅酸盐水泥、白色水泥或彩色水泥。

（2）石灰膏。使用的石灰膏须熟化一个月，并通过 3 mm 筛孔过筛，不含未熟化颗粒和杂质。

（3）颜料。采用耐碱、耐光矿物质颜料，掺入水泥内调成各种色浆，掺入量不超过水泥用量 5%。

（4）白色石英砂。粒径为 0.15～0.3 mm 作填充料，掺入量为水泥用量的 15%～20%，有条件可用彩色石英砂。

（5）酒精。95% 以上工业酒精。

（6）聚乙烯醇缩丁醛。用酒精稀释后罩面用。

（7）108 胶。固体质量分数为 10%～12%，pH 值为 6～7。

（8）弹涂用聚合物水泥砂浆。其参考配合比见表 1-5。弹涂用聚合物水泥砂浆罩面溶液参考配合比见表 1-6。

表 1-5　弹涂用聚合物水泥砂浆参考配合比（质量比）

名　　称		白水泥	普通水泥	颜料	聚乙烯醇缩甲醛（108 胶）	水
白水泥	刷底色水泥浆	100	—	试配	13	80
	弹花点	100	—		10	45
普通水泥	刷底色水泥浆	—	100	试配	20	90
	弹花点	—	100		10	55

表 1-6　弹涂用聚合物水泥砂浆罩面溶液参考配合比（质量比）

罩面溶液	聚乙烯醇缩丁醛	甲基硅树脂	乙醇（工业用酒精）		作用
			冬季	夏季	
聚乙烯醇缩丁醛溶液	1	—	15	17	溶液
甲基硅树脂溶液	—	1 000	2～3	常温 1	固化剂

（1）除砖墙基体应先用 1∶3 或 1∶4 水泥砂浆抹找平层并搓平外，一般混凝土等表面比较平整的基体，可直接刷底色浆后弹涂。基体须干燥、平整、棱角规矩。

（2）按配合比调制好弹涂色浆后，将不同颜色的色浆分别装入弹涂器内，按每人操作一种颜色，进行流水作业。弹第一道时，一般为 60%～80%，分三次弹匀。色点要接近圆形，直径 2～4 mm。弹涂器内色浆不宜放得过多，色浆过多会使弹点太大，容易流淌；弹涂器内色浆也不宜放得过少，色浆过少则会使弹点太小。

弹涂器简介

弹涂器构造如图 1-19 和图 1-20 所示。

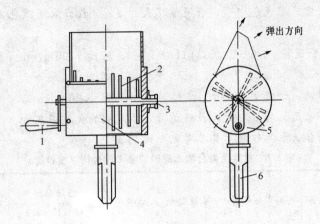

图 1-19 手动弹涂器

1,5—摇把；2—弹棒；3—接电动软轴；4—筒子；6—把手

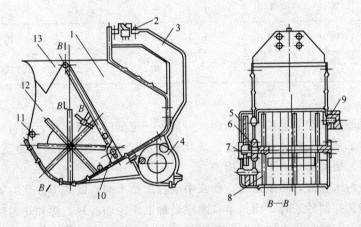

图 1-20 弹涂器

1—料斗；2—电源开关；3—手柄；4—电机箱；5—皮带盘；6—密封圈；7—弹棒轴；
8—弹棒；9—弹力调节；10—流量开关；11—回浆闸；12—操纵箱；13—挡浆板

（3）如出现流淌和拉丝现象应立即停止操作，调整胶浆的水灰比。对已经出现的问题，应进行整修，并用两道弹点遮盖。色浆的水灰比也应随气温高低的变化进行调节，以确保弹出呈点状的浆粒。

（4）待色点干固后，采用喷涂或刷涂方法，在其表面覆盖一层罩面层。外罩甲基硅树脂要根据施工时的温度在甲基硅树脂中加入 1‰～3‰乙醇胺固化剂；外罩聚乙烯醇缩丁醛，事先按质量比将一份粉状聚乙烯醇缩丁醛溶于 15～17 份酒精中。罩面是确保弹涂质量的重要工序，必须严格按规定操作。

2. 喷涂

在普通水泥砂浆中掺入适量的有机聚合物，即成为聚合物水泥砂浆。掺入有机聚合物的目的是改善普通水泥砂浆的性能。

喷涂材料要求

（1）水泥及颜料：水泥及颜料的要求与拉毛灰相同。

（2）细骨料：宜采用浅色中砂，含泥量不大于 3%，最好采用浅色石屑，材料一次备齐，过 3 mm 孔筛。

（3）108 胶：含固量 10%～20%，pH 值 7～8，密度 1.05 g/cm³，稀释 20 倍水的六偏磷酸钠溶液。

（4）甲基硅醇钠：含固量 30%，pH 值为 13，密度 1.23 g/cm³。

（5）石灰膏：采用优质石灰膏，最好是淋灰池尾部的优质石灰膏。

（6）喷涂用聚合物水泥砂浆：其参考配合比见表 1-7。

表 1-7　喷涂用聚合物水泥砂浆参考配合比（质量比）

饰面做法		水泥	颜料	细骨料	甲基硅醇纳	木质磺酸钙	聚乙烯醇缩甲醛（108 胶）	石灰膏	砂浆稠度（cm）
白水泥砂浆	波面	100	试配	200	4～6	0.3	10～15	—	13～14
	粒状	100		200	4～6	0.3	10	—	10～11
混合砂浆	波面	100	试配	400	4～6	0.3	20	100	13～14
	粒状	100		400	4～6	0.3	20	100	10～11

（1）白水泥砂浆喷涂为形成有色饰面，可掺入一定量的着色颜料。颜料应选用耐光、耐碱的矿物颜料，如氧化铁黄、氧化铁红、氧化铬绿等。不耐光、不耐碱的颜料（如地板黄、颜料绿、铁蓝等）极易褪色，不宜使用。

（2）为避免污水挂流，污染饰面，砂浆中应掺加憎水剂，以减少砂浆的吸水率，提高饰面的耐污染性能。拌制砂浆时，根据半日喷涂量称取水泥和颜料，拌和均匀后，再按比例掺入石屑，干拌均匀。然后依次加入中和的甲基硅醇钠溶液和水，分别依次拌匀。如需掺加石灰膏，应先将石灰膏用少量水调稀后，再加入水泥与石屑的拌合物中。砂浆稠度当波面喷涂时，宜为 13～14 cm；粒状喷涂时为 10～11 cm。

（3）喷涂前墙面需喷（或刷）一道胶黏剂水溶液，使喷涂层与基层黏结牢固，并使基层吸水率基本保持一致，以免喷涂后饰面花纹大小不一致，局部出浆、流淌。喷涂时，空气压缩机压力宜稳定在 0.6 MPa 左右。喷枪或喷斗应垂直墙面，粒状喷涂时距墙面 30～50 mm，波面喷涂时距墙面 50～100 cm。

粒状喷涂一般两遍成活，第一遍要求喷涂均匀，厚度掌握在 1.5 mm 左右。过 2～3 h 后喷第二遍，第二遍应连续成活，要求喷的颜色一致，颗粒均匀，不出浆，涂层总厚度应控制在 3 mm 左右。波面喷涂一般三遍成活，第一遍基层变色即可，不要太厚，如有凹凸不平时，可用木抹子顺平；第二遍喷至浆不流为止；第三遍喷至全部泛出水泥浆而又不流淌，表面均匀呈波状，颜色一致为止。涂层总厚度控制在 3～4 mm。波面喷涂应连续操作，不到分格缝处不得停歇，以免产生浮砂，造成明显接槎。

手持喷斗简介

手持喷斗如图 1-21 所示。配有高压橡胶管 100 m。

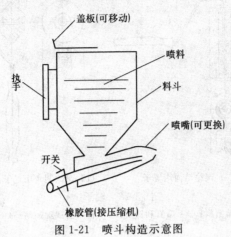

图 1-21　喷斗构造示意图

（4）彩色点弹涂：待底层色浆稍干后，将调好的弹点色浆按色彩分格装入弹涂器内，先弹深色色浆，再弹浅色色浆。弹涂时应与墙面垂直，距离适中，使弹点大小均匀，呈圆粒状，并分布均匀，避免重叠。待第一道弹点稍干后即可进行第二道弹涂，把第一道弹点不匀及露底处覆盖，最后进行个别修弹。两道弹点的时间间隔不能太近，以免出现混色现象。完工后取下分格条，分格缝处用线抹子勾上色浆抹顺直。

（5）在各遍喷涂过程中，如有局部小块流淌，可用木抹子刮掉多余砂浆并抹平，若大面积流淌，应刮掉重喷。

3. 滚涂

滚涂，即是将聚合物水泥砂浆涂抹在墙表面，用辊子滚出花纹。滚涂为手工操作，工效较低，但所需设备简单，操作时不污染门窗和墙面，因此适宜于外墙装饰，对于局部美化更为适用。

（1）墙面底、中层抹灰与一般抹灰相同。中层一般用 1∶3 水泥砂浆，表面搓平密实，然后根据图纸要求，将尺寸分匀以确定分格条位置，弹线后贴分格条。

（2）滚涂操作分干滚和湿滚两种，干滚时滚子不蘸水。滚涂时要掌握底层的干湿度，如吸水较快应适当洒水润湿，洒水量以滚涂操作时砂浆不流为宜。

（3）操作时需两个人合作，一人在前面涂抹灰浆，用抹子紧压刮一遍，再用抹子顺平；另一人拿辊子滚拉，并紧随前者，否则由于吸水过快而拉不出毛来。辊子运动不要太快，手用力要均匀一致，上下左右滚匀，要随时对照试样调整花纹，以取得花纹一致。滚拉要求上下顺直，一气呵成，并注意随时清洗滚筒，使之不沾砂浆，保持干净。滚拉方向应始终保持由上往下运动，使滚出的花纹呈现自然向下的流水坡度，以避免日后积尘而使墙面脏污。滚拉完活后，将分格条取下。如果要求做阳角，一般在大面成活后，再进行抈角。

辊子简介

采用各种材料制成的辊子，如橡胶油印辊子、多孔聚氨酯辊子、泡沫塑料辊子，其规格尺寸以直径 4～5 cm，长度 18～24 cm 为宜，如图 1-22 所示。

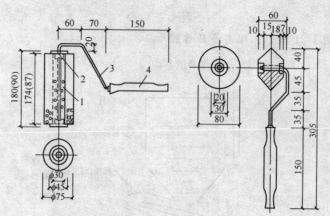

（a）滚涂墙面用辊子　　　　（b）滚涂阴角用辊子

图 1-22　辊子

1—硬薄塑料；2—串钉和铁垫；3—镀锌管或细钢筋；4—手柄

（4）面层厚度为 2~3 mm，要求底层顺直平整，以保证面层达到应有的效果。滚涂时如出现砂浆过干的情况，不得在滚面上洒水，应在灰桶内加水将灰浆拌和，并注意灰浆稠度力求一致。使用中发现砂浆沉淀，要及时拌匀再用。

（5）每日按分格分段施工，不能留接槎缝，不得事后修补，否则会产生花纹和颜色不一致的现象。

（6）配料需专人掌握，严格按配合比配料，控制用水量。特别是彩色砂浆，应对其配合比、面层湿度、砂子粒径、含水率、砂浆稠度、滚拉次数等方面进行认真掌握。

九、质量标准

1. 主控项目

（1）抹灰前基层表面的尘土、污垢、油渍等应清除干净，并应洒水润湿。

检验方法：检查施工记录。

（2）装饰抹灰工程所用材料的品种和性能应符合设计要求。水泥的凝结时间和安定性复验应合格。砂浆的配合比应符合设计要求。

检验方法：检查产品合格证书、进场验收记录、复验报告和施工记录。

（3）抹灰工程应分层进行。当抹灰总厚度大于或等于 35 mm 时，应采取加强措施。不同材料基体交接处表面的抹灰，应采取防止开裂的加强措施，当采用加强网时，加强网与各基体的搭接宽度不应小于 100 mm。

检验方法：检查隐蔽工程验收记录和施工记录。

（4）各抹灰层之间及抹灰层与基体之间必须粘接牢固，抹灰层应无脱层、空鼓和裂缝。

检验方法：观察；用小锤轻击检查；检查施工记录。

2. 一般项目

（1）装饰抹灰工程的表面质量应符合下列规定。

1）水刷石表面应石粒清晰、分布均匀、紧密平整、色泽一致，应无掉粒和接槎痕迹。

2）斩假石表面剁纹应均匀顺直、深浅一致，应无漏剁处；阳角处应横剁并留出宽窄一致的不剁边条，棱角应无损坏。

3）干粘石表面应色泽一致、不露浆、不漏粘，石粒应黏结牢固、分布均匀，阳角处应无明显黑边。

4）假面砖表面应平整、沟纹清晰、留缝整齐、色泽一致，应无掉角、脱皮、起砂等缺陷。

检验方法：观察；手摸检查。

（2）装饰抹灰分格条（缝）的设置应符合设计要求，宽度和深度应均匀，表面应平整光滑，棱角应整齐。

检验方法：观察。

（3）有排水要求的部位应做滴水线（槽）。滴水线（槽）应平整顺直，滴水线应内高外低，滴水槽的宽度和深度均不应大于 10 mm，否则应采取加强措施。不同材料基体交接处表面的抹灰，应采取防止开裂的加强措施，当采用加强网时，加强网与各基体的搭接宽度不应小于 100 mm。

检验方法：观察；尺量检查。

（4）装饰抹灰工程质量的允许偏差和检验方法应符合表 1-8 的规定。

表 1-8 装饰抹灰工程质量的允许偏差和检验方法

项 次	项 目	允许偏差（mm）				检 验 方 法
		水刷石	斩假石	干粘石	假面砖	
1	立面垂直度	5	4	5	5	用 2 m 靠尺和塞尺检查
2	表面平整度	3	3	5	4	用 2 m 靠尺和塞尺检查
3	阳角方正	3	3	4	4	用直角检测尺检查
4	分格条（缝）直线度	3	3	3	3	拉 5 m 线，不足 5 m 拉通线，用钢直尺检查
5	墙裙、勒脚上口直线度	3	3	—	—	拉 5 m 线，不足 5 m 拉通线，用钢直尺检查

第三节 清水砌体勾缝

一、施工要点

1. 基层处理

清除墙面黏结的砂浆、泥浆和杂物等，并洒水湿润；开凿瞎缝，并对缺棱掉角的部位用与墙面相同颜色的砂浆修补齐整；将脚手眼内清理干净，洒水湿润，并用与原墙相同的砖补砌严密。用粉线弹出立缝垂直线，把游丁偏大的开补找齐；水平缝不平和瞎缝，也要弹线开缝，达到缝宽 10 mm 左右，宽窄一致。如果砌墙时划缝太浅，必须将缝划深，深度控制在 10～12 mm 以内，并将缝内的残灰、杂质等清除干净。对缺棱掉角的砖和游丁的立缝，应进行修补，修补前要浇水润湿，补缝砂浆的颜色必须与墙上砖面颜色近似。

2. 搅拌砂浆

勾缝所用砂浆宜采用机械搅拌，拌和均匀，颜色一致，搅拌时间不应小于 2 min。墙面勾缝宜用细砂拌制的 1∶1.5 水泥砂浆，砖内墙也可采用原浆。

根据需要也可以在砂浆中掺加水泥用量 10％～15％的磨细粉煤灰以调剂颜色，增加和易性。勾缝砂浆应随拌随用，施工结束前必须把砂浆用完，不能使用过夜砂浆。

<h2 style="text-align:center">砂浆的材料要求</h2>

（1）水泥。宜采用 32.5 级普通水泥或矿渣水泥，应选择同一品种、同一强度等级、同一厂家生产的水泥。

水泥进厂需对产品名称、代号、净含量、强度等级、生产许可证编号、生产地址、出厂编号、执行标准、日期等进行外观检查，同时验收合格证。

（2）砂子。宜采用细砂，使用前应过筛。

（3）磨细生石灰粉。不含杂质和颗粒，使用前 7 d 用水将其焖透。

（4）石灰膏。使用时不得含有未熟化的颗粒和杂质，熟化时间不少于 30 d。

（5）颜料。应采用矿物质颜料，使用时按设计要求和工程用量，与水泥一次性拌均匀，计量配比准确，应做好样板（块），过筛装袋，保存时避免潮湿。

3. 砂浆（原浆）勾缝

按照"先横后竖、从上往下"的原则，从砌体最上一皮开始，用小溜子将托灰板上的砂浆均匀塞进砌体灰（横）缝中，然后进行勾缝。塞入砂浆时应注意减少对墙壁面的污染。勾缝应保持用力均匀。勾完横缝后再以同样的方法勾竖缝。依此类推，直至砌体最底部。当砖内墙采用原浆勾缝时，必须随砌随勾，并使灰缝光滑密实。普通砖墙勾缝宜采用凹缝或平缝，凹缝深度为 4～5 mm。空斗墙、空心砖墙、多孔砖墙等勾缝应采用平缝。

为了防止砂浆早期脱水，在勾缝前一天应将砖墙浇水润湿，勾缝时再适量浇水，但不宜太湿。勾缝时用溜子把灰挑起来填嵌，俗称"叼缝"，防止托灰板沾污墙面。外墙一般勾成平缝，凹进墙面 3～5 mm，从上而下，自右向左进行，先勾水平缝，后勾立缝。使阳角方正；阴角处不能上下直通和瞎缝；水平缝和竖缝要深浅一致，密实光滑，搭接处平顺。

喂缝方法是将托灰板顶在要勾的灰口下沿，用溜子将灰浆压入缝内。在喂缝的过程中，靠近墙面要铺板子或采用其他措施接灰，落下的砂浆及时捡起拌和再用。这种方法容易污染墙面，因此，要在缝子勾完稍干后，用笤帚清扫墙面；扫缝时应注意不断抖掉笤帚夹带的灰浆粉粒，以减少对墙面的污染；天气干燥时注意浇水养护。

勾完缝要加强自检，检查有无丢缝现象。特别是在勒脚、腰线、过梁上第一皮砖及门窗旁侧面部位，如发现漏勾的，应及时补勾好。

4. 细部处理

清水砖墙建筑的勒脚、檐口、门套、窗台的处理，可以用粉刷或天然石板进行装饰。但在门窗过梁的外表也可以用砖拱形式来装饰，问题在于某些建筑用的是钢筋混凝土过梁，这就需要将过梁往里收 1/4 砖左右，外表再镶砖饰。

5. 扫缝

每一操作段勾缝完成后，用笤帚顺缝清扫，先扫平缝，后扫立缝，并不断抖弹笤帚上的砂浆，减少墙面污染。

6. 找补漏缝

扫缝完成后，要认真检查一遍有无漏勾的墙缝，尤其检查易忽略、挡视线和不易操作的地方，发现漏勾的缝应及时补勾。

7. 清扫墙面

勾缝工作全部完成后，应将墙面全面清扫，对施工中污染墙面的残留灰痕应用力扫净，如难以扫掉时用毛刷蘸水轻刷，然后仔细将灰痕擦洗掉，使墙面干净整洁。

二、质量标准

1. 主控项目

（1）清水砌体勾缝所用水泥的凝结时间和安定性复验应合格。砂浆的配合比应符合设计要求。

检验方法：检查复验报告和施工记录。

（2）清水砌体勾缝应无漏勾。勾缝材料应黏结牢固、无开裂。

检验方法：观察。

2. 一般项目

（1）清水砌体勾缝应横平竖直，交接处应平顺，宽度和深度应均匀，表面应压实抹平。

检验方法：观察；尺量检查。

（2）灰缝应颜色一致，砌体表面应洁净。

检验方法：观察。

第二章 门窗工程

第一节 木门窗制作与安装

一、普通木门窗的制作

1. 放样

放样是根据施工图纸上设计好的木制品，按照 1:1 的尺寸将木制品构造画出来，做成样板（或样棒），样板采用松木制作，双面刨光，厚约 250 mm，宽等于门窗橙子框的断面宽，长比门窗高度大 200 mm 左右，经过仔细校核后才能使用，放样是配料和截料、画线的依据，在使用的过程中，注意保持其画线的清晰，不要使其弯曲或折断。

木门窗的要求

(1) 木门窗的材料或框和扇的规格型号、木材类别、选材等级、含水率及制作质量均须符合设计要求，并且必须有出厂合格证。

(2) 木门窗的木材品种、材质等级、规格、尺寸、框扇的线型及人造木板的甲醛含量应符合设计要求。

(3) 木门窗应采用烘干的木材，含水率应小于 12%。

(4) 各种木工板对称层和同一层单板应是同一树种，同一厚度，并考虑成品结构的均匀性。表板应紧面向外，各层单板不允许端拼。

板均不许有脱胶鼓泡，一等品板上允许有极轻微边角缺损，二等板的面板上不得留有胶纸带和明显的胶纸痕。公称厚度 6 mm 以上的板，其翘曲度：一、二等板不得超过 1%，三等板不得超过 2%。

2. 配料、截料

配料是在放样的基础上进行的，因此，要计算出各部件的尺寸和数量，列出配料单，按配料单进行配料。

(1) 配料、截料要特别注意精打细算，配套下料，不得大材小用、长材短用；采用马尾松、木麻黄、桦木、杨木等易腐朽、虫蛀的树种时，整个构件应做防腐、防虫药剂处理。

(2) 配料时，要合理地确定加工余量，各部件的毛料尺寸要比净料尺寸加大些，具体加大量可参考如下。

断面尺寸：单面刨光加大 1~1.5 mm，双面刨光加大 2~3 mm；机械加工时单面刨光加大 3 mm，双面刨光加大 5 mm。长度的加工余量见表 2-1。

表 2-1 门窗构件长度加工余量

构件名称	加工余量
门橙立框	按图纸规格放长 70 mm

续上表

构 件 名 称	加 工 余 量
门窗樘冒头	按图纸放长 100 mm，无走头时放长 40 mm
门窗樘中冒头、窗樘中竖梃	按图纸规格放长 10 mm
门窗扇梃	按图纸规格放长 40 mm
门窗扇冒头、玻璃梀子	按图纸规格放长 10 mm
门扇中冒头	在 5 根以上者，有一根可考虑做半榫
门芯板	按图纸冒头及扇梃内净距放长各 20 mm

（3）门窗框料有顺弯时，其弯度一般不应超过 4 mm。扭弯者一般不准使用。

（4）配料时还要注意木材的缺陷，节疤应躲开眼和榫头的部位，防止凿劈或榫头断掉；起线部位也禁止有节疤。

（5）青皮、倒楞如在正面，裁口时能裁完者，方可使用。如在背面超过木料厚的 1/6 和长的 1/5，一般不准使用。

（6）在选配的木料上按毛料尺寸画出截断、锯开线，考虑到锯解木料的损耗，一般留出 2～3 mm 的损耗量。锯时要注意锯线直，端面平。

3. 刨光

刨光工序应先刨两个基准面，应使两基准面互相垂直，边刨边用方尺检验，直到刨方刨光为止。另两个面的刨光，如采用手推刨刨光，应先画好线，注意不要刨过线而使工件断面变小而报废。如采用压刨床刨光，须将台面高度调准，试刨合格后方可批量进行刨削。刨光时，要查看木纹，顺纹刨削，以免戗槎将工件表面刨的凸凹不平。刨好的部件应分类堆放，以备下道工序取用方便。

4. 画线

画线是根据门窗的构造要求，在各根刨好的木料上画出榫头线、打眼线等。

（1）画线时应仔细看清图纸要求，样板样式、尺寸、规格必须完全一致，并先做样品，经审查合格后再正式画线。

（2）画线时要选光面作为表面，有缺陷的放在背后，画出的榫、眼、厚、薄、宽、窄尺寸必须一致。

（3）画线顺序，应先画外皮横线，再画分格线，最后画顺线，同时用方尺画两端头线、冒头线、梀子线等。

（4）樘梃宽超过 80 mm 时，要画双实榫；门扇梃厚度超过 60 mm 时，要画双头榫。60 mm 以下画单榫。冒头料宽度大于 180 mm 者，一般画上下双榫。榫眼厚度一般为料厚的 1/4～1/3。半榫眼深度一般不大于料断面的 1/4，冒头拉肩应和榫吻合。

（5）门窗框的宽度超过 120 mm 时，背面应推凹槽，以防卷曲。

5. 打眼

（1）打眼的凿刀应和眼的宽窄一致，凿出的眼，顺木纹两侧要直，不得错岔。

（2）打通眼时，先打背面，后打正面。凿眼时，眼的一边线要凿半线、留半线。手工凿眼时，眼内上下端中部宜稍微突出些，以便拼装时加楔打紧，半眼深度应一致，并比半榫深 2 mm。

（3）成批生产时，要经常核对，检查眼的位置尺寸，以免发生误差。

6. 开榫

木门窗一般都为直肩榫。用手工开榫时使用小锯沿纵线锯两道锯口，然后按横线锯出两个榫肩。

锯成的榫头要方正、平直、厚度一致。为了使接缝严密，锯榫肩时须向里稍微倾斜一点，即让榫肩外面比里面稍高一点。这样榫眼结合时，榫肩外面先接触，从外面看缝隙很小。

开始锯榫时，先锯好一个插入眼中试一下，如刚好合适，说明线画的准确，就可放心地去开榫，如不合适，可放宽（或缩窄）锯榫。

7. 裁口、起线

（1）起线刨、裁口刨的刨底应平直，刨刃盖要严密，刨口不宜过大，刨刃要锋利。

（2）起线刨使用时应加导板，以使线条平直，操作时应一次推完线条。

（3）裁口遇有节疤时，不准用斧砍，要用凿剔平然后刨光，阴角处不清时要用单线刨清理。

（4）裁口、起线必须方正、平直、光滑，线条清秀，深浅一致，不得龇槎、起刺或凸凹不平。

8. 拼装

（1）拼装前对部件应进行检查，要求部件方正、平直，线脚整齐分明，表面光滑，尺寸规格、式样符合设计要求，并且细刨将遗留墨线刨光。

（2）门窗框的组装，是把一根边梃的眼里安装冒头（横楞），再装上另一边的梃；用锤轻轻敲打拼合，敲打时要垫木块防止打坏榫头或留下敲打的痕迹。待整个拼好归方以后，再将所有榫头敲实，锯断露出的榫头。拼装先将楔头抹上胶再用锤轻轻敲打拼合。

（3）制作胶合板门（包括纤维板门）时，边框和横楞必须在同一平面上，面层与边框及横楞应加压胶粘。应在横楞和上、下冒头各钻两个以上的透气孔，以防受潮脱胶或起鼓。

（4）普通双扇门窗，刨光后应平放，刻刮错口（打叠），刨平后成对做记号。

（5）门窗框靠墙面应刷防腐涂料。

（6）拼装好的成品，应在明显处编写号码，用木楞四角垫起，离地 20～30 cm，水平放置，加以覆盖。

（7）为了防止在运输过程中门窗框变形，在门框下端钉上拉杆，拉杆下皮正好是锯口。大的门窗框，在中贯档与梃间要钉八字撑杆，外面四个角也要钉八字撑杆。

二、夹板门扇的制作

1. 木骨架的制作

木骨架由两根立梃、上下冒头和数根中冒头及锁木等组成。中冒头断面较小，间距 120～150 mm。

立梃的制作程序：截配毛料→基准面刨光→另两面刨光→画线→打眼→半成品堆放。

中冒头的制作程序：截配毛料→基准面刨光→另两面刨光→画线→开榫→半成品堆放。

上下冒头的加工程序：截配毛料→基准面刨光→另两面刨光→画线→开榫→半成品堆放。锁木用梃子的短头料配制。

上下冒头及中冒头开榫时开出飞肩，框架组装后飞肩可起通气孔的作用。如不做飞肩，各冒头上必须钻通气孔。

上面是榫眼结合时各部件的加工程序，如用 U 形钉组框，则可省去打眼开榫以后的工序，只须截齐就可以了。

夹板门的组成

夹板门扇由木骨架、覆面板和包条等部分组成，如图 2-1 所示。

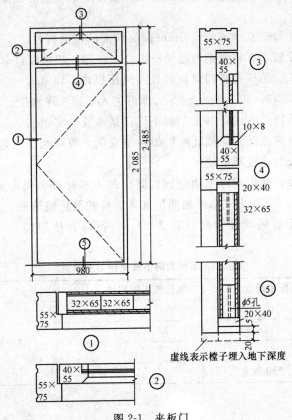

图 2-1 夹板门

夹板门扇的木骨架有榫眼结合和 U 形钉结合两种。覆面板为胶合板或硬质纤维板，以聚乙酸乙烯酯乳胶或脲醛树脂胶和酚醛树脂胶胶合，四面涂胶钉上木包条，以防人造板碰撞脱胶。

2. 木骨架的组装

榫眼结合的木骨架组装方法：将梃子平放在平地上，眼内施胶；冒头榫上沾胶一个个敲入榫眼内；将各冒头另一端施胶，另一根梃子眼内施胶；拿着梃子从一端开始，把冒榫一个个插入榫眼内；拿一木块垫在梃子上，将榫眼逐个敲紧，校方校平后堆放一边待用。

U 形钉结合木骨架组装时，必须做一胎具，将部件放在胎具上挤严后，用气钉枪骑缝钉钉，每一接缝处最少钉两个 U 形钉。钉完一面，翻转 180°将另一面钉牢。

锁木放在骨架的指定位置，用胶或钉子牵牢于两立梃上。

一般每平方米夹板门扇用胶 0.4～0.8 kg，胶合板因表面比较平滑，用胶量较少。而纤维板因背面有网纹，用胶量稍多一些。可根据工作量配置胶液。

3. 刨边包边

胶合好的夹板门扇在刨边机上或人工刨边后，用木条涂胶从四边包严。因考虑搬运碰撞，木骨架已留有 5 mm 左右的刨光余量，刨削时两边要刨平行，相邻边要互相垂直。

包条一般比门扇厚度大 1～2 mm。钉钉时，要将钉帽砸扁，顺木纹钉钉，并用钉冲将钉帽冲入木条里 1～2 mm。钉子不要钉成一条直线，应交错钉钉。包条在门扇上角应 45°割角交接，下端对接即可，接缝应保持严密。包条钉好后，将门扇放在工作台上，将包条与覆面板刨平。为防止人造板吸湿变形，门扇做好后应立即刷上一层清油保护。

4. 覆面板胶合

骨架做好后，按比骨架宽（或长）5 mm 配好两面的覆面板材。

在骨架或板面上涂胶后，将骨架与覆面板组合在一起，四角以钉牵住。夹板门扇的胶合有冷压和热压两种方式。热压是将门扇板坯放入热压机内，以 0.5～1 MPa 的压力和 110℃的温度，热压 10 min 左右，卸下平放 24 h 后即可进入下道工序加工。冷压是把门扇板坯放入冷压机内，或自制冷压设备内，24 h 后卸下即已基本胶合牢固。

胶合用的白乳胶（聚乙酸乙烯酯乳胶）如冬季变稠，可适当加点温水搅拌均匀后使用。在严寒地区，也可将胶加热变稀后使用。

胶合用脲醛树脂胶，使用前须加固化剂。固化剂为氯化铵。先将固体氯化铵配成 20%浓度的溶液，然后按表 2-2 配方在脲醛树脂里加入适量的氯化铵溶液，搅拌均匀后使用。因加了固化剂的脲醛树脂胶的活性时间只有 2～4 h，所以要按照需要现配现用，以免造成浪费。

表 2-2　不同室温下氯化铵溶液用量

脲醛树脂（kg）	操作室温度（℃）	氯化铵溶液用量（mL）	备　　　注
1	10～15	14～16	
1	15～20	10～14	氯化铵溶液浓度为 20%
1	20～30	7～10	
1	30 以上	3～7	

三、镶板门扇制作

1. 镶板门扇部件制作

图 2-2 为镶板门扇梃和冒头的榫眼结合情况，其加工程序如下。

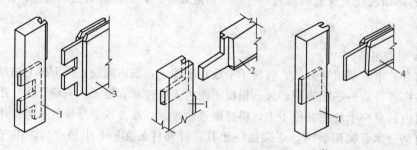

　(a) 门扇梃与下冒头的榫眼结合　　(b) 门扇梃与上冒头的榫眼结合　　(c) 门扇梃与中冒头的榫眼结合
图 2-2　镶板门扇榫眼结合情况
1—门扇梃；2—门扇上冒头；3—门扇下冒头；4—门扇中冒头

（1）门扇梃的加工程序：截配毛料→基准面刨光→另两面刨光→画线→打眼→开槽起线→半成品堆放。

（2）门扇上、下冒头的加工程序：截配毛料→基准面刨光→另两面刨光→画线→开榫→

榫头锯截→开槽起线→半成品堆放。

（3）门扇中冒头的加工程序：截配毛料→基准面刨光→另两面刨光→画线→开榫→开槽起线→半成品堆放。

（4）门芯板配置：如用实木做镶板，应先配毛板；毛板两小面刨直、刨光；胶拼；两面刨光；锯成规格板，并将四周刨成一定锥度；最后刨光（净光）或砂光待用。如用人造板做镶板，可先将人造板胶合成一定厚度，再锯成规格板，将四周刨成一定的锥度。

2. 镶板门扇的组装

镶板门扇各部件备齐后即可组装。组装的程序是：将门扇梃平放在地上，眼内施胶→将门肩的冒头（上、中、下）一端榫头施胶——插入梃眼里→将门芯板从冒头槽里逐块插入并敲进门梃槽内→在门冒榫头和梃眼内施胶，并逐一使榫插入眼内→用一木块垫在门梃上逐一将榫眼敲紧→校方校平加木楔定型→放置一边待胶基本固化后，将门扇两面结合处刨平并净光一遍→检验入库。

四、塑料压花门的制作

1. 模压板的制作

塑料压花板一般花纹外凸，只有四周和中部有 100～150 mm 的平面板带，因此，用一般的平板压板不仅会把花纹压坏，而且胶粘也不牢固。

为了既能将塑料压花板尽可能同木骨架贴紧胶牢，又不压坏花纹图案，就要设计制作一种特殊的模压板垫在压板与门扇之间。

图 2-3 所示为一种塑料压花门的模压板。它由底层胶合板、挖孔胶合板和泡沫塑料（海绵）胶合而成。底层胶合板为五合板或七合板，它是模压板的基础。幅面略大于压花门扇尺寸。

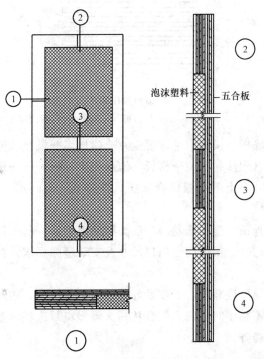

图 2-3　塑料压花门模压板

挖孔板的孔型应符合压花板图形，将图案对应部位挖空。挖孔板用多层胶合板胶合而成，它的厚度应等于花纹板花纹凸出量。

泡沫塑料按挖孔板挖孔尺寸裁剪，其自由厚度（无压力情况下）应等于挖孔板的总厚度。

模压板的制作程序：锯配底板和挖孔板→底板画线→涂胶→粘贴挖孔板→裁剪和粘贴泡沫塑料→停放 24 h 待胶固化后即可使用。粘贴用胶一般为聚乙酸乙烯酯乳胶。

2. 压花门扇胶合

塑料压花门的胶合一般采用冷压胶合法。先将木骨架同覆面花纹板组合在一起，再放到冷压设备中压合。

塑料压花门简介

塑料压花门也是一种夹板门扇，不过覆面材料为表面已粘贴塑料压花板的人造板材，门扇四周不加木包条，而粘贴塑料条。

（1）组坯。塑料压花门两面粘贴压花板。可在骨架上或压花板的内表面涂胶后组坯。

如在骨架上涂胶，将骨架放在平台上，涂胶后扣上一块压花板，摆正后四角钉牢。翻转180°，在骨架另一面涂胶，扣上另一块压花板，摆正后四角钉牢。

如采用板面施胶方法，将骨架放在平台上，在花纹板里面刷胶后翻扣在骨架上，摆正后四角钉牢。翻转180°放好，再将另一块刷好胶的花纹板翻扣到骨架上，摆正后四角钉牢。

（2）胶合。塑料压花门冷压胶合时，门扇与模压板的放置顺序，如图 2-4 所示。

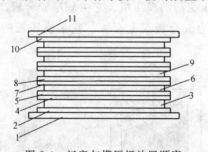

图 2-4　门扇与模压板放置顺序
1—压机底板；2，4，5，7，8，10—模压板；3，6，9—压花门扇；11—压机上压板

其放置顺序：压机底板→模板（泡沫朝上）→门扇坯→模板（泡沫朝下）→模板（泡沫朝上）→门扇坯→模板（泡沫朝下）→模板（泡沫朝上）→……→压机上压板。

按上述顺序放好后，将上下压板闭合加压，保持 0.5～1 MPa 的压力，24 h 后卸压取板，模板与门扇分开堆放。

（3）修边粘贴塑料板条。塑料压花门一般为框扇组装后一起出厂。因此门扇和合页五金安装均在厂里完成。修边时，根据门框内口尺寸及安装缝隙要求，在门扇四周画线，按线刨光，边刨边试。

塑料封边条根据门扇厚度剪裁，长度最好等于门宽或门高，中间不要接头。在门扇四边及塑料条上涂胶，待胶不粘手时，两人配合从一头慢慢将封边塑料条与门边贴合。塑料封边条贴好后用装饰刀将其修齐。

3. 框扇组合

按照施工质量验收规范要求装好合页五金。装时注意保护门扇塑料花纹，不要破坏板面及封边条。

成品门要加保护装置，以防搬运时碰伤门扇表面。

五、双层窗框制作

（1）双层窗框在制作时要知道双层窗框料的宽度，先要知道玻璃窗扇的厚度尺寸、中腰档尺寸，还有纱窗扇厚度尺寸，框料宽度为 95 mm 左右，厚度不少于 50 mm，具体尺寸还要根据材料的大小来确定，如图 2-5 所示。

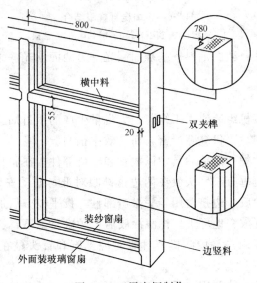

图 2-5　双层窗框制作

（2）画线时应该先画出一根样板料。在样板料上先画出踢脚线、中腰档和窗扇高度尺寸，还有横中档、腰头窗扇和榫位尺寸。

（3）如果大批量画线，可以用两根方料斜搭在墙上，在料的下段各钉 1 只螳螂子，然后在上下各放 1 根样板，中间放 10 多根白料，经搭放后，用丁字尺照样画下来，经画线后再凿眼、锯榫、割角和裁口。

（4）纱窗框一般使用双夹榫，使用 14 mm 凿子。裁口深度为 10 mm。

（5）横中料在画割角线时，如果窗框净宽度为 800 mm，应该在 780 mm 的位置上搭角。向外另放 20 mm 作为角的全长。如果横中料的厚度为 55 mm，在画竖料眼子线时，搭角在外线，眼子在里线。

六、窗扇的制作

1. 窗扇部件制作

普通窗扇各部件均为单眼或单榫。上下冒头与扇梃以截肩榫眼结合，扇梃与窗棂（玻璃筋）以全榫全眼结合，图 2-6 为窗扇梃冒榫眼结合图。

窗扇与腰窗扇的同名部件榫眼形状相似，因此只介绍窗扇的制作程序。

（1）窗扇梃的加工程序：毛料截配→基准面刨光→另两面刨光→画线→打眼→裁口起线→半成品堆放。

（2）窗扇上下冒头的加工程序：截配毛料→基准面刨光→另两面刨光→画线→开榫→截榫肩→裁口起线→半成品堆放。

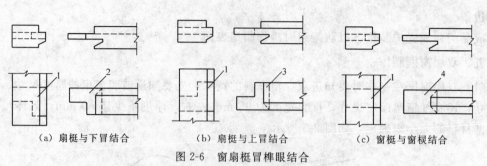

（a）扇梃与下冒结合　　　（b）扇梃与上冒结合　　　（c）窗梃与窗棂结合

图 2-6　窗扇梃冒榫眼结合

1—窗梃；2—窗下冒；3—窗上冒；4—窗棂

（3）窗棂的加工程序：截配毛料→基准面刨光→另两面刨光→画线→开榫→裁口起线→半成品堆放。

2. 窗扇组装

窗扇的组装可用安装机组装或手工组装。大批量生产的木材加工企业，一般都配备有安装机。用安装机安装窗扇，不仅缝隙严密，而且效率很高。

安装前要按窗扇尺寸做一简单胎具，以放置和定位部件。在胎具中间的预定位置放好上下冒头和窗棂，两根窗梃垂直于冒头放在两边，榫眼对准，开动安装机将梃和冒挤在一起。摆放部件前要在榫眼上涂胶，边挤边用斧头敲击部件，校平校方后加木楔固定形状。

手工安装是将窗扇梃放在地坪上，榫眼涂胶后，顺次将上下冒头、窗棂敲入窗梃，然后在冒头的另一头涂胶，梃眼内涂胶，梃冒榫眼对应把梃和冒头敲在一起，校平校方加胶楔敲严。

窗扇装好后立靠一边，待胶固化后将窗扇两面结合处刨平并将两面净光一遍。

七、纱窗扇的制作

纱窗扇是由 2 根梃，2 个冒头，1 根芯子组成，如图 2-7 所示。在画线时，先把窗扇全长线画出，然后向里画出 2 个冒头，定出冒头眼子，再画出中间窗芯子。窗梃割角 1 cm，纱窗反面裁掉 1 cm，一般使用 1 cm 凿子。在与冒头相结合的部位，凿出 0.5 cm 深的半肩眼，在冒头上也要做出 0.5 cm 长的半肩榫，在下楔时，要防止冒头开裂和不平。在纱窗长期使用过程中，半肩可以起一定的加固作用。窗芯子使用一面肩，一面榫头，正面统一使用 1 cm 圆线。

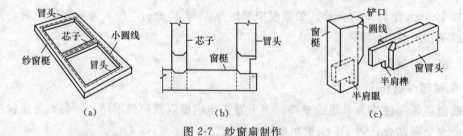

图 2-7　纱窗扇制作

窗扇做成后，刨 12 mm×10 mm 见方的木条子，把条子刨成小圆角。在钉条子之前，应该把条子锯成需要的长度，两端锯成割角后就可以钉窗纱了。钉窗纱时，把窗纱放在窗扇上铺平，先把条子放在窗扇的一边，每隔 10 cm 距离用 1 根钉子钉牢。然后再在另一边把窗纱拉紧，用木条把窗纱钉牢。四面钉上木条以后，用斜凿把多余的窗纱割去。如果用圆线条固定窗纱，窗扇看上去就像有两个正面一样。

八、百叶窗的制作

在做百叶窗的时候，采用传统做法打百叶眼子，花费工时很多，且质量不易保证，因此可用两个圆孔来代替，百叶板的端头做两个与孔对应的榫，再装上去。这样做既不影响结构，又提高了工效，而且保证了质量，降低了对用材的要求。具体做法如下：

（1）百叶梃子的画线。以前，百叶梃子的眼子墨线一般都需画 4 根线，围成 1 个长方形，如图 2-8（a）所示，由于百叶眼和梃子的纵横向一般为 45°，所以画线上墨就显得麻烦。而现在变成定孔心的位置，即先画出百叶眼宽度方向的中线，且与梃子纵向成 45°，百叶眼的中线画好后，再画一条与梃子边平行距离为 12～15 mm 的长线，这根线与每根眼子中心线的交点就是孔心。这根线的定法是以孔的半径加上孔周到梃子边应有的宽度，如图 2-8（b）所示。一般 1 个百叶眼只钻 2 个孔就可以了。

（2）钻孔。把画好墨线的百叶梃子用铳子在每个孔心位置铳个小弹坑。铳了弹坑之后，钻孔一般不会偏心。当百叶厚度为 10 mm 时，采用 10 或 12 的钻头，孔深一般在 15～20 mm 之间，每个工时可钻几千个眼子。

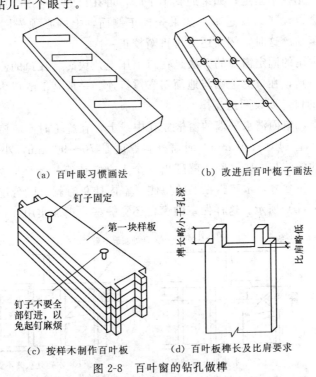

（a）百叶眼习惯画法　　　　（b）改进后百叶梃子画法

（c）按样木制作百叶板　　　　（d）百叶板榫长及比肩要求

图 2-8　百叶窗的钻孔做榫

（3）百叶板制作。由于百叶眼已被两个孔代替，所以百叶板的做法也必须符合孔的要求，就是在百叶两端分别做出与孔对应的两个榫，以便装牢百叶板。制作时，先画出一块百叶板的样子，定出板的宽窄、长短和榫的大小位置（一般榫宽与板厚一致，榫头是个正方形）。把刨压好的百叶板按要求的长短、宽窄截好后，用钉子把数块百叶板拼齐整后钉好，按样板锯榫、拉肩、凿夹，就成了可供安装的百叶板了，如图 2-8（c）所示。要注意榫长应略小于孔深，中间凿去部分应略比肩低，如图 2-8（d）所示，才能避免不严实的情况。另外，榫是方的，孔是圆的，一般不要把榫棱打去，可以直接把方榫打到孔里去，这样嵌进去的百叶板就不会松动了。

这种方法制作简便、省工，成品美观。制作时，采用手电钻、手摇钻或是台钻甚至手扳麻花钻都可以。

九、门窗框立口安装

门框立口与窗框立口操作基本相同，但不如窗框立口复杂，现以窗框立口为例进行介绍。

立窗口的方法主要有两种：一种是先立口，另一种是后立口。先立口就是当墙体砌到窗台下平时开始立口。

先立口大致分为两步：第一步，按图纸规定的尺寸在墙上放线，确定窗口的位置，放完线后要认真对照图纸复核；第二步，窗口就位和校正。

立窗口时，有用水平尺的，也有用线坠的。短水平尺有时容易产生误差。使用线坠比较准确，使用时最好把线坠挂在靠尺上。这里所说的靠尺，就是由两个十字形连在一起的尺子，这种尺使用起来既方便又准确。不论使用哪一种方法立口，都应该校正两个方向：先校正口的正面，后校正口的侧面。不能先校侧面，后校正面。因为口校正后需要固定，先校正正面，口下端就可以先找平固定；如果遇到不平时，可在口的下端用楔调整。这样，在校正侧面时，下端就不会再动了。反过来，如果先校正侧面，上端必须先固定；而在校正正面时，上端也要随着窜动。这时，侧面还得再重新校正一次。

立完口以后，常用的固定窗口的方法是在口上压上几块砖。在口的侧面校正后，固定口上端的一种简单方法是，在口的上端与地面斜支撑钉连。一般宽 1 m 以内的口，可以设一道支撑。超过 1 m 宽的口，要设两道支撑。

在有些设计图上，单面清水外墙的窗框立在中线上，在施工时不应该立在正中。这是因为木砖加灰缝的尺寸是 140～150 mm，而窗框料厚度是 70～90 mm，小于木砖。如果立在正中，框外清水墙的条砖与木砖之间，就露出一个大立缝或露出木砖，如图 2-9 (a) 所示。如果向外偏一些，盖住立缝，木砖露在框的里侧，室内抹灰时就可以盖住木砖，墙内外侧都比较美观，如图 2-9 (b) 所示。这样做室内窗台还宽一些，更加实用。

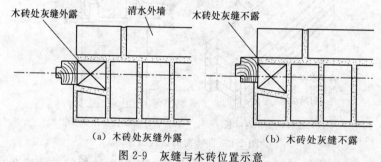

（a）木砖处灰缝外露　　　　　　　　（b）木砖处灰缝不露

图 2-9　灰缝与木砖位置示意

不论采用先立口还是后立口的做法，在立窗口时，都要注意以下问题。

（1）在立窗口之前要检查窗口的对角线长度是否相等。有时，由于窗口在运输中的碰撞，会造成对角线长度不相等，也就是常说的"不方"。对不方的窗口应该修理后再立。

（2）如果在立窗口之前发现窗口没有做防腐处理，要及时通知有关人员进行处理。

（3）后立窗口要等砌筑砂浆具有一定强度后才能进行，不然木砖容易被钉活，口也就不准了。

（4）在立窗口时，口的立边底下一定要垫上木块，使口下端与砖墙保持一定空隙。这样做，可以在抹窗台时防止灰捻口，并且能保证外窗台有一定的坡度，使窗台的最下端经常保持干燥，不易腐烂。其次，砌体在下沉时，口两边的砌体变形较大，口中间的砌体变形较小，口与墙保持空隙，能防止口中间位置向上弯曲。留空大小可以根据皮数杆来确定，最好留 25～30 mm，就是把立口的线垫起 30 mm 再立口。

立窗口时在窗口的立边底下垫砌筑砂浆的做法不可取。因为砂浆垫厚了，窗口在固定时受振动后，立好的口的位置容易变动。最好用木块垫，为了节省木材，也可采用预制水泥砂浆垫块。

立窗口时要经常检查，尤其是在安装过梁以前，要全面进行复核，有错立即纠正。

十、门扇安装

（1）先确定门的开启方向及装锁位置，对开门的裁口方向一般应以开启方向的右扇为盖口扇。

（2）检查门口是否串角及各部位尺寸，检查门口高度应量门口两侧，检查门口宽度应量门口的上、中、下三点，并在门扇的相应部位定点画线。

（3）将门扇靠在门框上，在门扇上画出相应尺寸线。用夹具将门扇一端夹牢，另一端用小木片垫起，按线对门扇的四边用刨子修正。

（4）第一次修刨后的门扇以能塞入洞口内为宜，塞好后用木楔顶住底部，按门扇与洞口的留缝宽度要求，画第二次修刨线，标上合页槽位置（一般上留扇高 10%，下留扇高 11%），同时注意洞口与扇的平整。

（5）照线对门扇进行第二次修刨，先刨安锁的一边。在合页槽位置用线勒子勒出槽的深度，并从框上引过合页槽线，此时应注意用合页的进出来调整口与扇的平整。剔合页槽应留线。

（6）安装对开门扇时，应将门扇的宽度用尺量好，再确定中间对口缝的裁口深度；如采用企口锁时，对口缝的裁口深度和裁口方向应满足锁的要求，然后将四周修刨到准确尺寸。

十一、窗扇安装

（1）根据设计图纸要求确定开启方向，以开启方向的右手作为盖扇（人站在室内）。

（2）一般窗扇有单扇和双扇两种。单扇应将窗扇靠在窗框上，在窗扇上画出相应的尺寸线，修刨后先塞入框内校对，如不合适再画线进行第二次修刨直至合适为止。双扇窗应根据窗的宽窄确定对口缝的深浅，然后修正四周，塞入框内校正时，不合适再二次修刨直至合适为止。

（3）首先要把随身用的工具准备好，钉好楞，木楞要求稳、轻，搬动方便，楞上钉上两根托扇用的木方，以便操作。

（4）安窗扇前先把窗扇长出的边头锯掉，然后一边在窗口上比试，一边修刨窗扇。刨好后将扇靠在口的一角，上缝和立缝要求均匀一致。

（5）用小木楔将窗扇按要求的缝宽塞在窗口上，缝宽一般为上缝 2 mm，下缝 2.5 mm，立缝 2 mm 左右。

十二、木门窗五金安装

1. 合页安装

（1）合页距上下窗边的距离应为窗扇高度的 1/10，如 1.2 m 长的扇，可制作 12 cm 长的样板，在口及扇上同时画出一条位置线，这样做比用尺子量快，而且相对准确，如图 2-10（a）所示。

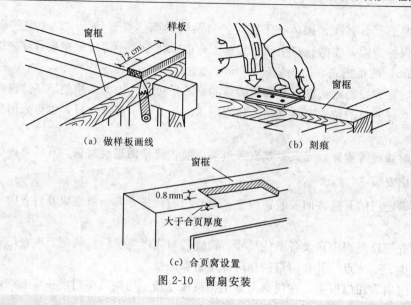

(a) 做样板画线　　　　　　　(b) 刻痕

(c) 合页窝设置

图 2-10　窗扇安装

木门窗配件的要求

(1) 防腐剂、油漆、木螺钉、合页、插销、桄钩、门锁等各种小五金必须符合设计要求。

(2) 木门窗的结合处和安装五金配件处，均不得有木节或已填补的木节。

(3) 木门窗配件的型号、规格、数量应符合设计要求，安装应牢固，位置应正确，功能应满足使用要求。

(2) 把合页打开，翻成 90°，合页的上边对准位置线（如果装下边的合页，合页下边对准位置线）。左手按住合页，右手拿小锤，前后打两下（力量不要太大，以防合页变形）。拿开合页后，窗边上就会清晰地印出合页轮廓的痕迹。这就是要凿的合页窝的位置。这个办法比用铅笔画又快又准，如图 2-10 (b) 所示。

(3) 用扁铲凿合页窝时，关键是掌握好位置和深度。一般较大的合页深一些，较小的合页浅一些，但最浅也要大于合页的厚度，如图 2-10 (c) 所示。为了保证开关灵活和缝子均匀，窗口上合页窝的里边比外边（靠合页轴一侧）应适当深一些（约 0.8 mm）。

(4) 扇上合页上好后，将门窗扇立于框口，门窗扇下用木楔垫住，将门窗边调直，将合页片放入框上合页槽内，上下合页先各上一个木螺钉，试着开关门窗扇，检查四周缝隙，一切都合适后，打开门窗扇，将其他木螺钉上紧。

(5) 门窗扇装好后，要试开，不能产生自开和自关现象，以开到哪里可停到哪里为宜。

2. 门锁的安装

门锁的种类很多，不同类型的锁其安装方法也不尽相同。这里以弹子门锁为例介绍门锁的安装方法。

(1) 确定门锁的安装高度，在门扇上画一条锁的中心线。打开锁的包装盒，盒内有一安装说明和锁孔样板。把样板按线折成 90°，贴在门边上对准锁位中心线画好锁芯孔。用钻头或圆凿打出锁芯孔。从门内画好三眼板线，并凿好三眼板槽。在门扇边棱上凿好锁端凹槽。

(2) 装锁时，把锁芯穿入垫圈从门外插入锁芯孔，从门里放好三眼板，摆正锁芯，用两个长螺钉把锁芯同三眼板相互拴紧固定。将锁体从门里紧贴于门梃凹槽里，使锁芯板插入锁体孔眼里，试开合适后，将锁体用木螺钉固定在门扇上。

（3）关闭门扇，将锁舌插入锁舌盒里，在门框梃上画出锁舌盒位置，打开门扇依线凿出凹槽，用木螺钉将锁舌盒固定在门框上。锁舌盒应稍比锁舌低一点，这样日后门扇下垂一点刚好合适。锁上好后要作开关试验，开关自如就算合格，不合适要及时做好调整。

（4）外开门装弹子锁时，应拆开锁体，把锁舌转过180°安上，按内门装锁方法安装。为防止门框与锁体碰撞，锁体应向门扇内缩进一些（约10 mm），即将按样板上外开门线折边定锁芯孔位。原有的锁舌盒不用，换装一锁舌折角即可。

3. 木门窗铁角的安装

木门窗扇靠榫卯结合而成，榫头处是门窗扇最容易损坏的部位，榫卯结合如果不牢固，榫头干缩后体积减小时，容易从榫孔中松脱拔出。所以，门窗扇要安装L形和T形铁角，用来加固榫头处。现以L形铁角为例说明其安装方法，如图2-11所示。

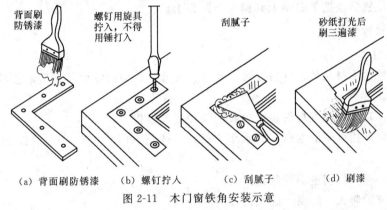

（a）背面刷防锈漆　（b）螺钉拧入　（c）刮腻子　（d）刷漆

图2-11　木门窗铁角安装示意

（1）嵌铁角以前，要用凿子按铁角尺寸剔槽，以铁角安装后与门窗扇木材面平齐为合适。剔槽过深时会出现凹坑，剔槽过浅会出现铁角外凸，都会不同程度地影响外观质量。

（2）铁角嵌在门窗扇的外面还是内面，这里面有学问。门窗扇开启时，手给它一个水平推力，使榫头处受到力的作用。猛开门时，门扇碰到墙角，或开窗后忘记挂风钩，刮风时门窗扇碰墙角都会使门窗扇的榫头受到张力。外开门窗扇，榫头内面受拉力，榫头外面受压力；内开门窗扇，榫头外面受拉力，榫头内面受压力。安装铁角就是帮助榫头承受拉力，达到加固的目的。所以，铁角安装位置应该与门窗扇的开启方向相反。

（3）安装时，铁角的背面要刷防锈漆，螺钉要用旋具拧入，不得用锤砸。安装后打腻子，用砂纸磨平磨光，同木材面一样刷三遍漆，使外表看不出铁角。

4. 拉手的安装

门窗扇的拉手一般应在装入框中之前装好，否则装起来比较麻烦。

门窗拉手的位置应在中线以下，拉手至门扇边不应少于40 mm，窗扇拉手一般在扇梃的中间。弓形拉手和底板拉手一般为竖向安装，管子拉手可平装或斜装。当门上装有弹子门锁时，拉手应在锁位上面。

同楼层、同规格门窗上拉手安装位置应一致，高低一样。如里外都有拉手时，应上下错开一点，以免木螺钉相碰。

装拉手时，先在扇上画出拉手位置线，把拉手平贴在门扇上逐一上紧木螺钉。上木螺钉宜先上对角两个，再上其他螺钉。

5. 插销的安装

插销有多种，这里介绍普通明插销的安装方法。

明插销的安装有横装和竖装两种形式。竖装装在扇梃上,横装装在中冒头上。竖装时,先把插销底板靠在门窗梃的顶或底,用木螺钉固定,使插销棍未伸出时不冒出来。然后关上门(或窗)扇,伸出插棍,试好插销鼻的位置,推开门(或窗)扇,把插销鼻在框冒上打一印痕,凿出凹槽,把插销鼻插入固定。如为内开门(或窗)扇,可直接用木螺钉把插销鼻上到框冒内侧相应的位置上。横装方法与竖装相同,只是插销转过90°就可以了。

　　6. 风钩的安装

　　风钩应装在窗框下冒头上,羊眼圈装在窗扇下冒头上。窗扇装上风钩后,开启角度以90°~130°为宜,扇开启后离墙的距离不小于10 mm为宜。左右扇风钩应对称,上下各层窗开启后应整齐一致。

　　装风钩时,先将扇开启,把风钩试一下,将风钩鼻上在窗框下冒头上,再将羊眼圈套在风钩上,确定位置后,把羊眼圈上到窗框下冒头上。

十三、质量标准

　　1. 主控项目

　　(1) 木门窗的木材品种、材质等级、规格、尺寸、框扇的线型及人造木板的甲醛含量应符合设计要求。

　　检验方法:观察;检查材料进场验收记录和复验报告。

　　(2) 木门窗采用烘干的木材,含水率应符合《建筑木门、木窗》(JG/T 122—2000)的规定。

　　检验方法:检查材料进场验收记录。

　　(3) 木门窗的防火、防腐、防虫处理应符合设计要求。

　　检验方法:观察;检查材料进场验收记录。

　　(4) 木门窗的结合处和安装配件处不得有木节或填补的木节。木门窗如有允许限值以内的死节及直径较大的虫眼时,应用同一材质的木塞加胶填补。对于清漆制品,木塞的木纹和色泽应与制品一致。

　　检验方法:观察。

　　(5) 门窗框和厚度大于50 mm的门窗扇应用双榫连接。榫槽应采用胶料严密嵌合,并应用胶楔加紧。

　　检验方法:观察;手扳检查。

　　(6) 胶合板门、纤维板门和模压门不得脱胶。胶合板不得刨透表层单板,不得有戗槎。制作胶合板门、纤维板门时,边框和横棱应在同一平面上,面层、边框及横棱应加压胶结。横棱和上、下冒头应各钻两个以上的透气孔,透气孔应通畅。

　　检查方法:观察。

　　(7) 木门窗的品种、类型、规格、开启方向、安装位置及连接方式应符合设计要求。

　　检验方法:观察;尺量检查;检查成品门的产品合格证书。

　　(8) 木门窗框的安装必须牢固。预埋木砖的防腐处理、木门窗框固定点的数量、位置及固定方法应符合设计要求。

　　检验方法:观察;手扳检查;检查隐蔽工程验收记录和施工记录。

　　(9) 木门窗扇必须安装牢固,并应开启灵活,关闭严密,无倒翘。

　　检验方法:观察;开启和关闭检查;手扳检查。

　　(10) 木门窗配件的型号、规格、数量应符合设计要求,安装应牢固,位置应正确,功能应满足使用要求。

检验方法：观察；开启和关闭检查；手扳检查。

2. 一般项目

（1）木门窗表面应洁净，不得有刨痕、锤印。

检验方法：观察。

（2）木门窗的割角、拼缝应严密平整。门窗框、扇裁口应顺直，刨面应平整。

检验方法：观察。

（3）木门窗上的槽、孔应边缘整齐，无毛刺。

检验方法：观察。

（4）木门窗与墙体间缝隙的填嵌材料应符合设计要求，填嵌应饱满。寒冷地区外门窗（或门窗框）与砌体间的空隙应填充保温材料。

检验方法：轻敲门窗框检查；检查隐蔽工程验收记录和施工记录。

（5）木门窗批水、盖口条、压缝条、密封条的安装应顺直，与门窗结合应牢固、严密。

检验方法：观察；手扳检查。

（6）木门窗制作的允许偏差和检验方法应符合表 2-3 的规定。

表 2-3 木门窗制作的允许偏差和检验方法

| 项次 | 项 目 | 构件名称 | 允许偏差（mm） | | 检 验 方 法 |
			普通	高级	
1	翘曲	框	3	2	将框、扇平放在检查平台上，用塞尺检查
		扇	2	2	
2	对角线长度差	框、扇	3	2	用钢尺检查，框量裁口里角，扇量外角
3	表面平整度	扇	2	2	用 1m 靠尺和塞尺检查
4	高度、宽度	框	0 -2	0 -1	用钢尺检查，框量裁口里角，扇量外角
		扇	+2 0	+1 0	
5	裁口、线条结合处高低差	框、扇	1	0.5	用钢直尺和塞尺检查
6	相邻棂子两端间距	扇	2	1	用钢直尺检查

（7）木门窗安装的留缝限值、允许偏差和检验方法应符合表 2-4 的规定。

表 2-4 木门窗安装的留缝限值、允许偏差和检验方法

| 项次 | 项 目 | 留缝限值（mm） | | 允许偏差（mm） | | 检 验 方 法 |
		普通	高级	普通	高级	
1	门窗槽口对角线长度差	—	—	3	2	用钢尺检查
2	门窗框的下、侧面垂直度	—	—	2	1	用 1m 垂直检测尺检查

项次	项　目		留缝限值（mm）		允许偏差（mm）		检验方法
			普通	高级	普通	高级	
3	框与扇、扇与扇接缝高低差		—	—	2	1	用钢直尺和塞尺检查
4	门窗扇对口缝		1～2.5	1.5～2	—	—	用塞尺检查
5	工业厂房双扇大门对口缝		2～5	—	—	—	
6	门窗扇与上框间留缝		1～2	1～1.5	—	—	
7	门窗扇与侧框间留缝		1～2.5	1～1.5	—	—	
8	窗扇与下框间留缝		2～3	2～2.5	—	—	
9	门扇与下框间留缝		3～5	3～4	—	—	
10	双层门窗内外框间距		—	—	4	3	用钢尺检查
11	无下框时门扇与地面间留缝	外门	4～7	5～6	—	—	用塞尺检查
		内门	5～8	6～7	—	—	
		卫生间门	8～12	8～10	—	—	
		厂房大门	10～20	—	—	—	

第二节　金属门窗安装

一、钢门窗安装

1. 画线定位

（1）图纸中门窗的安装位置、尺寸和标高，以门窗中线为准向两边量出门窗边线。如果工程为多层或高层时，以顶层门窗安装位置线为准，用线坠或经纬仪将顶层分出的门窗边线标画到各楼层相应位置。

（2）从各楼层室内+50 cm水平线量出门窗的水平安装线。

（3）依据门窗的边线和水平安装线做好各楼层门窗的安装标记。

2. 钢门窗就位

（1）按图纸中要求的型号、规格及开启方向等，将所需要的钢门窗搬运到安装地点，并垫靠稳当。

（2）将钢门窗立于图纸要求的安装位置，用木楔临时固定，将其铁脚插入预留孔中，然后根据门窗边线、水平线及距外墙皮的尺寸进行支垫，并用托线板靠吊垂直。

（3）钢门窗就位时，应保证钢门窗上框距过梁要有20 mm缝隙，框左右缝宽一致，距外墙皮尺寸符合图纸要求。

（4）阳台门联窗，可先拼装好再进行安装，也可分别安装门和窗，现拼现装，总之应做到位置正确、找正、吊直。

钢门窗安装的材料要求

（1）钢门窗：品种、型号应符合设计要求，生产厂家应具有产品的质量认证，并应有产品的出厂合格证，进入施工现场进行质量验收。

（2）钢纱扇：品种、型号应与钢门窗相配套，且附件齐全。

（3）水泥采用32.5级及其以上，砂为中砂或粗砂。

（4）各种型号的机螺钉、扁铁压条安装时的预留孔应与钢门窗预留孔孔径、间距相吻合。

（5）涂刷的防锈漆及所用的铁纱均应符合图纸要求。

（6）焊条的牌号应与其焊件要求相符，且应有出厂合格证。

3．钢门窗固定

（1）钢门窗就位后，校正其水平和正、侧面垂直，然后将上框铁脚与过梁预埋件焊牢，将框两侧铁脚插入预留孔内，用水把预留孔内湿润，用1：2较硬的水泥砂浆或C20细石混凝土将其填实后抹平。终凝前不得碰动框扇。

（2）三天后取出四周木楔，用1：2水泥砂浆把框与墙之间的缝隙填实，与框同平面抹平。

（3）若为钢大门时，应将合页焊到墙中的预埋件上。要求每侧预埋件必须在同一垂直线上，两侧对应的预埋件必须在同一水平位置上。

4．裁纱、绷纱

裁纱要比实际尺寸每边各长50 mm，以利于压纱。绷纱时先将纱铺平，将上压条压好、压实，机螺钉拧紧，将纱拉平绷紧装下压条，拧螺钉，然后再装两侧压条，用机螺钉拧紧，将多余的纱用扁铲割掉，要切割干净不留纱头。

5．刷油漆

（1）纱扇油漆。绷纱前应先刷防锈漆一道，调和漆一道。绷纱后在安装前再刷油漆一道，其余两道调和漆待安装后再刷。

（2）钢门窗油漆应在安装前刷好防锈漆和头道调和漆，安装后与室内木门窗一起再刷两道调和漆。

（3）门窗五金应待油漆干后安装；如需先行安装时，应注意防止污染和丢失、损坏。

6．五金配件的安装

（1）安装零配件前，应检查钢门窗开启是否灵活，关闭后是否严密，否则应予以调整后才能安装。

1）检查窗扇开启是否灵活，关闭是否严密，如有问题必须调整后再安装。

2）在开关零件的螺孔处配置合适的螺钉，将螺钉拧紧。当拧不进去时，检查孔内是否有多余物。若有，将其剔除后再拧紧螺钉。当螺钉与螺孔位置不吻合时，可略挪动位置，重新攻螺纹后再安装。

3）钢门锁的安装按说明书及施工图要求进行，安好后锁应开关灵活。

（2）安装零配件宜在墙面装饰后进行，安装时，应按生产厂方的说明进行，如需先行安装时，应注意防止配件污染和丢失、损坏。

（3）密封条应在门窗涂料干燥后，按型号进行安装和压实。

7. 钢门窗玻璃

将玻璃装进框口内轻压使玻璃与底油灰粘住，然后沿裁口玻璃边外侧装上钢丝卡，钢丝卡要卡住玻璃，其间距不得大于 300 mm，且框口每边至少有两个。经检查玻璃无松动时，再沿裁口全长抹油灰，油灰应抹成斜坡，表面抹光平。如框口玻璃采用压条固定时，则不抹底油灰，先将橡胶垫嵌入裁口内，装上玻璃，随即装压条用螺钉固定。

二、铝合金门窗安装

1. 画线定位

（1）根据设计图纸中门窗的安装位置、尺寸和标高，依据门窗中线向两边量出门窗边线。若为多层或高层建筑时，以顶层门窗边线为准，用线坠或经纬仪将门窗边线下引，并在各层门窗口处画线标记，对个别不直的口边应剔凿处理。

（2）门窗的水平位置应以楼层室内 +50 cm 的水平线为准向上反量出窗下皮标高，弹线找直。每一层必须保持窗下皮标高一致。

2. 墙厚方向的安装位置

根据外墙大样图及窗台板的宽度，确定铝合金门窗在墙厚方向的安装位置；如外墙厚度有偏差时，原则上应以同一房间窗台板外露尺寸一致为准，窗台板应伸入铝合金窗的窗下5 mm为宜。

铝合金门窗安装的方法

铝合金门窗安装应采用预留洞口的方法施工，不得采用边安装边砌口或先安装后砌口的方法施工。

---

3. 铝合金窗披水安装

按施工图纸要求将披水固定在铝合金窗上，且要保证位置正确、安装牢固。

铝合金窗安装的材料要求

（1）铝合金门窗的规格、型号应符合设计要求，五金配件应与门窗型号匹配，配套齐全，且应具有出厂合格证、性能检测报告、进场验收记录和复验报告。

（2）材料进场必须按图纸要求规格、型号严格检查验收尺寸、壁厚、配件等，如发现不符合设计要求，有劈棱、窜角、翘曲不平、表面损伤、色差较大、无保护膜等不合格材料时不得接收入库；入库材料应分型号、规格堆放整齐，搬运时轻拿轻放，严禁扔摔。

---

4. 防腐处理

（1）门窗框两侧的防腐处理应按设计要求进行。如设计无要求时，可涂刷防腐材料，如橡胶型防腐涂料或聚丙烯树脂保护装饰膜，也可粘贴塑料薄膜进行保护，避免填缝水泥砂浆直接与铝合金门窗表面接触，产生电化学反应，腐蚀铝合金门窗。

（2）铝合金门窗安装时若采用连接铁件固定，铁件应进行防腐处理，连接件最好选用不锈钢件。

铝合金门窗防腐处理的材料要求

（1）所用的零配件及固定件宜采用不锈钢件，若用其他材质必须进行防腐防锈处理。

（2）防腐材料、填缝材料、密封材料、防锈漆、水泥、砂、连接板等应符合设计要求和有关标准的规定。

5. 铝合金门窗的安装就位

根据画好的门窗定位线，安装铝合金门窗框。并及时调整好门窗框的水平、垂直及对角线长度等符合质量标准，然后用木楔临时固定。

6. 铝合金门窗的固定

（1）当墙体上预埋有铁件时，可直接把铝合金门窗的铁脚直接与墙体上的预埋铁件焊牢，焊接处需做防锈处理。

（2）当墙体上没有预埋铁件时，可用金属膨胀螺栓或塑料膨胀螺栓将铝合金门窗的铁脚固定到墙上。

（3）当墙体上没有预埋铁件时，也可用电钻在墙上打 80 mm 深、直径为 6 mm 的孔，用 L 形 80 mm×50 mm 的 $\phi6$ 钢筋。在长的一端粘涂 108 胶水泥浆，然后打入孔中。待 108 胶水泥浆终凝后，再将铝合金门窗的铁脚与埋置的 $\phi6$ 钢筋焊牢。铝合金门窗安装节点，如图 2-12 所示。

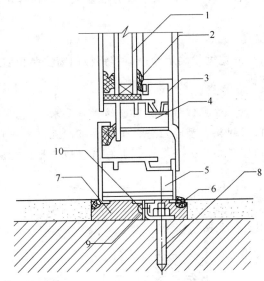

图 2-12　铝合金门窗安装节点

1—玻璃；2—橡胶条；3—压条；4—内扇；5—外框；6—密封膏
7—保温材料；8—膨胀螺栓；9—铆钉；10—塑料垫

7. 门窗框与墙体缝隙的处理

铝合金门窗固定好后，应及时处理门窗框与墙体缝隙。如设计未规定填塞材料品种时，应采用矿棉或玻璃棉毡条分层填塞缝隙，外表面留 5～8 mm 深槽口填嵌嵌缝膏，严禁用水泥砂浆填塞。在门窗框两侧进行防腐处理后，可填嵌设计指定的保温材料和密封材料。待铝合金窗和窗台板安装后，将窗框四周的缝隙同时填嵌，填嵌时用力不应过大，防止窗框受力后变形。

8. 铝合金门框安装

（1）将预留门洞按铝合金门框尺寸提前修理好。

（2）在门框的侧边固定好连接铁件（或木砖）。

（3）门框按位置立好，找好垂直度及几何尺寸后，用射钉或自攻螺钉将其门框与墙体预埋件固定。

（4）用保温材料填嵌门框与砖墙（或混凝土墙）的缝隙。

（5）用密封膏填嵌墙体与门窗框边的缝隙。

9. 地弹簧座的安装

根据地弹簧安装位置，提前剔洞，将地弹簧放入剔好的洞内，用水泥砂浆固定。

地弹簧安装质量必须保证：地弹簧座的上皮一定与室内地平一致；地弹簧的转轴轴线一定要与门框横料的定位销轴心线一致。

10. 安装五金配件

五金配件与门窗连接用镀锌螺钉。安装的五金配件应结实牢固，使用灵活。

三、涂色镀锌钢板门窗安装

1. 弹线找规矩

在最高层找出门窗口边线，用大线坠将门窗口边线引到各层，并在每层窗口处画线、标注，对个别不直的口边应进行处理。高层建筑可用经纬仪打垂直线。

门窗口的标高尺寸应以楼层+50 cm 水平线为准往上返，这样可分别找出窗下皮安装标高及门口安装标高位置。

2. 墙厚方向的安装位置

根据外墙大样及窗台板的宽度，确定涂色镀锌钢板门窗安装位置，安装时应以同一房间窗台板外露宽度相同来掌握。

> **涂色镀锌钢板门窗的材料要求**
>
> （1）涂色镀锌钢板门窗规格、型号应符合设计要求，且应有出厂合格证。
>
> （2）涂色镀锌钢板门窗所用的五金配件，应与门窗型号相匹配，用五金喷塑铰链，并用塑料盒装饰。

3. 带副框的门窗安装

带副框的门窗安装如图 2-13 所示。

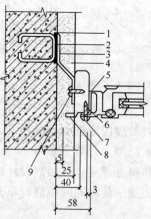

图 2-13　带副框涂色镀锌钢板门窗安装节点示意

1—预埋铁板；2—预埋件，φ10 圆钢；3—连接件；4—水泥砂浆；5—密封膏；
6—垫片；7、9—自攻螺钉；8—副框

（1）按门窗图纸尺寸在工厂组装好副框，运到施工现场，用 M5×12 的自攻螺钉将连接件铆固在副框上。

（2）将副框装入洞口，并与安装位置线齐平，用木楔临时固定，校正副框的正、侧面垂直度及对角线的长度无误后，用木楔牢固固定。

（3）将副框的连接件逐件用电焊焊牢在洞口的预埋铁件上。

焊条的质量要求

焊条的型号根据施焊铁件的厚度决定，并应有产品的合格证。

（4）嵌塞门窗副框四周的缝隙，并及时将副框清理干净。

（5）在副框与门窗的外框接触的顶、侧面贴上密封胶条，将门窗装入副框内，适当调整，自攻螺钉将门窗外框与副框连接牢固，扣上孔盖；安装推拉窗时，还应调整好滑块。

（6）副框与外框、外框与门窗之间的缝隙，应填充密封胶。

密封材料要求

（1）门窗密封采用橡胶密封胶条，断面尺寸和形状均应符合设计要求。

（2）嵌缝材料、密封膏的品种、型号应符合设计要求。

（3）水泥采用 32.5 级以上普通硅酸盐水泥或矿渣水泥。中砂过 5 mm 筛，筛好备用。豆石少许。

（7）做好门窗的防护，防止碰撞、损坏。

涂色镀锌钢板门窗安装的主要施工机具

主要机具：旋具、粉线包、托线板、线坠、扳手、锤子、钢卷尺、塞尺、毛刷、刮刀、扁铲、水平尺、扫帚、冲击电钻、射钉枪、电焊机、面罩、小水壶等。

4. 不带副框的门窗安装

不带副框的门窗安装，如图 2—14 所示。其注意事项如下。

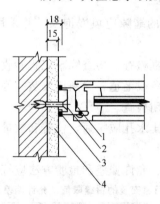

图 2—14 不带副框涂色镀锌钢板门窗安装节点示意
1—塑料盖；2—膨胀螺钉；3—密封膏；4—水泥砂浆

（1）按设计图的位置在洞口内弹好门窗安装位置线，并明确门窗安装的标高尺寸。

（2）按门窗外框上膨胀螺栓的位置，在洞口相应位置的墙体上钻膨胀螺栓孔。

（3）将门窗装入洞口安装线上，调整门窗的垂直度、标高及对角线长度，合格后用木楔固定。

（4）门窗与洞口用膨胀螺栓固定好，盖上螺钉盖。

（5）门窗与洞口之间的缝隙按设计要求的材料嵌塞密实，表面用建筑密封胶封闭。

四、质量标准

1. 主控项目

（1）金属门窗的品种、类型、规格、尺寸、性能、开启方向、安装位置、连接方式及铝合金门窗的型材壁厚应符合设计要求。金属门窗的防腐处理及填嵌、密封处理应符合设计要求。

检验方法：观察；尺量检查；检查产品合格证书、性能检测报告、进场验收记录和复验报告；检查隐蔽工程验收记录。

（2）金属门窗框和副框的安装必须牢固。预埋件的数量、位置、埋设方式、与框的连接方式必须符合设计要求。

检验方法：手扳检查；检查隐蔽工程验收记录。

（3）金属门窗扇必须安装牢固，并应开启灵活、关闭严密，无倒翘。推拉门窗必须有防脱落措施。

检验方法：观察；开启和关闭检查；手扳检查。

（4）金属门窗配件的型号、规格、数量应符合设计要求，安装应牢固，位置应正确，功能应满足使用要求。

检验方法：观察；开启和关闭检查；手扳检查。

2. 一般项目

（1）金属门窗表面应洁净、平整、光滑、色泽一致，无锈蚀。大面应无划痕、碰伤。漆膜或保护层应连续。

检验方法：观察。

（2）铝合金门窗推拉门窗扇开关力应不大于 100 N。

检验方法：用弹簧秤检查。

（3）金属门窗框与墙体之间的缝隙应填嵌饱满，并采用密封胶密封。密封胶表面应光滑、顺直，无裂纹。

检验方法：观察；轻敲门窗框检查；检查隐蔽工程验收记录。

（4）金属门窗扇的橡胶密封条或毛毡密封条应安装完好，不得脱槽。

检验方法：观察；开启和关闭检查。

（5）有排水孔的金属门窗，排水孔应畅通，位置和数量应符合设计要求。

检验方法：观察。

（6）钢门窗安装的留缝限值、允许偏差和检验方法应符合表 2-5 的规定。

表 2-5　钢门窗安装的留缝限值、允许偏差和检验方法

项次	项 目		留缝限值（mm）	允许偏差（mm）	检验方法
1	门窗槽口宽度、高度	≤1 500 mm	—	2.5	用钢尺检查
		>1 500 mm	—	3.5	
2	门窗槽口对角线长度差	≤2 000 mm		5	用钢尺检查
		>2 000 mm		6	
3	门窗框的正、侧面垂直度			3	用 1 m 垂直检测尺检查
4	门窗横框的水平度			3	用 1 m 水平尺和塞尺检查

续上表

项次	项　目	留缝限值（mm）	允许偏差（mm）	检　验　方　法
5	门窗横框标高	—	5	用钢尺检查
6	门窗竖向偏离中心	—	4	用钢尺检查
7	双层门窗内外框间距	—	5	用钢尺检查
8	门窗框、扇配合间隙	≤2	—	用塞尺检查
9	无下框时门扇与地面间留缝	4～8	—	用塞尺检查

（7）铝合金门窗安装的允许偏差和检验方法应符合表 2-6 的规定。

表 2-6　铝合金门窗安装的允许偏差和检验方法

项次	项　目		允许偏差（mm）	检　验　方　法
1	门窗槽口宽度、高度	≤1 500 mm	1.5	用钢尺检查
		>1 500 mm	2	
2	门窗槽口对角线长度差	≤2 000 mm	3	用钢尺检查
		>2 000 mm	4	
3	门窗框的正、侧面垂直度		2.5	用垂直检测尺检查
4	门窗横框的水平度		2	用 1 m 水平尺和塞尺检查
5	门窗横框标高		5	用钢尺检查
6	门窗竖向偏离中心		5	用钢尺检查
7	双层门窗内外框间距		4	用钢尺检查
8	推拉门窗扇与框搭接量		1.5	用钢直尺检查

（8）涂色镀锌钢板门窗安装的允许偏差和检验方法应符合表 2-7 的规定。

表 2-7　涂色镀锌钢板门窗安装的允许偏差和检验方法

项次	项　目		允许偏差（mm）	检　验　方　法
1	门窗槽口宽度、高度	≤1 500 mm	2	用钢尺检查
		>1 500 mm	3	
2	门窗槽口对角线长度差	≤2 000 mm	4	用钢尺检查
		>2 000 mm	5	
3	门窗框的正、侧面垂直度		3	用垂直检测尺检查
4	门窗横框的水平度		3	用 1 m 水平尺和塞尺检查
5	门窗横框标高		5	用钢尺检查
6	门窗竖向偏离中心		5	用钢尺检查
7	双层门窗内外框间距		4	用钢尺检查
8	推拉门窗扇与框搭接量		2	用钢直尺检查

第三节　塑料门窗安装

一、施工要点

（1）先将各楼层门窗洞口中线弹出，上下中心线对正，然后将窗框中心线位置做好标志，并且找好标高控制线。

（2）在门窗的上框及边框上安装固定片，其安装应符合下列要求：

1）检查门窗框上下边的位置及其内外朝向，并确认无误后，再安固定片。安装时应选用直径 $\phi 3.2$ 的钻头钻孔，然后将十字槽盘端头自攻螺钉 M4×20 拧入，严禁直接锤击钉入。

2）固定片的位置应距门窗角、中竖框、中横框 150～200 mm，固定片之间的间距应不大于 600 mm。

塑料门窗的要求

（1）验收门、窗。塑料门窗运到现场后，应由现场材料及质量检查人员按照设计图纸要求对其进行品种、规格、数量、制作质量以及有否损伤、变形等进行检验。如发现数量、规格不符合要求，制作质量粗劣或有开焊、断裂等损坏，应予以更换。对塑料门窗安装需用的锁具、执手、插销、铰链、密封胶条及玻璃压条等五金配件和附件，均应一一整点清楚。

门窗检验合格后，应将门、窗及其五金配件和附件分门别类进行存放。

（2）门、窗存放。塑料门、窗应放置在清洁、平整的地方，且应避免日晒雨淋。存放时应将塑料门、窗立放，立放角度不应小于70°，并应采取防倾倒措施。

（3）塑料门窗的规格、型号、尺寸均应符合设计要求。

（4）门窗配件应按门窗规格、型号配套。

（5）检查门窗表面色泽是否均匀；是否有裂纹、麻点、气孔和明显擦伤。

（3）将窗框中心线对准洞口中心线后，用木楔临时固定，然后调整正侧面垂直度及对角线长度差，合格后，用膨胀螺栓将固定件与墙体固定牢固。

图 2-15 所示为塑料窗框与墙体的连接点布置。

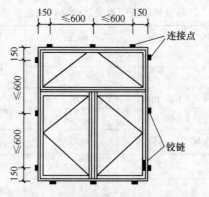

图 2-15　塑料窗框与墙体的连接点布置

门窗洞口尺寸

（1）校核已留置的门窗洞口尺寸及标高是否符合设计要求，如有问题应及时修正。

（2）门窗洞口宽度和高度尺寸的允许偏差见表 2-8。

表 2-8 门窗洞口宽度和高度尺寸的允许偏差 （单位：mm）

墙体表面	洞口宽度或高度		
	<2 400	2 400～4 800	>4 800
未粉刷墙面	±10	±15	±20
已粉刷墙面	±5	±10	±15

（4）当门窗与墙体固定之时，应先固定上框，后固定边框。固定方法如下。

1）混凝土墙洞口采用射钉或塑料膨胀钉固定。

2）砖墙洞口采用塑料膨胀螺钉或水泥钉固定，并不得固定在砖缝上。

3）加气混凝土洞口，采用木螺钉将固定片固定在胶粘圆木上。

4）设备预埋铁件的洞口应采取焊接的方法固定，也可先在预埋件上按固定件规格打基孔。然后用紧固件固定。

5）设有防腐木砖的墙面，采用木螺钉把固定件固定在防腐木砖上。

6）窗下框有墙体的固定可将固定片直接伸入墙体预留孔内，并用砂浆填实。

（5）玻璃不得与玻璃槽直接接触，应在玻璃四边垫上不同厚度的玻璃垫块。边框上的垫块应用聚氯乙烯胶加以固定。垫块的位置如图 2-16 所示。

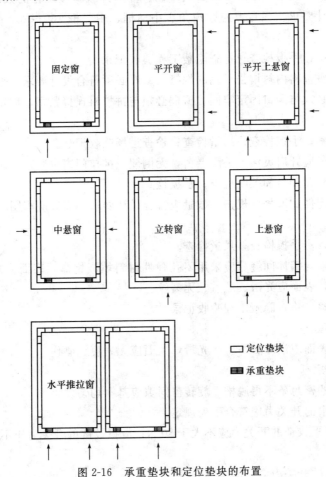

图 2-16 承重垫块和定位垫块的布置

（6）将玻璃装入框扇内，然后用玻璃压条将其固定。

（7）安装双层玻璃时，玻璃夹层四周应嵌入中隔条，中隔条应保证密封，不变形，不脱落；玻璃槽及玻璃内表面应干燥、洁净。

（8）镀膜玻璃应装在玻璃的最外层；单面镀膜层应朝向室内。

（9）嵌缝打胶。门窗框有与洞口之间的伸缩缝内腔应采用闭孔泡沫塑料、发泡聚苯乙烯等弹性材料填塞。之后去掉临时固定的木楔，其空隙用相同材料填塞依框切齐。然后表面用厚度为 5～8 mm 的密封胶封闭。

（10）安装门窗附件。安装时应先用电钻钻孔，再用自攻螺钉拧入，严禁用铁锤或硬物敲打，防止损坏框料。五金配件安装要牢固，位置正确，开关灵活。

（11）清理。门窗安装完毕，将门窗及玻璃清理干净。

二、质量标准

1. 主控项目

（1）塑料门窗的品种、类型、规格、尺寸、开启方向、安装位置，连接方式及填嵌密封处理应符合设计要求，内衬增强型钢的壁厚及设置应符合国家现行产品标准的质量要求。

检验方法：观察；尺量检查；检查产品合格证书、性能检测报告、进场验收记录和复验报告；检查隐蔽工程验收记录。

（2）塑料门窗框、副框和扇的安装必须牢固。固定片或膨胀螺栓的数量与位置应正确，连接方式应符合设计要求。固定点应距窗角、中横框、中竖框 150～200 mm，固定点间距应不大于 600 mm。

检验方法：观察；手扳检查；检查隐蔽工程验收记录。

（3）塑料门窗拼樘料内衬增强型钢的规格、壁厚必须符合设计要求，型钢应与型材内腔紧密吻合，其两端必须与洞口固定牢固。窗框必须与拼樘料连接紧密，固定点间距应不大于600 mm。

检验方法：观察；手扳检查；尺量检查；检查进场验收记录。

（4）塑料门窗扇应开启灵活、关闭严密，无倒翘。推拉门窗扇必须有防脱落措施。

检验方法：观察；开启和关闭检查；手扳检查。

（5）塑料门窗配件的型号、规格、数量应符合设计要求，安装应牢固，位置应正确，功能应满足使用要求。

检验方法：观察；手扳检查；尺量检查。

（6）塑料门窗框与墙体间缝隙应采用闭孔弹性材料填嵌饱满，表面应采用密封胶密封。密封胶应黏结牢固，表面应光滑、顺直、无裂纹。

检验方法：观察；检查隐蔽工程验收记录。

2. 一般项目

（1）塑料门窗表面应洁净、平整、光滑，大面应无划痕、碰伤。

检验方法：观察。

（2）塑料门窗的密封条不得脱槽。旋转窗间隙应基本均匀。

（3）塑料门窗扇的开关力应符合下列规定。

1）平开门窗扇平铰链的开关力应不大于 80 N；滑撑铰链的开关力应不大于 80 N，且不小于 30 N。

2）推拉门窗扇的开关力应不大于 100 N。

检验方法：观察；用弹簧秤检查。

（4）玻璃密封条与玻璃及玻璃槽口的接缝应平整，不得卷边、脱槽。

检验方法：观察。

（5）排水孔应畅通，位置和数量应符合设计要求。

检验方法：观察。

（6）塑料门窗安装的允许偏差和检验方法应符合表 2-9 的规定。

表 2-9　塑料门窗安装的允许偏差和检验方法

项次	项　目		允许偏差（mm）	检 验 方 法
1	门窗槽口宽度、高度	≤1 500 mm	2	用钢尺检查
		>1 500 mm	3	
2	门窗槽口对角线长度差	≤2 000 mm	3	用钢尺检查
		>2 000 mm	5	
3	门窗框的正、侧面垂直度		3	用 1 m 垂直检测尺检查
4	门窗横框的水平度		3	用 1 m 水平尺和塞尺检查
5	门窗横框标高		5	用钢尺检查
6	门窗竖向偏离中心		5	用钢直尺检查
7	双层门窗内外框间距		4	用钢尺检查
8	同樘平开门窗相邻扇高度差		2	用钢尺检查
9	平开门窗铰链部位配合间隙		+2 −1	用塞尺检查
10	推拉门窗扇与框搭接量		+1.5 −2.5	用钢尺检查
11	推拉门窗扇与竖框平行度		2	用 1 m 水平尺和塞尺检查

第四节　特种门安装

一、防火门安装

（1）画线。按设计要求的尺寸、标高和方向，画出门框口位置线。

（2）立门框。先拆掉门框下部的固定板，门框口高度比门扇高度高出 30 mm。洞口两侧地面已经预留凹槽，门框埋地 20 mm 深。

将框用楔子临时固定在洞口内，经校正合格后，固定木楔，门框铁角与预埋件焊牢。

防火门安装的材料要求

（1）防火门的规格、型号应符合设计要求，且有出厂合格证，防火门及其附件的生产许可文件等。

（2）所用的五金配件与门的型号相匹配。

（3）焊条的型号根据施焊铁件的材质、厚度决定，并有产品的合格证。

（4）嵌缝材料应符合设计要求。

（5）水泥宜采用 32.5 级以上普通硅酸盐水泥或矿渣水泥，中砂过筛（5 mm）后备用。

（3）安装门扇及附件。门框周边缝隙，用水泥砂浆或细石混凝土嵌塞牢固，经养护凝固后，粉刷洞口及墙体。粉刷完毕后，安装门扇、五金配件和有关防火装置。门至闭合时，门缝应均匀平整，开启自由轻便，不得有过紧、过松和反弹现象。

二、金属卷帘门安装

（1）检查门洞是否与卷帘门尺寸相符。

（2）测量洞标高，弹出导轨线及卷筒和左右支架、安装卷筒中心线。

（3）将垫板电焊在预埋铁板上，用螺钉固定卷筒的左右支架，安装卷筒，卷筒安装后应转动灵活。

（4）按照产品说明书安装减速器和传动系统。

（5）按照产品说明书安装电气控制系统。

（6）按照产品说明书空载试车。

（7）将事先装配好的帘板安装在卷筒上。

（8）安装导轨。按图纸规定位置，将两侧及上方导轨焊牢于墙体预埋件上，并焊成一体，各导轨应在同一垂直面上。

（9）安装水幕喷淋系统。

（10）试车。先手动试运行，再用电动机关闭启动数次，调整至无卡住阻滞及异常噪声等现象为止。全部调试完，安装防护罩。

三、玻璃转门安装

（1）质量检查。开箱后，检查构件质量是否合格，零配件是否齐全，门樘尺寸是否与预留门洞尺寸相符。

（2）门框固定。按洞口位置将门框正确地与预埋件固定，并检查固定的是否水平、居中。

（3）安转轴。将底座下垫实，不允许有下陷情况，然后固定底座，底座临时点焊上轴承支座，使转轴垂直于地面。

（4）安装门顶及转臂。转臂不允许预先固定，以便于调整。装门扇、旋转门扇，保证上下间隙，调整转臂位置，以保证门扇与转臂之间的间隙。

（5）整体固定。先焊上轴承座，再用混凝土固定底座。

（6）安装玻璃，具体操作参见本章第五节相关内容。

四、质量标准

1. 主控项目

（1）特种门的质量和各项性能应符合设计要求。

检验方法：检查生产许可证、产品合格证书和性能检测报告。

（2）特种门的品种、类型、规格、尺寸、开启方向、安装位置及防腐处理应符合设计要求。

检验方法：观察；尺量检查；检查进场验收记录和隐蔽工程验收记录。

（3）带有机械装置、自动装置或智能化装置的特种门，其机械装置、自动装置或智能化装置的功能应符合设计要求和有关标准的规定。

检验方法：启动机械装置、自动装置或智能化装置，观察。

（4）特种门的安装必须牢固。预埋件的数量、位置、埋设方式、与框的连接方式必须符合设计要求。

检验方法：观察；手扳检查；检查隐蔽工程验收记录。

（5）特种门的配件应齐全，位置应正确，安装应牢固，功能应满足使用要求和特种门的各项性能要求。

检验方法：观察；手扳检查；检查产品合格证书、性能检测报告和进场验收记录。

2. 一般项目

（1）特种门的表面装饰应符合设计要求。

检验方法：观察。

（2）特种门的表面应洁净，无划痕、碰伤。

检验方法：观察。

（3）推拉自动门安装的留缝限值、允许偏差和检验方法应符合表 2-10 的规定。

表 2-10　推拉自动门安装的留缝限值、允许偏差和检验方法

项次	项　目		留缝限值（mm）	允许偏差（mm）	检验方法
1	门槽口宽度、高度	≤1 500 mm	—	1.5	用钢尺检查
		>1 500 mm	—	2	
2	门槽口对角线长度差	≤2 000 mm	—	2	用钢尺检查
		>2 000 mm	—	2.5	
3	门框的正、侧面垂直度		—	1	用 1 m 垂直检测尺检查
4	门构件装配间隙		—	0.3	用塞尺检查
5	门梁导轨水平度		—	1	用 1 m 水平尺和塞尺检查
6	下导轨与门梁导轨平行度		—	1.5	用钢尺检查
7	门扇与侧框间留缝		1.2～1.8	—	用塞尺检查
8	门扇对口缝		1.2～1.8	—	用塞尺检查

（4）推拉自动门的感应时间限值和检验方法应符合表 2-11 的规定。

表 2-11　推拉自动门的感应时间限值和检验方法

项次	项　目	感应时间限值（s）	检 验 方 法
1	开门响应时间	≤0.5	用秒表检查
2	堵门保护延时	16～20	用秒表检查
3	门扇全开启后保持时间	13～17	用秒表检查

（5）旋转门安装允许偏差和检验方法应符合表 2-12 的规定。

表 2-12　旋转门安装的允许偏差和检验方法

项次	项　　目	允 许 偏 差（mm）		检 验 方 法
		金属框架玻璃旋转门	木质旋转门	
1	门扇正、侧面垂直度	1.5	1.5	用 1 m 垂直检测尺检查
2	门扇对角线长度差	1.5	1.5	用钢尺检查
3	相邻扇高度差	1	1	用钢尺检查
4	扇与圆弧边留缝	1.5	2	用塞尺检查
5	扇与上顶间留缝	2	2.5	用塞尺检查
6	扇与地面间留缝	2	2.5	用塞尺检查

第五节　门窗玻璃安装

一、钢、木框扇玻璃安装

（1）门窗玻璃安装顺序，一般先安外门窗，后安内门窗，先西北后东南的顺序安装；如果因工期要求或劳动力允许，也可同时进行安装。

玻璃的质量要求

（1）玻璃等材料品种、规格和颜色应符合设计要求，其质量及观感符合有关产品标准。

（2）平板、磨砂、彩色、压花、吸热、热反射、中空、夹层、钢化玻璃等品种、规格按设计要求选用，进场的玻璃应有产品合格证，安全玻璃应有资质证书。

（2）玻璃安装前应清理裁口。先在玻璃底面与裁口之间，沿裁口的全长均匀涂抹 1～3 mm 厚的底油灰，接着把玻璃推铺平整、压实，然后收净底油灰。

油灰的质量要求

油灰（腻子）应具有塑性且不泛油，不粘手，应柔软，有拉力、支撑力。外观呈灰白色稠塑性固体膏状为好。用于钢门窗玻璃的油灰应具有防锈性。

（3）安装长边大于 1.5 m 或短边大于 1 m 的玻璃，应用橡胶垫并用压条和螺钉镶嵌固定。

橡胶压条、密封胶的质量要求

橡胶压条、密封胶应符合设计要求，并应有产品合格证及使用说明。

（4）木框扇上玻璃推平后压实，两边分别钉上钉子，钉子的间距为 150～200 mm，每边不应少于 2 个钉子，钉实后用手轻敲玻璃，响声坚实，说明玻璃安装平实；如果出现啪啦啪啦响声，则油灰没有打严，应取下玻璃，铺实底油灰后再推压挤平，然后用油灰填实，将灰边压平、压光；如采用木条固定时，应涂一遍干性油，且不能将玻璃压得过紧。

（5）木门窗固定扇（死扇）玻璃安装，应先用扁铲将木压条撬出，同时退出压条上小钉，并将裁口处抹上底油灰，把玻璃推铺平整，然后嵌好四边木压条将钉子钉牢，底灰修好、刮净。

（6）安装斜天窗的玻璃，如设计没有要求时，应采用夹丝玻璃，并应顺流水方向盖叠安装。盖叠安装搭接长度应视天窗的坡度而定，当坡度为 1/4 或大于 1/4 时，不小于 30 mm；坡度小于 1/4 时，不小于 50 mm，盖叠处应用钢丝卡固定，并在缝隙中用密封膏嵌填密实；如果用平板或浮法玻璃时，要在玻璃下面加设一层镀锌铅丝网。

（7）门窗安装彩色玻璃和压花，应按照设计图案仔细裁割，拼缝必须吻合，不允许出现错位、松动和斜曲等缺陷。

（8）安装窗中玻璃，按开启方向确定定位垫块，宽度应大于玻璃的厚度，长度不宜小于25 mm，并应符合设计要求。

（9）钢门窗安装玻璃，应用钢丝卡固定，钢丝卡间距不得大于 300 mm，且每边不得少于 2 个，并用油灰填实抹光；如采用橡胶垫，应先将橡胶垫嵌入裁口内，并且用压条和螺钉加以固定。

（10）阳台、楼梯或楼梯拦板等防护结构安装钢化玻璃时，应按设计要求用自攻螺钉或压条镶嵌固定，在玻璃与金属框格连接处，应衬橡胶条或塑料垫。

（11）安装压花玻璃或磨砂玻璃时，压花玻璃的花面朝外，磨砂玻璃的磨砂面应向室内。

（12）安装玻璃隔断时，隔断上框的顶面应有适量缝隙，以防结构变形时将玻璃损坏。

（13）玻璃安装后，应进行清理，将油灰、钉子、钢丝卡及木压条等随手清理干净，关好门窗。

（14）冬期施工应在已经安装好玻璃的室内作业（即内门窗玻璃），温度应在 0℃ 以上；存放玻璃库房与作业面的温度不能相差过大，玻璃如果从过冷或过热的环境中运入操作地点，应待玻璃温度与室内温度相近后再进行安装；如果条件允许，要先将预先裁割好的玻璃提前运入作业地点。外墙铝合金框扇玻璃不宜冬期安装。

玻璃的运输和存放

（1）玻璃的运输和存放应符合下列规定。

1）玻璃的运输和存放应符合现行《平板玻璃》（GB 11614—2009）的有关规定。

2）玻璃不应搁置和倚靠在可能损伤玻璃边缘和玻璃面的物体上。

3）应防止玻璃被风吹倒。

（2）当用人力搬运玻璃时应符合下列规定。

1）应避免玻璃在搬运过程中破损。

2）搬运大面积玻璃时应注意风向，以确保安全。

二、塑料框扇玻璃安装

（1）去除玻璃表面的尘土、油污等污物和水膜，并将玻璃槽口内的灰浆、异物清除干净，使排水孔畅通。

（2）核对玻璃的品种、尺寸、规格是否正确，框扇是否平整、牢固。

（3）将裁割好的玻璃放入塑料框扇凹槽中间，内外两侧的间隙不少于 2 mm，装配后应保证玻璃与镶嵌槽间隙，并在主要部位装上减震垫，以缓冲启闭时受力的冲击。

（4）玻璃安装后，及时将橡胶压条嵌入玻璃两侧密封，然后将玻璃挤紧，橡胶压条的规格要与凹槽的实际尺寸相符，所嵌的压条要和玻璃、玻璃槽口紧贴，安装不能偏位，不能强行填入压条，防止玻璃承受较大安装压力，而产生裂缝，橡胶条拐角处应割成八字角，并用专用密封胶粘牢。

（5）检查玻璃橡胶压条设置的位置是否正确，以不堵塞排水孔为宜。然后将玻璃固定。

（6）清理玻璃表面的污渍，关闭框扇，插好插销，防止风吹将玻璃摔碎。

三、铝合金框扇玻璃安装

（1）门窗扇和门窗玻璃应在洞口墙体表面装饰完工验收后安装。

（2）除去玻璃和铝合金表面的尘土、油污和水膜，并将玻璃槽口内的砂浆及异物清理干净，畅通排水孔，并复查框扇开关是否灵活。使用密封胶固定时，应先调整好玻璃的垂直及水平位置，密封胶与玻璃及其槽口粘接处必须洁净。

（3）安装准备。将玻璃下部用约 3 mm 厚的氯丁橡胶垫块垫于凹槽内，避免玻璃直接接触框扇。

（4）推拉门窗在门窗框安装固定后，将配好玻璃的门窗扇整体安入框内滑槽，调整好与扇的缝隙即可。

（5）铝合金框扇安装玻璃，安装前，应清除铝合金框的槽口内所有灰渣、杂物等，畅通排水孔。在框口下边槽口放入橡胶垫块，以免玻璃直接与铝合金框接触。

1）平板玻璃与窗玻璃槽的配合尺寸、名称详见表 2-13。

2）塑料垫块下面可增设铝合金垫片，垫片与垫块都应固定于框扇上。

表 2-13　平板玻璃与窗玻璃槽的配合尺寸、名称　　　　　　（单位：mm）

中空玻璃	固 定 部 位					活 动 部 分				
玻璃厚度＋A＋玻璃厚度	镶嵌口净宽	镶嵌深度	镶嵌槽间隙			镶嵌口净宽	镶嵌深度	镶嵌槽间隙		
			下边	上边	两侧			下边	上边	两侧
3＋A＋3	≥5	≥12	≥7	≥5	≥5	≥15	≥12	≥7	≥3	≥3
4＋A＋3	≥5	≥13	≥7	≥5	≥5	≥15	≥13	≥7	≥3	≥3
5＋A＋5	≥5	≥14	≥7	≥5	≥5	≥15	≥14	≥7	≥3	≥3
6＋A＋6	≥5	≥15	≥7	≥5	≥5	≥15	≥15	≥7	≥3	≥3

注：$A＝6\sim12$ mm

（6）安装玻璃时，使玻璃在框口内准确就位，玻璃安装在凹槽内，内外侧间隙应相等，间隙宽度一般在 2～5 mm。

（7）采用橡胶条固定玻璃时，先用 10 mm 长的橡胶块断续地将玻璃挤住，再在胶条上注入密封胶，密封胶要连续注满在周边内，注得均匀。

（8）采用橡胶块固定玻璃时，先将橡胶压条嵌入玻璃两侧密封，然后将玻璃挤住，再在其上面注入密封胶。

（9）采用橡胶压条固定玻璃时，先将橡胶压条嵌入玻璃两侧密封，容纳后将玻璃挤紧，上面不再注密封胶。橡胶压条长度不得短于所需嵌入长度，不得强行嵌入胶条。

（10）地弹簧门应在门框及地弹簧主机入地安装固定后再安门扇。先将玻璃嵌入门扇格架并一起入框就位，调整好框扇缝隙，最后填嵌门扇玻璃的密封条及密封胶。

四、质量标准

1. 主控项目

(1) 玻璃的品种、规格、尺寸、色彩、图案和涂抹朝向应符合设计要求。单块玻璃大于 1.5 m² 应使用安全玻璃。

检验方法：观察；检查产品合格证书，性能检测报告和进场验收记录。

(2) 门窗玻璃裁割尺寸应正确，安装后的玻璃应牢固，不得有裂纹、损伤和松动。

检验方法：观察；轻敲检查。

(3) 玻璃的安装方法应符合设计要求，固定玻璃的钉子或钢丝卡的数量、规格应保证玻璃安装牢固。

检验方法：观察；检查施工记录。

(4) 镶钉木压条接触玻璃处，应与裁口边缘平齐。木压条应互相紧密连接，并与裁口边缘贴紧，割角应整齐。

检验方法：观察。

(5) 密封条与玻璃、玻璃槽口的接触应紧密、平整。密封胶与玻璃、玻璃槽口的边缘应粘接牢固，接缝平齐。

检验方法：观察。

(6) 带密封胶的玻璃压条，其密封条必须与玻璃全部贴紧，压条与型材之间应无明显缝隙，压条接缝应不大于 0.5 mm。

检验方法：观察、尺量检查。

2. 一般项目

(1) 玻璃表面应洁净，不得有腻子、密封胶、涂料等污渍，中空玻璃内外表面均应洁净，玻璃中空层内不得有灰尘和水蒸气。

检验方法：观察。

(2) 门窗玻璃不应直接接触型材。单面镀膜玻璃的镀膜层及磨砂玻璃的磨砂面应朝向室内。中空玻璃的单面镀膜玻璃应在最外层，镀膜层应朝向室内。

检验方法：观察。

(3) 腻子应填抹饱满，粘接牢固；腻子边缘与裁口应平齐，固定玻璃的卡子不应在腻子表面显露。

检验方法：观察。

第三章　吊顶工程

第一节　吊顶龙骨安装

一、吊顶木龙骨的安装

1. 木龙骨的处理

(1) 防腐处理。建筑装饰工程中所用木质龙骨材料，应按规定选材并实施在构造上的防潮处理，同时亦应涂刷防腐防虫药剂。

吊顶材料要求

(1) 吊顶工程所用材料的品种、规格和质量应符合设计要求和国家现行标准的规定。严禁使用国家明令淘汰的材料。所有材料进场时应对品种、规格、外观和尺寸进行验收。材料包装应完好，应有产品合格证书、中文说明书及相关性能的检测报告；木吊杆、木龙骨的含水率应小于12%。

(2) 对人造板、胶黏剂的甲醛、苯含量进行复检，检测报告应符合国家环保规定要求。

---

(2) 防火处理。工程中木构件的防火处理，一般是将防火涂料涂刷或喷于木材表面，也可把木材置于防火涂料槽内浸渍。防火涂料依其胶结性质分为油质防火涂料（内掺防火剂）与氯乙烯防火涂料、可赛银（酪素）防火涂料、硅酸盐防火涂料。

2. 龙骨架的拼接

为方便安装，木龙骨吊装前通常是先在地面进行分片拼接。

(1) 分片选择。确定吊顶骨架面上需要分片或可以分片安装的位置和尺寸，根据分片的平面尺寸选取龙骨纵横型材（经防腐、防火处理后已晾干）。

(2) 拼接。先拼接组合大片的龙骨骨架，再拼接小片的局部骨架。拼接组合的面积不可过大，否则不便吊装。

(3) 成品选择。对于截面为 25 mm×30 mm 的木龙骨，可选用市售成品凹方型材；如为确保吊顶质量而采用木方现场制作，必须在木方上按中心线距 300 mm 开凿深 15 mm、宽 25 mm 的凹槽。骨架的拼接即按凹槽对凹槽的方法咬口拼联，拼口处涂胶并用圆钉固定（图 3-1）。传统的木工所用胶料多为蛋白质胶，如皮胶和骨胶；现多采用化学胶，如酚醛树脂胶、脲醛树脂胶和聚酯酸乙烯乳液等，目前在木质材料胶结操作中使用最普遍的是脲醛树脂胶和聚酯酸乙烯乳液，因其硬化快（胶结后即可进行加工），黏结力强，并具耐水和抗菌性能。

3. 安装吊点紧固件

无预埋的顶棚，可用金属胀铆螺栓或射钉将角钢块固定于楼板底（或梁底）作为安设吊杆的连接件。对于小面积轻型的木龙骨装饰吊顶，也可用胀铆螺栓固定木方（截面约为

40 mm×50 mm)，吊顶骨架直接与木方固定或采用木吊杆。

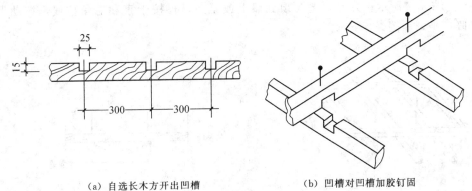

(a) 自选长木方开出凹槽　　(b) 凹槽对凹槽加胶钉固

图 3-1　木龙骨利用槽口拼接示意

吊顶工程的施工准备

（1）作业条件。在吊顶放线之前，顶棚上部的电气布线、空调管道、消防管道、供水管道、报警线路等均已安装就位并调试完成；自顶棚至墙体各开关和插座的有关线路数设已布置就绪；施工机具、材料和脚手架等已经准备完毕；顶棚基层和吊顶空间全部清理无误之后方可开始装饰施工。

（2）基层处理。吊顶基层必须有足够的强度。清除顶棚及周围的障碍物，对灯饰、舞台灯钢架等承重物固定支点，应按设计做好。检查已安装好的通风、消防、电气线路，并检查是否做完打压试验或外层保温、防腐等工作。这些工作完成后，方可进行吊顶安装工作。

（3）放线。放线包括标高线、天花造型位置线、吊挂点定位线、大中型灯具吊点等。标高线弹到墙面或柱面，其他线弹到楼板底面。此时应同时检查处于吊顶上部空间的设备和管线对设计标高的影响；检查其对吊顶艺术造型的影响。如确实妨碍标高和造型的布局定位，应及时向有关部门提出，需按现场实际情况修改设计。

吊顶安装前应做好放线工作，即找好规矩、顶棚四角规方，并且不能出现大小头现象。如发现有较大偏差，要采取相应补救措施。

按设计标高找出顶棚面水平基准点，并采用充有颜色水的塑料细管，根据水平面确定墙壁四周其他若干个顶棚面标高基准点。用墨线打出顶棚与墙壁相交的封闭线。

为了确保龙骨分格的对称性（要和所安装的顶棚面尺寸相一致），要在顶棚基层面上找出对称十字线，并以此十字线，按吊顶龙骨的分格尺寸打出若干条横竖相交的线，作为固定龙骨挂件的固定点，即埋设膨胀螺栓或采用射钉枪射钉的位置。

4. 龙骨安装

（1）主龙骨吊点间距、起拱高度应符合设计要求。当设计无要求时，吊点间距应小于1.2 m，应按房间的短向跨度的 0.1%～0.3%起拱，主龙骨安装后应及时校正其位置标高。吊杆应通直，距主龙骨端部距离不得超过 300 mm。当吊杆与设备相遇时，应调整吊点构造或增设吊杆；当吊杆长度大于 1.5 m 时，应设置反支撑。根据目前经验宜每 3～4 m² 设一根，宜采用不小于 30 mm×3 mm 角钢。

（2）主龙骨调平一般以一个房间为单元。调整方法可用 6 cm×6 cm 方木按主龙骨间距钉圆钉，再将长方木条横放在主龙骨上，并用铁钉卡住各主龙骨，使其按规定间隔定位，临时固定，如图 3-2 所示。方木两端要顶到墙上或梁边，再按十字和对角拉线，拧动吊杆螺钉，升降调平，如图 3-3 所示。

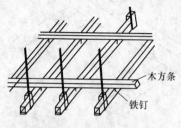

图 3-2　主龙骨定位方法

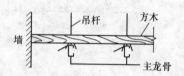

图 3-3　主龙骨固定调平示意

（3）次龙骨应紧贴主龙骨安装。固定板材的次龙骨间距不得大于 600 mm。在潮湿地区或场所，间距宜为 300～400 mm。用沉头自攻螺钉安装饰面板时，接缝处次龙骨宽度不得小于 40 mm。中（次）龙骨垂直于主龙骨，在交叉点用中（次）龙骨吊挂件将其固定在主龙骨上，吊挂件上端搭在主龙骨上，挂件 U 形腿用钳子卧入主龙骨内，如图 3-4 所示。

（4）暗龙骨系列横撑龙骨应用连接件将其两端连接在通长次龙骨上。通长次龙骨连接处对接错位不得超过 2 mm。明龙骨系列的横撑龙骨与通长龙骨搭接处的间隙不得大于 1 mm。

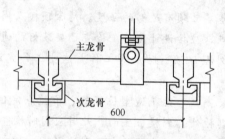

图 3-4　中（次）龙骨安装

5. 龙骨架与吊点固定

固定做法有多种，视选用的吊杆及上部吊点构造而定，如以 $\phi 6$ 钢筋吊杆与吊点的预埋钢筋焊接；利用扁铁与吊点角钢以 M6 螺栓连接；利用角钢作吊杆与上部吊点角钢连接等。吊杆与龙骨架的连接，根据吊杆材料的不同可分别采用绑扎、钩挂及钉固等，如扁铁及角钢杆件与木龙骨可用两个木螺钉固定。

对于叠级吊顶，一般是从最高平面（相对地面）开始吊装，吊装与调平的方法同上述，但其龙骨架不可能与吊顶标高线上的沿墙龙骨连接。其高低面的衔接，常用做法是先以一条木方斜向将上下平面龙骨架定位，而后用垂直方向的木方把上下两平面的龙骨架固定连接。

分片龙骨架在同一平面对接时，将其端头对正，而后用短木方进行加固，将木方钉于龙骨架对接处的侧面或顶面均可。对一些重要部位的龙骨接续，须采用铁件进行连接紧固。

6. 龙骨的整体调平

木骨架按图纸要求全部安装到位之后，即在吊顶面下拉出十字或对角交叉的标高线，检查吊顶骨架的整体平整度。对于骨架底平面出现有下凸的部分，要重新拉紧吊杆；对于有上凹现象的部位，可用木方杆件顶撑，尺寸准确后将木方两端固定。各个吊杆的下部端头均按准确尺寸截平，不得伸出骨架的底部平面。

二、轻钢龙骨的安装

1. 弹线

用水准仪在房间内每个墙（柱）角上抄出水平点（若墙体较长，中间也应适当抄几个点），弹出水准线（水准线距地面一般为 500 mm），从水准线量至吊顶设计高度加 12 mm（一层石膏板的厚度），用粉线沿墙（柱）弹出水准线，即为吊顶次龙骨的下皮线。同时，按吊顶平面图，在混凝土顶板弹出主龙骨的位置。主龙骨应从吊顶中心向两边分，最大间距为1 000 mm，并标出吊杆的固定点，吊杆的固定点间距 900～1 000 mm，如遇到梁和管道固定点大于设计和规程要求，应增加吊杆的固定点。

2. 固定吊挂杆件

采用膨胀螺栓固定吊挂杆件。不上人的吊顶，吊杆长度小于 1 000 mm，可以采用 $\phi6$ 的吊杆，如果大于 1 000 mm，应采用 $\phi8$ 的吊杆，还应设置反向支撑。吊杆可以采用冷拔钢筋和盘圆钢筋，但采用盘圆钢筋应采用机械将其拉直。上人的吊顶，吊杆长度等于 1 000 mm，可以采用 $\phi8$ 的吊杆，如果大于 1 000 mm，应采用 $\phi10$ 的吊杆，吊杆的一端同∟30×30×3 角码焊接（角码的孔径应根据吊杆和膨胀螺栓的直径确定），另一端可以用攻螺纹套出大于100 mm 的螺纹杆，也可以买成品螺纹杆焊接。制作好的吊杆应做防锈处理，吊杆用膨胀螺栓固定在楼板上，用冲击电钻打孔，孔径应稍大于膨胀螺栓的直径。

3. 固定吊顶边部骨架材料

吊顶边部的支撑骨架应按设计的要求加以固定。

对于无附加荷载的轻便吊顶，其 L 型轻钢龙骨或角铝型材等，较常用的设置方法是用水泥钉按 400～600 mm 的钉距与墙、柱面固定。应注意建筑基体的材质情况，对于有附加荷载的吊顶，或是有一定承重要求的吊顶边部构造，有的需按 900～1 000 mm 的间距预埋防腐木砖，将吊顶边部支撑材料与木砖固定。无论采用何种做法，吊顶边部支撑材料底面均应与吊顶标高基准线一平（罩面板钉装时应减去板材厚度），且必须牢固可靠。

4. 安装主龙骨

（1）主龙骨应吊挂在吊杆上，主龙骨间距为 900～1 000 mm。主龙骨分为不上人 UC38小龙骨，上人 UC60 大龙骨两种。主龙骨宜平行房间长向安装，同时应起拱，起拱高度为房间跨度的 1/200～1/300。主龙骨的悬臂段不应大于 300 mm，否则应增加吊杆。主龙骨的接长应采取对接，相邻龙骨的对接接头要相互错开。主龙骨挂好后应基本调平。

（2）跨度大于 15 m 以上的吊顶，应在主龙骨上，每隔 15 m 加一道大龙骨，并垂直主龙骨焊接牢固。

（3）如有大的造型顶棚，造型部分应用角钢或扁钢焊接成框架，并应与楼板连接牢固。

（4）吊顶如设检修走道，应另设附加吊挂系统，用 10 mm 的吊杆与长度为 1 200 mm 的∟15×5 角钢横担用螺栓连接，横担间距为 1 800～2 000 mm，在横担上铺设走道，可以用 6号槽钢两根间距 600 mm，其间用 10 mm 的钢筋焊接，钢筋的间距为 100 mm，将槽钢与横担角钢焊接牢固，在走道的一侧设有栏杆，高度为 900 mm，可以用∟50×4 的角钢做立柱，焊接在走道槽钢上，之间用－30×4 的扁钢连接。

（5）顶棚板的分隔应在房间中部，做到对称，轻钢龙骨和板的排列可从房间中部向两边依次安装，使顶棚布置美观整齐。轻钢龙骨安装示意如图 3-5 所示。

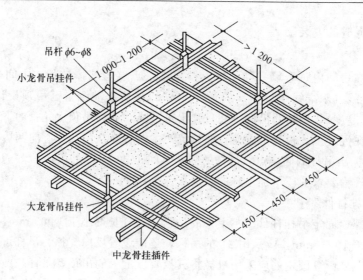

图 3-5　轻钢龙骨安装示意

轻钢龙骨的要求

（1）吊顶轻钢龙骨的形状及规格尺寸见表 3-1。

表 3-1　吊顶轻钢龙骨的形状及规格尺寸　　　　　　　（单位：mm）

品　　种		断　面　形　状	规　　格	备　　注
U 形龙骨	承载龙骨		$A \times B \times t$ $38 \times 12 \times 1.0$ $50 \times 15 \times 1.2$ $60 \times B \times 1.2$	$B = 24 \sim 30$
C 形龙骨	承载龙骨		$A \times B \times t$ $38 \times 12 \times 1.0$ $50 \times 15 \times 1.2$ $60 \times B \times 1.2$	
	覆面龙骨		$A \times B \times t$ $50 \times 19 \times 0.5$ $60 \times 27 \times 0.6$	
T 形龙骨	主龙骨		$A \times B \times t_1 \times t_2$ $24 \times 38 \times 0.27 \times 0.27$ $24 \times 32 \times 0.27 \times 0.27$ $14 \times 32 \times 0.27 \times 0.27$	（1）中型承载龙骨 $B \geqslant 38$，轻型承载龙骨 $B < 38$。 （2）龙骨由一整片钢板（带）成型时，规格为 $A \times B \times t$
	次龙骨		$A \times B \times t_1 \times t_2$ $24 \times 28 \times 0.27 \times 0.27$ $24 \times 25 \times 0.27 \times 0.27$ $14 \times 25 \times 0.27 \times 0.27$	

续上表

品　种	断面形状	规　格	备　注
H 形龙骨		$A \times B \times t$ $20 \times 20 \times 0.3$	
V 形龙骨 — 承载龙骨		$A \times B \times t$ $20 \times 37 \times 0.8$	造型用龙骨规格为 $20 \times 20 \times 1.0$
V 形龙骨 — 覆面龙骨		$A \times B \times t$ $49 \times 19 \times 0.5$	
L 形龙骨 — 承载龙骨		$A \times B \times t$ $20 \times 43 \times 0.8$	
L 形龙骨 — 收边龙骨		$A \times B_1 \times B_2 \times t$ $A \times B_1 \times B_2 \times 0.4$ $A \geq 20$；$B_1 \geq 25$； $B_2 \geq 20$	
L 形龙骨 — 边龙骨		$A \times B \times t$ $A \times B \times 0.4$ $A \geq 14$；$B \geq 20$	

（2）吊顶龙骨组件的力学性能应符合表 3-2 的规定。

表 3-2　吊顶龙骨组件的力学性能

类　别	项　目		要　求
U、C、V、L 形 （不包括造型用 V 形龙骨）	静载试验	覆面龙骨	加载挠度不大于 5.0 mm 残余变形量不大于 1.0 mm
		承载龙骨	加载挠度不大于 4.0 mm 残余变形量不大于 1.0 mm
T、H 形		主龙骨	加载挠度不大于 2.8 mm

（3）轻钢骨架主件为中、小龙骨；配件有吊挂件、连接件、插接件。

（4）零配件有吊杆、花篮螺栓、射钉、自攻螺钉。

（5）按设计要求可选用各种罩面板、钢、铝压缝条或塑料压缝条。

5. 龙骨调平

主龙骨安装就位后，以一个房间为单位进行调平。调平方法可采用木方按主龙骨间距钉圆钉，将龙骨卡住先做临时固定，按房间的十字和对角拉线，根据拉线进行龙骨的调平调直。根据吊件品种，拧动螺母或是通过弹簧钢片，或是调整钢丝，准确后再行固定。为使主龙骨保持稳定，使用镀锌钢丝作吊杆者宜采取临时支撑措施，可设置木方上端顶住顶棚基体底面，下端顶稳主龙骨，待安装吊顶板前再行拆除。

施工顶棚轻钢龙骨时，不能一开始将所有卡夹件都夹紧，以免校正主龙骨时，左右一敲，夹子松动，且不易再夹紧，影响牢固。正确的方法是：安装时先将次龙骨临时固定在主龙骨上，每根次龙骨用两只卡夹固定，校正主龙骨平正后再将所有的卡夹一次全部夹紧，顶棚骨架就不会松动，减少变形。在观众厅、礼堂、展厅、餐厅等大面积房间的场合采用轻钢龙骨吊顶时，需每隔 12 m 在大龙骨上部焊接横卧大龙骨一道，以加强大龙骨侧向稳定性及吊顶整体性。

轻钢大龙骨可以焊接，但宜点焊，防止焊穿或杆件变形。轻钢次龙骨太薄不能焊接。

6. 安装次龙骨

对于双层构造的吊顶骨架，次龙骨紧贴承载主龙骨安装，通长布置，利用配套的挂件与主龙骨连接，在吊顶平面上与主龙骨相垂直，它可以是中龙骨，有时则根据罩面板的需要再增加小龙骨，它们都是覆面龙骨。次龙骨（中龙骨及小龙骨）的中距由设计确定，并因吊顶装饰板采用封闭式安装或是离缝及密缝安装等不同的尺寸关系而异。对于主、次龙骨的安装程序，由于其主龙骨在上，次龙骨在下，所以一般的做法是先用吊件安装主龙骨，然后再以挂件在主龙骨下吊挂次龙骨。挂件（或称吊挂件）上端钩住主龙骨，下端挂住次龙骨即将二者连接。

对于单层吊顶骨架，其次龙骨即是横撑龙骨。主龙骨与次龙骨处于同一水平面，主龙骨通长设置，横撑（次）龙骨按主龙骨间距分段截取，与主龙骨丁字连接。主、次龙骨的连接方式取决于龙骨类型。对待不同龙骨类型，可根据工程实际需要确定。

三、铝合金龙骨吊顶

1. 弹线定位

根据设计图纸，结合具体情况，将龙骨及吊点位置弹到楼板底面上。如果吊顶设计要求具有一定造型或图案，应先弹出吊顶对称轴线，龙骨及吊点位置应对称布置。龙骨和吊杆的间距、主龙骨的间距是影响吊顶高度的重要因素。不同的龙骨断面及吊点间距，都有可能影响主龙骨之间的距离。各种吊顶、龙骨间距和吊杆间距一般都控制在 1.0～1.2 m 以内。弹线应清晰，位置准确。

铝合金板吊顶，如果是将板条卡在龙骨之上，龙骨应与板成垂直；如用螺钉固定，则要视板条的形状以及设计上的要求而具体掌握。

2. 确定吊顶标高

将设计标高线弹到四周墙面或柱面上；如果吊顶有不同标高，那么应将变截面的位置弹到楼板上。然后，再将角铝或其他封口材料固定在墙面或柱面，封口材料的底面与标高线重合，角铝常用的规格为 25 mm×25 mm，铝合金板吊顶的角铝同板的色彩应一致。角铝多用高强水泥钉固定，亦可用射钉固定。

3. 吊杆或镀锌钢丝的固定

与结构一端的固定，常用的办法是用射钉枪将吊杆或镀锌钢丝固定。可以选用尾部带孔或不带孔的两种射钉规格。

如果用角钢一类材料做吊杆，则龙骨也大部分采用普通型钢，应用冲击钻固定胀管螺栓，然后将吊杆焊在螺栓上。吊杆与龙骨的固定，可以采用焊接或钻孔用螺栓固定。

4. 龙骨安装与调平

(1) 安装时，根据已确定的主龙骨（大龙骨）位置及确定的标高线，先大致将其基本就位。次龙骨（中、小龙骨）应紧贴主龙骨安装就位。

(2) 龙骨就位后，然后再满拉纵横控制标高线（十字中心线），从一端开始，一边安装，一边调整，最后再精调一遍，直到龙骨调平和调直为止。如果面积较大，在中间还应考虑水平线适当起拱。调平时应注意一定要从一端调向另一端，要做到纵横平直。

特别对于铝合金吊顶，龙骨的调平调直是施工工序比较麻烦的一道，龙骨是否调平，也是板条吊顶质量控制的关键。因为只有龙骨调平，才能使板条饰面达到理想的装饰效果，否则，波浪式的吊顶表面，宏观看上去很不理想。

(3) 边龙骨宜沿墙面或柱面标高线钉牢。固定时，一般常用高强水泥钉，钉的间距不宜大于 50 cm。如果基层材料强度较低，紧固力不好，应采取相应的措施，改用胀管螺栓或加大钉的长度等办法。边龙骨一般不承重，只起封口作用。

(4) 一般选用连接件接长。连接件可用铝合金，亦可用镀锌钢板，在其表面冲成倒刺，与主龙骨方孔相连。全面校正主、次龙骨的位置及水平度，连接件应错位安装。

5. 顶棚板安装

顶棚板安装时，要使板材的几何尺寸能适应铝合金龙骨吊顶所承受的荷载能力。如格构尺寸为 600 mm×900 mm、600 mm×1 200 mm 时，就不能安装石膏板，而只能安装矿棉板。顶棚板的安装方式，如图 3-6 所示。

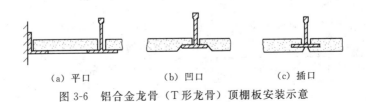

(a) 平口　　　　　　(b) 凹口　　　　　　(c) 插口

图 3-6　铝合金龙骨（T 形龙骨）顶棚板安装示意

第二节　吊顶板材罩面

一、纸面石膏板安装

饰面板应在自由状态下固定，防止出现弯裱、凸鼓的现象；还应在棚顶四周封闭的情况下安装固定，防止板面受潮变形。纸面石膏板的长边（即包封边）应沿纵向次龙骨铺设；自攻螺钉与纸面石膏板边的距离，用面纸包封的板边以 10～15 mm 为宜，切割的板边以 15～20 mm 为宜；固定次龙骨的间距，一般不应大于 600 mm，在南方潮湿地区，间距应适当减小，以 300 mm 为宜；钉距以 150～170 mm 为宜，螺钉应与板面垂直，已弯曲、变形的螺钉应剔除，并在相隔 50 mm 的部位另安螺钉；安装双层石膏板时，面层板与基层板的接缝应错开，不得在一根龙骨上。

石膏板的接缝，应按设计要求进行板缝处理；纸面石膏板与龙骨固定，应从一块板的中间向板的四边进行固定，不得多点同时作业；螺钉钉头宜略埋入板面，但不得损坏纸面，钉眼应做防锈处理并用石膏腻子抹平；拌制石膏腻子时，必须用清洁水和清洁容器。

纸面石膏板的技术要求

（1）外观质量。纸面石膏板表面应平整，不应有影响使用的波纹、沟槽、亏料、漏料和划伤、破损、污痕等缺陷。

（2）纸面石膏板的尺寸偏差应不大于表 3-3 的规定。

表 3-3　纸在石膏板的尺寸允许偏差　　　　　　　　（单位：mm）

项　目	长　度	宽　度	厚　度	
			9.5	≥12
尺寸偏差	0 -6	0 -5	±0.5	±0.6

（3）对角线长度差。板材应切成矩形，两对角线长度差应不大于 5 mm。

（4）楔形棱边断面尺寸。楔形棱边宽度为 30～80 mm，楔形棱边深度为 0.6～1.9 mm。

（5）荷载断裂。板材的纵向断裂荷载值和横向断裂荷载值应不低于表 3-4 的规定。

表 3-4　纸面石膏板的断裂荷载

板厚度（mm）	断裂荷载（N）		板厚度（mm）	断裂荷载（N）	
	纵向	横向		纵向	横向
9.5	360	140	18.0	800	270
12.0	500	180	21.0	980	320
15.0	650	220	25.0	1 100	380

（6）面密度。板材的面密度应不大于表 3-5 的规定。

表 3-5　纸面石膏板的面密度

板厚度（mm）	单位面积质量（kg/m²）	板厚度（mm）	单位面积质量（kg/m²）
9.5	9.5	18.0	18.0
12.0	12.0	21.0	21.0
15.0	15.0	25.0	25.0

（7）硬度。板材的棱边硬度和端头硬度应不小于 70 N。

（8）抗冲击性。经冲击后，板材背面应无径向裂纹。

（9）护面纸与芯材黏结性。护面纸与芯材应不剥离。

（10）吸水率（仅适用于耐水纸面石膏板和耐水耐火纸面石膏板）。板材的吸水率应不大于 10%。

（11）表面吸水量（仅适用于耐水纸面石膏板和耐水耐火纸面石膏板）。板材的表面吸水量应不大于 160 g/m²。

（12）遇火稳定性（仅适用于耐火纸面石膏板和耐水耐火纸面石膏板）。板材的遇火稳定性时间应不少于 20 min。

二、纤维水泥加压板（埃特板）安装

龙骨间距、螺钉与板边的距离，及螺钉间距等应满足设计要求和有关产品的要求。

纤维水泥加压板与龙骨固定时，所用手电钻钻头的直径应比选用螺钉直径小 0.5～1.0 mm；固定后，钉帽应做防锈处理，并用油性腻子嵌平。

用密封膏、石膏腻子或掺界面剂胶的水泥砂浆嵌涂板缝并刮平，硬化后用砂纸磨光，板缝宽度应小于 50 mm；板材的开孔和切割，应按产品的有关要求进行。

三、防 潮 板

（1）饰面板应在自由状态下固定，防止出现弯裱、凸鼓的现象。

（2）防潮板的长边（即包封边）应沿纵向次龙骨铺设。

（3）自攻螺钉与防潮板板边的距离，以 10～15 mm 为宜，切割的板边以 15～20 mm 为宜。

（4）固定次龙骨的间距，一般不应大于 600 mm，在南方潮湿地区，钉距以 150～170 mm 为宜，螺钉应与板面垂直，已弯曲、变形的螺钉应剔除。

（5）面层板接缝应错开，不得在一根龙骨上。

（6）防潮板的接缝处理同石膏板。

（7）防潮板与龙骨固定时，应从一块板的中间向板的四边进行固定，不得多点同时作业。

（8）螺钉钉头宜略埋入板面，钉眼应做防锈处理并用石膏腻子抹平。

四、金属扣板

1. 铝塑板安装

铝塑板采用单面铝塑板，根据设计要求，裁成需要的形状，用胶贴在事先封好的底板上，可以根据设计要求留出适当的胶缝。

胶黏剂粘贴时，涂胶应均匀；粘贴时，应采用临时固定措施，并应及时擦去挤出的胶液；在打封闭胶时，应先用美纹纸带将饰面板保护好，待胶打好后，撕去美纹纸带，清理板面。

铝塑板安装的材料要求

吊挂顶棚罩面板常用的板材有条形金属扣板，规格一般为 100 mm、150 mm、200 mm 等；还有设计要求的各种特定异形的条形金属扣板。方形金属扣板，规格一般为 300 mm×300 mm、600 mm×600 mm 等吸声和不吸声的方形金属扣板；还有面板是固定的单铝板或铝塑板。

铝塑复合板的质量要求，见表 3-6 和表 3-7。

表 3-6 铝塑复合板规格尺寸允许偏差

项　目	允许偏差值	项　目	允许偏差值
长度（mm）	±3	对角线差（mm）	≤5
宽度（mm）	±2	边沿不直度（mm）	≤1
厚度（mm）	±0.2	翘曲度（mm）	≤5

表 3-7　铝塑复合板外观质量

缺 陷 名 称①	技 术 要 求
压痕	不允许
印痕	不允许
凹凸	不允许
正反面塑料外露	不允许
漏涂	不允许
波纹	不允许
鼓泡	不允许
疵点	最大尺寸≤3 mm 数量不超过 3 个/m²
划伤	不允许
擦伤	不允许
色差②	目测不明显,仲裁时 $\Delta E \leqslant 2$

①对于表中未涉及的表面缺陷项目,本着不影响需方要求为原则由供需双方商定。
②装饰性的花纹、色彩除外。

2. 单铝板或铝塑板安装

将板材加工折边,在折边上加上铝角,再将板材用拉铆钉固定在龙骨上,可以根据设计要求留出适当的胶缝,在胶缝中填充泡沫胶棒,在打封闭胶时,应先用美纹纸带将饰面板保护好,待胶打好后,撕去美纹纸带,清理板面。

3. 金属（条、方）扣板安装

条板式吊顶龙骨一般可直接吊挂,也可以增加主龙骨,主龙骨间距不大于 1 000 mm,条板式吊顶龙骨形式与条板配套。方板吊顶次龙骨分明装 T 形和暗装卡口两种,可根据金属方板式样选定;次龙骨与主龙骨间用固定件连接。金属板吊顶与四周墙面所留空隙,用金属压条与吊顶找齐,金属压缝条的材质宜与金属板面相同。饰面板上的灯具、烟感器、喷淋头、风口箅子等设备的位置应合理、美观,与饰面的交接应吻合、严密。并做好检修口的预留,使用材料宜与母体相同,安装时应严格控制整体性、刚度和承载力。

第三节　吊顶施工细部做法

一、吊顶的平整性控制

（1）基准点和标高尺寸要准确。用水柱法,如图 3-7 所示。找其他标高点时,要等管内水柱面静止时再画线。

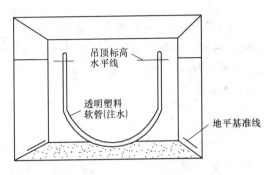

图 3-7　水平标高线的测定示意

（2）吊顶面的水平控制线应尽量拉出通直线，线要拉直，最好采用尼龙线。

（3）对跨度较大的吊顶，应在中间位置加设标高控制点。

（4）吊点分布要均匀。在一些龙骨的接口部位和重载部位，应当增加吊点。吊点不牢将引起吊顶局部下沉，产生这种情况的原因如下。

1）吊点与建筑主体固定不牢，例如膨胀螺栓埋入深度不够，而产生松动或脱落；射钉的松动，虚焊脱落等。

2）吊杆连接不牢，产生松脱。

3）吊杆的强度不够，产生拉伸变形现象。

（5）注意龙骨与龙骨架的强度与刚度。龙骨的接头处、吊挂处都是受力的集中点，施工中应注意加固。应避免在龙骨上悬吊设备。

（6）安装铝合金饰面板的方法不妥，也易使吊顶不平，严重时还会产生波浪形状。安装时不可生硬用力，并一边安装一边检查平整度。

二、吊顶的线条走向规整控制

吊顶线条是指条板和条板间对缝、铝合金龙骨条以及其他线条形装饰。吊顶线条的不规整会破坏吊顶的装饰效果。控制方法应从材料选用及校正、设置平整控制线、安装固定着手。

（1）安装固定饰面条板要注意对缝的均匀，安装时不可生扳硬装，应根据条板的结构特点进行。如装不上时，要查看一下安装位置处是否有阻挡物体或设备结构，并进行调整。

（2）吊顶内填充的吸声、保温材料的品种和铺设厚度应符合要求，并应有防散落措施。

（3）吊顶与墙面、窗帘盒的交接应符合设计要求。

（4）搁置式轻质饰面板的安装应有定位措施，按设计要求设置压卡装置。

（5）胶黏剂的选用，应与饰面板品种配套。

三、吊顶面与吊顶设备的关系处理

1. 灯盘、灯槽与吊顶的关系

灯盘和灯槽除了具有本身的照明功能之外，也是吊顶装饰中的组成部分。所以，灯盘和灯槽安装时一定要从吊顶平面的整体性来着手。

> **铝合金龙骨吊顶的设备要求**
>
> 铝合金龙骨吊顶上设备主要有灯盘和灯槽、空调出风口、消防烟雾报警器和喷淋头等。这些设备与顶面的关系要处理得当，总的要求是不破坏吊顶结构，不破坏顶面的完整性，与吊顶面衔接平整，交接处应严密。

2. 空调风口算子与吊顶的关系

空调风口算子与吊顶的安装方式有水平、竖直两种。由于算子一般是成品，与吊顶面颜色往往不同，如装得不平会很显眼，所以应注意与吊顶面的衔接吻合。

3. 自动喷淋头、烟感器与吊顶的关系

自动喷淋头、烟感器是消防设备，但必须安装在吊顶平面上。自动喷淋头须通过吊顶平面与自动喷淋系统的水管相接，如图 3-8（a）所示。在安装中常出现的问题有三种：一是水管伸出吊顶面；二是水管预留短了，自动喷淋头不能在吊顶面与水管连接，如图 3-8（b）所示；三是喷淋头边上有遮挡物，如图 3-8（c）所示。原因是在拉吊顶标高线时未检查消防设备安装尺寸而造成的。

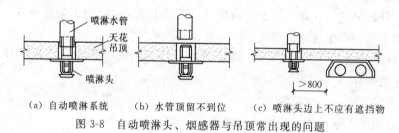

（a）自动喷淋系统　　（b）水管顶留不到位　　（c）喷淋头边上不应有遮挡物

图 3-8　自动喷淋头、烟感器与吊顶常出现的问题

第四节　质量标准

一、暗龙骨吊顶工程质量标准

1. 主控项目

（1）吊顶标高、尺寸、起拱和造型应符合设计要求。

检验方法：观察；尺量检查。

（2）饰面材料的材质、品种、规格、图案和颜色应符合设计要求。

检验方法：观察；检查产品合格证书、性能检测报告、进场验收记录和复验报告。

（3）暗龙骨吊顶工程的吊杆、龙骨和饰面材料的安装必须牢固。

检验方法：观察；手扳检查；检查隐蔽工程验收记录和施工记录。

（4）吊杆、龙骨的材质、规格、安装间距及连接方式应符合设计要求。金属吊杆、龙骨应经过表面防腐处理；木吊杆、龙骨应进行防腐、防火处理。

检验方法：观察；尺量检查；检查产品合格证书、性能检测报告、进场验收记录和隐蔽工程验收记录。

（5）石膏板的接缝应按其施工工艺标准进行板缝防裂处理。安装双面石膏板时，面层板与基层板的接缝应错开，并不得在同一根龙骨上接缝。

检验方法：观察。

2. 一般项目

（1）饰面材料表面应洁净、色泽一致，不得翘曲、裂缝及缺损。压条应平直、宽窄一致。

检验方法：观察；尺量检查。

（2）饰面板上的灯具、烟感器、喷淋头、风口算子等设备的位置合理、美观，与饰面板的交接应吻合、严密。

检验方法：观察。

（3）金属吊杆、龙骨的接缝应均匀一致，角缝应吻合，表面应平整，无翘曲、锤印。木质吊杆、龙骨应顺直，无劈裂、变形。

检验方法：检查隐蔽工程验收记录和施工记录。

（4）吊顶内填充吸声材料的品种和铺设厚度应符合设计要求，并应有防散落措施。

检验方法：检查隐蔽工程验收记录和施工记录。

（5）暗龙骨吊顶工程安装允许偏差和检验方法应符合表 3-8 的规定。

表 3-8　暗龙骨吊顶安装允许偏差和检验方法

项次	项　目	允许偏差（mm）				检验方法
		纸面石膏板	金属板	矿棉板	木板、塑料板、搁栅	
1	接缝直线度	3	2	2	2	用 2 m 靠尺和塞尺检查
2	表面平整度	3	1.5	3	3	拉 5 m 线，不足 5 m 拉通线
3	接缝高低差	1	1	1.5	1	用钢直尺和塞尺检查

二、明龙骨吊顶工程质量标准

1. 主控项目

（1）吊顶标高、尺寸、起拱和造型应符合设计要求。

检验方法：观察；尺量检查。

（2）饰面材料的材质、品种、规格、图案和颜色应符合设计要求。当饰面材料为玻璃板时，应使用安全玻璃或采用可靠的安全措施。

检验方法：观察；检查产品合格证书、性能检测报告和进场验收记录。

（3）饰面材料的安装应稳固严密。饰面材料与龙骨的搭接宽度应大于龙骨受力面宽度的2/3。

检验方法：观察；手扳检查；尺量检查。

（4）吊杆、龙骨的材质、规格、安装间距及连接方式应符合设计要求。金属吊杆、龙骨应进行表面防腐处理；木龙骨应进行防腐、防火处理。

检验方法：观察；尺量检查；检查产品合格证书、进场验收记录和隐蔽工程验收记录。

（5）明龙骨吊顶工程的吊杆和龙骨安装必须牢固。

检验方法：手扳检查；检查隐蔽工程验收记录和施工记录。

2. 一般项目

（1）饰面材料表面应洁净、色泽一致，不得有翘曲、裂缝及缺损。饰面板与明龙骨的搭接应平整、吻合，压条应平直、宽窄一致。

检验方法：观察；尺量检查。

（2）饰面板上的灯具、烟感器、喷淋头、风口箅子等设备的位置合理、美观，与饰面板的交接应吻合、严密。

检验方法：观察。

（3）金属龙骨的接缝应平整、吻合、颜色一致，不得有划伤、擦伤等表面缺陷。木质龙骨应平整、顺直，无劈裂。

检验方法：观察。

（4）吊顶内填充吸声材料的品种和铺设厚度应符合设计要求，并应有防散落措施。

检验方法：检查隐蔽工程验收记录和施工记录。

（5）明龙骨吊顶工程安装允许偏差和检验方法应符合表 3-9 的规定。

表 3-9　明龙骨吊顶安装允许偏差和检验方法

项次	项　目	允许偏差（mm）				检验方法
		石膏板	金属板	矿棉板	塑料板玻璃板	
1	表面平整度	3	2	3	2	用 2 m 靠尺和塞尺检查
2	接缝直线度	3	2	3	3	拉 5 m 线，不足 5 m 拉通线，用钢直尺检查
3	接缝高低差	1	1	2	1	用钢直尺和塞尺检查

第四章 轻质隔墙工程

第一节 板材隔墙

一、钢丝网架水泥夹心板轻质隔墙

1. 放线

按设计的墙的轴线位置，在地面、顶面、侧面弹出墙的中心线和墙的厚度线，画出门窗洞口的位置。当设计有要求时，按设计要求确定埋件位置，当设计无明确要求时，按 400 mm 间距画出连接件或锚筋的位置。

2. 配钢丝网架夹心板及配套件

按设计要求配钢丝网架夹心板及配套件。当设计无明确要求时，可按以下原则配置：

（1）隔墙高度小于 4 m 的，宜整板上墙。拼板时应错缝拼接。隔墙高度或长度超过 4 m 时，应按设计要求增设加劲柱。

（2）有转角的隔墙，在墙的拐角处和门窗洞口处应用整板；需裁剪的配板，应放在与结构墙、柱的结合处；所裁剪的板的边沿宜为一根整钢丝，以便拼缝处用 22 号铅丝绑扎固定。

（3）各种配套用的连接件、加固件、埋件要配齐。凡未镀锌的铁件，要刷防锈漆两道做防锈处理。

> **钢丝网架夹心板主要配套件的要求**
>
> （1）夹心板拼缝处加固件：之字条、网片等。
>
> （2）板端、门窗洞口加固件：槽网、之字条、$\phi6$、$\phi10$ 钢筋等。
>
> （3）阴、阳角加固件、角网等。
>
> （4）夹心板与地面、顶面、墙、柱面的连接件。
>
> U 形连接件：用 4.5 mm×37 mm（$d×L$，d 为直径，L 为长度）射钉固定或用 M8 膨胀螺栓固定。也可打孔插 $\phi6$ 钢筋做连接件。
>
> （5）埋件：预埋铁件、预埋木砖等，用于门窗框连接。

3. 安装钢丝网架夹心板

当设计对钢丝网架夹心板的安装、连接、加固补强有明确要求的，应按设计要求进行，当无明确要求时，可按以下原则施工：

（1）连接件的设置。

1）墙、梁、柱上已预埋锚筋〔一般为 $\phi10$、$\phi6$，长为 $30d$（d 为钢筋直径），间距为 400 mm〕应理直，并刷防锈漆两道。

2）地面、顶板、混凝土梁、柱、墙面没设置锚固筋的，可按 400 mm 的间距埋膨胀螺栓或用射钉固定 U 形连接件。也可用打孔插筋做连接件。其方法是紧贴钢丝网架两边打孔，孔距 300 mm，孔径 6 mm，孔深 50 mm，两排孔应错开，孔内插 $\phi6$ 钢筋，下埋 50 mm，上露 100 mm。地面上的插筋可不用环氧树脂锚固，其余的应先清孔，再用环氧树脂锚固插筋。

（2）安装夹心板。按放线的位置安装钢丝网架夹心板。板与板的拼缝处用箍码或 22 号铅丝扎牢。

（3）夹心板与四周连接。

1）墙、梁、柱上已预埋锚筋的，用 22 号铅丝将锚筋与钢丝网架扎牢，扎扣不少于 3 点。

2）用膨胀螺栓或用射钉固定 U 形连接件，用 22 号铅丝将 U 形连接件与钢丝网架扎牢。

（4）夹心板的加固补强。

1）隔墙的板与板纵横向拼缝处用之字条加固，用箍码或 22 号铅丝与钢丝网架连接。

2）转角墙、丁字墙阴阳角处用角网加固，用箍码或 22 号铅丝与钢丝网架连接。阳角角网总宽 400 mm，阴角角网总宽 300 mm。

3）夹心板与混凝土墙、柱、砖墙连接处，阴角用角网加固，阴角角网总宽 300 mm，一边用箍码或 22 号铅丝与钢丝网架连接，另一边用钢钉与混凝土墙、柱固定或用骑马钉与砖墙固定。夹心板与混凝土墙、柱连接处的平缝，用 300 mm 宽平网加固，一边用箍码或 22 号铅丝与钢丝网架连接，另一边用钢钉与混凝土墙、柱固定。

4）用箍码或 22 号铅丝连接的，箍码或扎点的间距为 200 mm，呈梅花形布点。

钢丝网架水泥夹心板的要求

（1）钢丝网架水泥夹心板（GJ 板）的规格见表 4-1。

表 4-1　GJ 板的规格

名称	公称长度（m）	实际尺寸（mm）						聚苯乙烯泡沫塑料内芯厚（mm）
		长		宽		厚		
		T、TZ	S	T、TZ	S	T、TZ	S	
短板	2.2	2 140	2 150	1 220	1 200	76	70	50
标准板	2.5	2 440	2 450	1 220	1 200	76	70	50
长板	2.8	2 750	2 750	1 220	1 200	76	70	50
加长板	3.0	2 950	2 950	1 220	1 200	76	70	50

注：1. 其他规格可根据用户要求协商确定。

　　2. "T、TZ、S" 为 GJ 板的 3 种类型。

（2）镀锌低碳钢丝，其性能指标见表 4-2。

表 4-2　镀锌低碳钢丝的性能指标

直径（mm）	抗拉强度（N/mm²）		冷弯试验反复弯曲 180°（次）	镀锌层质量（g/m²）
	A	B		
2.03±0.05	590～740	590～850	≥6	≥20

注：其他性能应符合《一般用途低碳钢丝》（YB/T 5294—2009）的要求。

（3）低碳钢丝，其性能指标见表4-3。

表4-3 低碳钢丝的性能指标

直径（mm）	抗拉强度（N/mm²）	冷弯试验反复弯曲180°（次）	用 途
2.0±0.05	≥550	≥6	用于网片
2.2±0.05	≥550	≥6	用于腹丝

注：其余性能应符合《一般用途低碳钢丝》（YB/T 5294—2009）的要求。

（4）聚苯乙烯泡沫塑料：表面密度（15±1）kg/m³；阻燃型（ZR型），氧指数≥30，其余应符合《绝热用模塑聚苯乙烯泡沫塑料》（GB/T 10801.1—2002）和《绝热用挤塑聚苯乙烯泡沫塑料（XPS）》（GB/T 10801.2—2002）的规定。

（5）钢丝网架夹心板（GJ板）的技术要求。

1）GJ板每平方米面积的质量应不大于4 kg。

2）GJ板的表面和外观质量应符合表4-4的规定。

表4-4 GJ板的表面和外观质量

项 次	项 目	质量要求
1	外观	表面清洁，不应有明显油污
2	钢丝锈点	焊点区以外不允许
3	焊点强度	抗拉力≥330 N，无过烧现象
4	焊点质量	之字条、腹丝与网片钢丝不允许漏焊、脱焊；网片漏焊、脱焊点不超过焊点数的8%，且不应集中一处，连续脱焊不应多于2点，板端200 mm区段内的焊点不允许脱焊、虚焊
5	钢丝挑头	板边挑头允许长度≤6 mm，插丝挑头≤5 mm；不得有5个以上的漏剪、翘伸的的钢丝挑头
6	横向钢丝排列	网片横向钢丝最大间距为60 mm，超过60 mm处应加焊钢丝，纵横向钢丝应互相垂直
7	泡沫内芯板条局部自由松动	不得多于3处，单条自由松动不得超过1/2板长
8	泡沫内芯板条对接	泡沫板全长对接不得超过3根，短于150 mm的板条不得使用

（6）GJ板的规格尺寸允许偏差见表4-5。

表4-5 GJ板的规格尺寸允许偏差

项 次	项 目	允许偏差（mm）
1	长	±10
2	宽	±5
3	厚	±2
4	两对角线差	≤10
5	侧身弯曲	≤L/650（L为GJ板长度）

续上表

项次	项　目	允许偏差（mm）
6	泡沫板条宽度	±0.5
7	泡沫板条（或整板）的厚度	±2
8	泡沫内芯中心面位移	≤3
9	泡沫板条对接缝隙	≤2
10	两之字条距离或纵丝间距	±2
11	钢丝之字条波幅、波长或腹丝间距	±2
12	钢丝网片局部翘曲	≤5
13	两钢丝网片中心距离	±2

（7）22号铅丝、箍码等，用于夹心板拼缝加固及连接件的绑扎、紧固。

4. 门窗洞口加固补强及门窗框安装

当设计有明确要求时，按设计要求施工。设计无明确要求时，可按以下做法施工。

（1）门窗洞口加固补强。门窗洞口各边用通长槽网和 $2\phi10$ 钢筋加固补强，槽网总宽 300 mm，$\phi10$ 钢筋长度为洞边加 400 mm。门洞口下部，$2\phi10$ 钢筋与地板上的锚筋或膨胀螺栓焊接。窗洞四角、门洞的上方两角用 500 mm 长之字条按 $45°$ 方向双面加固。网与网用箍码或 22 号铅丝连接，$\phi10$ 钢筋用 22 号铅丝绑扎。

（2）门窗框安装。根据门窗框的安装要求，在门窗洞口处安放预埋件，连接门窗框。

5. 埋设预埋件、铺电线管、安接线盒

（1）按图纸要求埋设各种预埋件、铺电线管、安接线盒等，并要求与夹心板的安装同步进行，固定牢固。

（2）预埋件、接线盒等的埋设方法是按所需大小的尺寸抠去聚苯泡沫或岩棉，在抠洞处喷一层 EC－1 液，用 1∶3 水泥砂浆固定埋件或稳住接线盒。

（3）电线管等管道应用 22 号铅丝与钢丝网架绑扎牢固。

水泥砂浆的要求

水泥砂浆：底层抹灰，1∶3 水泥砂浆，用 42.5 级水泥、中砂，内掺水泥质量 1% 的 EC 砂浆抗裂剂；中层及罩面抹灰，1∶3 水泥砂浆，用 42.5 级水泥，可掺水泥质量 20% 的灰膏、细砂。

6. 检查校正补强

在抹灰以前，要详细检查夹心板、门窗框、各种预埋件、管道、接线盒的安装和固定是否符合设计要求。安装好的钢丝网架夹心板要形成一个稳固的整体，并做到基本平整、垂直。达不到要求的要校正补强。

7. 制备水泥砂浆

砂浆用搅拌机搅拌均匀，稠度要合适。搅拌好的水泥砂浆要在初凝前用完。已凝固的砂浆不得二次掺水搅拌使用。

8. 抹一侧底灰

抹一侧底灰前，先在夹心板的另一侧做适当支顶，以防止抹底灰时夹心板晃动。抹灰前在夹心板上均匀喷一层 EC-1 面层处理剂，随即抹底灰，以加强水泥砂浆与夹心板的黏结。要按抹底灰的工艺要求作业，底灰的厚度为 12 mm 左右。底灰要基本平整，并用带齿抹子均匀拉槽，以利于与中层砂浆的黏结。抹完灰后随即均匀喷一层 EC-1 防裂剂。

9. 抹另一侧底灰

在 48 h 以后撤去支顶抹另一侧底灰。操作方法同上一条。

10. 抹中层灰、罩面灰

在两层底灰抹完 48 h 以后才能抹中层灰。要严格按抹灰工序的要求进行，即认真按照阴阳角找方、设置标筋、分层赶平、修整、表面压光等工序的工艺要求作业。底灰、中层灰和罩面灰总厚度为 25～28 mm。

11. 面层装修

按设计要求和饰面层施工工艺做面层装修。

12. 施工注意事项

(1) 隔墙工程的脚手架搭设应符合建筑施工安全标准。

(2) 严防运输小车等碰撞隔墙板及门口。

(3) 在施工楼地面时，应防止砂浆溅污隔墙板。

(4) 脚手架上搭设跳板应用钢丝绑扎固定，不得有探头板。

(5) 施工现场必须工完场清。设专人洒水、打扫，不能扬尘污染环境。

(6) 有噪声的电动工具应在规定的作业时间内施工，防止噪声污染、扰民。

(7) 现场保持良好通风，但不宜有过堂风。

二、纤维板隔墙

1. 安装要点

(1) 用钉子固定时，硬质纤维板钉距为 80～120 mm，钉长为 20～30 mm，钉帽打扁后钉入板面 0.5 mm，钉眼宜用油性腻子抹平。这样，才可防止板面空鼓、翘曲，钉帽不致生锈。如用木压条固定时，钉距不应大于 200 mm，钉帽应打扁，并进入木压条 0.5～1.0 mm，钉眼用油性腻子抹平。

纤维板的质量要求

纤维板是由碎木加工成纤维状，除去有害杂质，经纤维分离、喷胶（常用酚醛树脂胶）、成型、干燥后，在高温下用压力机压缩制成的。这种板材可节省木材，加工后是整张，无缝无节，材质均匀，纵横方向强度相同。

双面纤维板隔断墙每 100 m² 材料用量，见表 4-6。

表 4-6 双面纤维板隔断墙材料用量（每 100 m² 材料用量）

材料名称	规格（mm）	单 位	用 量	备 注
木方	40×70	m³	16.5	
	25×25	m³	0.65	拐角压口条
	15×35	m³	0.20	板间压口条
纤维板		m²	2.16	
钉子		kg	18.2	

(2) 采用硬质纤维板罩面装饰或隔断时，在阳角处应做护角，以防使用中损坏墙角。

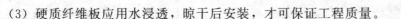

（3）硬质纤维板应用水浸透，晾干后安装，才可保证工程质量。

2. 施工注意事项

起鼓、翘曲是纤维板安装施工中常见的质量问题，特别是硬质纤维板，其原因是：

（1）安装前未将硬质纤维板用水浸泡处理，由于这种板材有湿胀、干缩的性能，故易发生质量问题。据实测结果，将硬质纤维板放入水中浸泡 24 h 后，可伸胀 0.5% 左右，如纤维板未经浸泡，安装后因吸收空气中水分会产生膨胀，但因其四周已有钉子固定（受约束）无法伸胀，故造成起鼓、翘曲等质量问题。将硬质纤维板经浸泡处理，安装后才能达到板面平整，即可保证工程质量。

（2）硬质纤维板用钉子固定时，采用的钉子尺寸如过小，则长度不够，每块板面上钉子的间距过大，板的边角漏钉等原因，也会造成板面起鼓、翘曲。

三、增强石膏空心条板轻质隔墙

1. 放线、分档

在地面、墙面及顶面根据设计位置，弹好隔墙边线及门窗洞边线，并按板宽分档。

2. 配板、修补

板的长度应按楼面结构层净高尺寸减 20~30 mm。计算并测量门窗洞口上部及窗口下部的隔板尺寸，按此尺寸配有预埋件的门窗框板。当板的宽度与隔墙的长度不相适应时，应将部分隔墙板预先拼接加宽（或锯窄）成合适的宽度，放置有阴角处。有缺陷的板应修补。

3. U 形钢板卡固定

有抗震要求时，应按设计要求用 U 形钢板卡固定条板的顶端。在两块条板顶端拼缝之间用射钉将 U 形钢板卡固定在梁或楼板上，一边安板一边固定 U 形钢板卡。

4. 配制胶合剂

将 SG 791 胶与建筑石膏粉配制成胶泥，配合比为石膏粉：SG 791＝1∶（0.6~0.7）（质量比）。胶合剂的配制量以一次不超过 20 min 使用时间为宜。配制的胶合剂超过 30 min 已凝固的，不得再加水加胶重新调制使用，以避免板缝因粘接不牢而出现裂缝。

胶合剂的质量要求

（1）胶合剂。SG 791 建筑胶合剂，以乙酸乙烯为单位的高聚物作主胶料，与其他原材料配制而成，系无色透明胶液。本胶液与建筑石膏粉调制成胶合剂，适用于石膏条板黏结，石膏条板与砖墙、混凝土墙黏结。石膏黏结压、剪强度不低于 25 MPa。也可用类似的专用石膏胶合剂，但应经试验确认可靠后，才能使用。

（2）建筑石膏粉。应符合三级以上标准。

5. 安装隔墙板

隔墙板安装顺序应从与墙的结合处或门洞边开始，依次顺序安装。板侧清刷浮灰，在墙面、顶面、板的顶面及侧面（相拼合面）先刷 SG 791 胶液一道，再满刮 SG 791 胶泥，按弹线位置安装就位，用木楔顶在板底，再用手平推隔板，使板缝冒浆，一个人用特制的撬棍在板底部向上顶，另一人打木楔，使隔墙板挤紧顶实，然后用开刀（腻子刀）将挤出的胶合剂刮平。按以上操作办法依次安装隔墙板。

在安装隔墙板时，一定要注意使条板对准预先在顶板和地板上弹好的定位线，并在安装过程中随时用 2 m 靠尺及塞尺测量墙面的平整度，用 2 m 托线板检查板的垂直度。

黏结完毕的墙体，应在 24 h 以后用 C20 干硬性细石混凝土将板下口堵严，当混凝土强度达到 10 MPa 以上，撤去板下木楔，并用 M20 强度的干硬性砂浆灌实。

隔墙板的质量要求

（1）增强石膏空心条板。增强石膏空心条板有标准板、门框板、窗框板、门上板、窗上板、窗下板及异形板。标准板用于一般隔墙。其他板按工程设计确定的规格进行加工。

1）规格：增强石膏空心条板的规格按普通住宅用板和公用建筑用板区分。

普通住宅用的板规格为：长（L）2 400～3 000 mm；宽（B）590～595 mm；厚（H）60 mm、90 mm。

公用建筑用的板规格为：长（L）2 480～3 900 mm；宽（B）590～595 mm；厚（H）90 mm。

2）技术要求：面密度 ≥ 55 kg/m²；抗弯荷载 ≥ 1.8G（G 为板材的重量，单位 N）；单点吊挂力 ≥ 800 N；料浆抗压强度 ≥ 7 MPa。

（2）石膏腻子。抗压强度 > 2.5 MPa；抗折强度 > 1.0 MPa；黏结强度 > 0.2 MPa；终凝时间 3 h。

6. 铺设电线管、安装接线盒

按电气安装图找准位置画出定位线，铺设电线管、安装接线盒。

所有电线管必须顺石膏板板孔铺设，严禁横铺和斜铺。

安装接线盒，先在板面钻孔扩孔（防止猛击），再用扁铲扩孔，孔要大小适度，要方正。孔内清理干净，先刷 SG 791 胶液一道，再用 SG 791 胶泥安接线盒。

7. 安水暖、煤气管道卡

按水暖、煤气管道安装图找准标高和横向位置，画出管卡定位线，在隔墙板上钻孔扩孔（禁止剔凿），将孔内清理干净，先刷 SG 791 胶液一道，再用 SG 791 胶泥固定管卡。

8. 安装吊挂埋件

（1）隔墙板上可安装碗柜、设备和装饰物，每一块板可设两个吊点，每个吊点吊重不大于 80 kg。

（2）先在隔墙板上钻孔扩孔（防止猛击），孔内应清理干净，先刷 SG 791 胶液一道，再用 SG 791 胶泥固定埋件，待干后再吊挂设备。

9. 安装门窗框

一般采用先留门窗洞口，后安门窗框的方法。钢门窗框必须与门窗口板中的预埋件焊接。木门窗框用 L 形连接件连接，一边用木螺钉与木框连接，另一端与门窗口板中预埋件焊接。门窗框与门窗口板之间缝隙不宜超过 3 mm，超过 3 mm 时应加木垫片过渡。将缝隙浮灰清理干净，先刷 SG 791 胶液一道，再用 SG 791 胶泥嵌缝。嵌缝要严密，以防止门窗开关时碰撞门框造成裂缝。

10. 板缝处理

隔墙板安装后 10 d，检查所有缝隙是否黏结良好，有无裂缝，如出现裂缝，应查明原因后进行修补。已黏结良好的所有板缝，先清理浮灰，再刷 SG 791 胶液粘贴 50 mm 宽玻纤网格带，转角隔墙在阴角处粘贴 200 mm 宽（每边各 100 mm 宽）玻纤布一层。干后刮 SG 791 胶泥，略低于板面。

玻纤布条的要求

　　玻纤布条宽 50 mm，用于板缝处理；条宽 200 mm，用于墙面转角附加层。涂塑中碱玻璃纤维网格布：网格 8 目/mm²；布重＞80 g/m²；断裂强度，25 mm×100 mm 布条，经纱≥300 N；纬纱≥150 N。

　　11. 板面装修

　　(1) 一般居室墙面，直接用石膏腻子刮平，打磨后再刮第二道腻子（要根据饰面要求选择不同强度的腻子），再打磨平整，最后做饰面层。

　　(2) 隔墙踢脚，一般板应先在根部刷一道胶液，再做水泥或贴块料踢脚；如做塑料、木踢脚，可不刷胶液，先钻孔打入木楔，再用钉钉在隔墙板上。

　　(3) 墙面贴瓷砖前须将墙面打磨平整，为加强黏结力；先刷 SG 791 胶水（SG 791 胶：水＝1∶1）一道，再用 SG 8407 胶（或类似的瓷砖胶）调水泥粘贴瓷砖。

　　(4) 如遇板面局部有裂缝，在做喷浆前应先处理，才能进行下一工序。

　　12. 施工注意事项

　　(1) 隔断工程的脚手架搭设应符合建筑施工安全标准。

　　(2) 脚手架上搭设跳板应用钢丝绑扎固定，不得有探头板。

　　(3) 安装埋件时，宜用电钻钻孔扩孔，用扁铲扩方孔，不得对隔墙用力敲击。对刮完腻子的隔墙，不应进行任何剔凿。

　　(4) 工人操作应戴安全帽，注意防火。

　　(5) 施工现场必须工完场清。设专人洒水、打扫，不能扬尘污染环境。

　　(6) 在施工楼地面时，应防止砂浆溅污隔墙板。

　　(7) 有噪声的电动工具应在规定的作业时间内施工，防止噪声污染、扰民。

　　(8) 机电器具必须安装触电保护装置。发现故障时应立即修理。

四、石膏板复合板隔墙

　　1. 工艺流程

　　石膏板复合板隔墙的安装施工顺序：墙位放线→墙基施工→安装定位架→复合板安装、随立门窗口→墙底缝隙填塞干硬性豆石混凝土。

　　先将楼地面凿毛，将浮灰清扫干净，洒水湿润，然后现浇混凝土墙基；复合板安装宜由墙的一端开始排放，顺序安装，最后剩余宽度不足整板时，须按尺寸补板，补板宽度大于450 mm 时，在板中应增立一根龙骨，补板时在四周粘贴石膏板条，再在板条上粘贴石膏板；隔墙上设有门窗口时，应先安装门窗口一侧较短的墙板，随即立口，再顺序安装门窗口另一侧墙板。一般情况下，门口两侧墙板宜使用边角方正的整板，拐角两侧墙板，也力求使用整板。图 4-1 为石膏板复合板隔墙安装次序示意图。

　　2. 安装要点

　　复合板安装时，在板的顶面、侧面和门窗口外侧面，应清除浮土后均匀涂刷胶粘料成"Λ"状，安装时侧面要严，上下要顶紧，接缝内胶黏剂要饱满（要凹进板面 5 mm 左右）。接缝宽度为 35 mm，板底空隙不大于 25 mm，板下所塞木楔上下接触面应涂抹胶粘料。木楔一般不撤除，但不得外露于墙面。

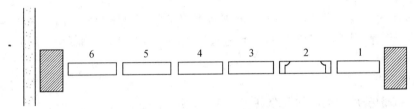

图 4-1 石膏板复合板隔墙安装次序示意

1—整板（门口板）；2—门口；3—整板（门口板）；4—整板；5—整板；6—补板

复合板材的运输与堆放

石膏板复合墙板场外运输宜采用车厢宽度大于 2 m、长度大于板长的车辆运输；车厢内堆置高度不大于 1.6 m，车帮与堆垛之间应留有空隙，板材必须捆紧绑牢；雨雪天气运输须覆盖严密，防止潮湿；雨季施工时，板材不应堆在露天，必须露天堆放时，应搭设平台，平台上皮距地面 30～40 cm 以上，满铺油毡，并做好排水设施，覆盖苫布；室内堆放时，底部放 5 根等距木方，可重叠 10～12 块板材，复合板两端露明处，要涂刷有颜色的防潮剂。

第一块复合板安装后，要检查垂直度，顺序往后安装时，必须上下横靠检查尺找平，如发现板面接缝不平，应及时用夹板校正，如图 4-2 所示。

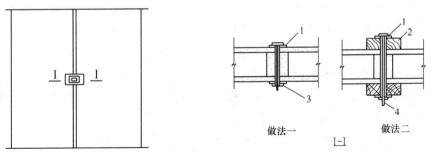

做法一　　做法二

I—I

图 4-2 复合板墙板板面接缝夹板校正示意

1—垫圈；2—木夹板；3—销子；4—M6 螺栓

双层复合板中间留空气层的墙体，其安装要求为：先安装一道复合板，露明于房间一侧的墙面必须平整，在空气层一侧的墙板接缝，要用胶黏剂勾严密封；安装另一面的复合板前，插入电气设备管线安装工作，第二道复合板的板缝要与第一道墙板缝错开，并应使露明于房间一侧的墙面平整。

石膏板复合墙板的接缝处理、饰面做法、施工机具等，均与纸面石膏板基本相同。

五、增强水泥空心条板轻质隔墙

1. 放线、分挡

在地面、墙面及顶面根据设计位置，弹好隔墙边线及门窗洞边线，并按板宽分挡。

2. 配板、修补

板的长度应按楼面结构层净高尺寸减 20 mm。计算并测量门窗洞口上部及窗口下部的隔板尺寸，按此尺寸配有预埋件的门窗框板。当板的宽度与隔墙的长度不相适应时，应将部分隔墙板预先拼接加宽（或锯窄）成合适的宽度，放置有阴角处。有缺陷的板应修补。

3.U形钢板卡固定

有抗震要求时，应按设计要求用U形钢板卡固定条板的顶端。在两块条板顶端拼缝之间用射钉将U形钢板卡固定在梁或板上，一边安板一边固定U形钢板卡，U形卡应做防锈处理。

4.配制胶合剂

胶合剂要随配随用。配制的胶合剂应在30 min内用完。

胶黏剂的质量要求

胶黏剂：水泥类胶合剂，用于增强水泥空心条板与基体结构之固定、板缝处理、粘贴板缝和墙面转角玻纤布条。

初凝时间>0.5 h；黏结强度>1.0 MPa。

5.安装隔墙板

隔墙板安装顺序应从与墙的结合处开始，依次顺序安装。板侧清刷浮灰，在墙面、顶面、板的顶面及侧面（相拼合面）满刮胶合剂，按弹线位置安装就位，用木楔顶在板底，再用手平推隔板，使板缝冒浆，一个人用撬棍在板底部向上顶，另一人打木楔，使隔墙板挤紧顶实，然后用开刀（腻子刀）将挤出的胶黏剂刮平。按以上操作办法依次安装隔墙板。

在安装隔墙板时，一定要注意使条板对准预先在顶板和地板上弹好的定位线，并在安装过程中随时用2 m靠尺及塞尺测量墙面的平整度，用2 m托线板检查板的垂直度。

黏结完毕的墙体，应立即用C20干硬性混凝土将板下口堵严，当混凝土强度达到10 MPa以上，撤去板下木楔，并用M20强度的干硬性砂浆灌实。

增强水泥空心条板的质量要求

（1）增强水泥空心条板。增强水泥空心条板有标准、门框板、窗框板、门上板、窗上板、窗下板及异形板。标准板用于一般隔墙。其他的板按工程设计确定的规格进行加工。其规格及技术要求见表4-7。

表4-7　空心条板（GRC）的规格及技术要求

规格	用　　途		面密度（kg/m²）	抗弯荷载（N）	单点吊挂力（N）	料浆抗压强度（MPa）	软化系数	收缩率
	普通住宅用	公用建筑用						
长（mm）	2 400~3 000	2 400~3 000	≤60	≥2.0G	≥800	≥10	≥0.8	≤0.08%
宽（mm）	590~595	590~595						
厚（mm）	60、90	90						

注：G为板材的重量（单位：N）。

（2）石膏腻子。用于满刮墙面。腻子的性能：抗压强度>2.5 MPa；抗折强度>1.0 MPa；黏结强度>0.2 MPa；终凝时间3 h。

6.铺设电线管，安装接线盒，安装管卡、埋件

按电气安装图找准位置画出定位线，铺设电线管、安装接线盒。

所有电线管必须顺增强水泥空心条板的孔铺设，严禁横铺和斜铺。

安装接线盒时，先在板面钻孔扩孔（防止猛击），再用扁铲扩孔，孔要大小适度，要方正。孔内清理干净，用胶黏剂粘接线盒。

按设计指定的办法安装水暖管卡和吊挂埋件。

7. 安装门窗框

一般采用先留门窗洞口，后安装门窗框的方法。钢门窗框必须与门窗框板中的预埋件焊接。木门窗框用 L 形连接件连接，一端用木螺钉与木框连接，另一端与门窗框板中预埋件焊接。门窗框与门窗框板之间缝隙不宜超过 3 mm，超过 3 mm 时，应加木垫片过渡。将缝隙中的浮灰清理干净，用胶黏剂嵌缝。嵌缝要嵌满嵌密实，以防止门扇开关时碰撞门框造成裂缝。

8. 板缝处理

隔墙板安装后 10 d，检查所有缝隙是否黏结良好，有无裂缝，如出现裂缝，应查明原因后进行修补。已黏结良好的所有板缝、阴角缝，先清理浮灰，刮胶合剂，贴 50 mm 宽玻纤网格带，转角隔墙在阳角处粘贴 200 mm 宽（每边各 100 mm 宽）玻纤布一层，压实、粘牢，表面再用胶合剂刮平。

板缝处理的材料要求

50 mm 宽中碱玻纤带及玻纤布用于板缝处理。

布重＞80 g/m²，8 目/mm²；断裂强度：25 mm×100 mm 布条，经纱＞300 N，纬纱＞150 N。

9. 板面装修

（1）一般居室墙面，直接用石膏腻子刮平，打磨后再刮第二道腻子，再打磨平整，最后做饰面层。

（2）隔墙踢脚，一般应先在根部刷一道 108 胶水泥浆，再做水泥、水磨石踢脚。如做塑料或木踢脚，先钻孔打入木楔，再用钉钉在隔墙板上（或用胶粘贴）。

（3）如遇板面局部有裂缝，在做饰面前应先处理，才能进行下一道工序。

10. 施工注意事项

（1）隔墙工程的脚手架搭设应符合建筑施工安全标准。

（2）脚手架上搭设跳板应用钢丝绑扎固定，不得有探头板。

（3）安装埋件时，宜用电钻钻孔扩孔，用扁铲扩方孔，不得对隔墙用力敲击。对刮完腻子的隔墙，不应进行任何剔凿。

（4）施工中各专业工种应紧密配合，合理安排工序，严禁颠倒工序作业。隔墙板黏结后 10 d 内不得碰撞敲打，不得进行下道工序施工。

（5）施工现场必须工完场清。设专人洒水、打扫，不能扬尘污染环境。

（6）有噪声的电动工具应在规定的作业时间内施工，防止噪声污染、扰民。

（7）遵守操作规程，非操作人员决不准乱用机电工具，以防伤人。

六、质量标准

1. 主控项目

（1）隔墙板材的品种、规格、性能、颜色应符合设计要求。有隔声、隔热、阻燃、防潮等特殊要求的工程，板材应有相应性能等级的检测报告。

检验方法：观察；检查产品合格证书、进场验收记录和性能检测报告。

（2）安装隔墙板材所需预埋件、连接件的位置、数量及连接方法应符合设计要求。

检验方法：观察；尺量检查；检查隐蔽工程验收记录。

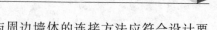

（3）隔墙板材安装必须牢固。现制钢丝网水泥隔墙与周边墙体的连接方法应符合设计要求，并应连接牢固。

检验方法：观察；手扳检查。

（4）隔墙板材所用接缝材料的品种及接缝方法应符合设计要求。

检验方法：观察；检查产品合格证书和施工记录。

2. 一般项目

（1）隔墙板材安装应垂直、平整、位置正确，板材不应有裂缝或缺损。

检验方法：观察；尺量检查。

（2）板材隔墙表面应平整光滑、色泽一致、洁净，接缝应均匀、顺直。

检验方法：观察；手扳检查。

（3）隔墙上的孔洞、槽、盒应位置正确、套割方正、边缘整齐。

检验方法：观察。

（4）板材隔墙安装的允许偏差和检验方法应符合表 4-8 的规定。

表 4-8　板材隔墙安装的允许偏差和检验方法

项次	项　目	允许偏差（mm）				检 验 方 法
		复合轻质墙板		石膏空心板	钢丝网水泥板	
		金属夹心板	其他复合板			
1	立面垂直度	2	3	3	3	用 2 m 垂直检测尺检查
2	表面平整度	2	3	3	3	用 2 m 垂直检测尺检查
3	阴阳角方正	3	3	3	4	用直角检测尺检查
4	接缝高低差	1	2	2	3	用钢直尺和塞尺检查

第二节　骨架隔墙

一、轻钢龙骨石膏板隔墙

1. 弹线

在基体上弹出水平线和竖向垂直线，以控制隔墙龙骨安装的位置、龙骨的平直度和固定点。

2. 隔墙龙骨的安装

（1）沿弹线位置固定沿顶和沿地龙骨，各自交接后的龙骨，应保持平直。固定点间距应不大于 1 000 mm，龙骨的端部必须固定牢固。边框龙骨与基体之间，应按设计要求安装密封条。

（2）当选用支撑卡系列龙骨时，应先将支撑卡安装在竖向龙骨的开口上，卡距为 400～600 mm，距龙骨两端的为 20～25 mm。

（3）选用通贯系列龙骨时，高度低于 3 m 的隔墙安装一道；3～5 m 时安装两道；5 m以上时安装三道。

（4）门窗或特殊节点处，应使用附加龙骨，其安装应符合设计要求。

（5）隔墙的下端如用木踢脚板覆盖，隔墙的罩面板下端应离地面 20～30 mm；如用大理石、水磨石踢脚时，罩面板下端应与踢脚板上口齐平，接缝要严密。

（6）轻钢隔断骨架安装的允许偏差，应符合表 4-9 的规定。

表 4-9 轻钢隔断骨架允许偏差

项次	项 目	允许偏差（mm）	检 验 方 法
1	立面垂直度	3	用 2 m 托线板检查
2	表面平整度	2	用 2 m 直尺和楔型塞尺检查

轻钢龙骨安装的材料要求

（1）墙体轻钢龙骨的分类及规格尺寸，见表 4-10。

表 4-10 墙体轻钢龙骨的分类及规格尺寸 （单位：mm）

品 种		断 面 形 状	规 格	备 注
CH 形龙骨	竖龙骨		$A \times B_1 \times B_2 \times t$ 75（73.5）$\times B_1 \times B_2 \times 0.8$ 100（98.5）$\times B_1 \times B_2 \times 0.8$ 150（148.5）$\times B_1 \times B_2 \times 0.8$ $B_1 \geqslant 35$；$B_2 \geqslant 35$	当 $B_1 = B_2$ 时，规格为 $A \times B \times t$
C 形龙骨	竖龙骨		$A \times B_1 \times B_2 \times t$ 50（48.5）$\times B_1 \times B_2 \times 0.6$ 75（73.5）$\times B_1 \times B_2 \times 0.6$ 100（98.5）$\times B_1 \times B_2 \times 0.7$ 150（148.5）$\times B_1 \times B_2 \times 0.7$ $B_1 \geqslant 45$；$B_2 \geqslant 45$	
U 形龙骨	横龙骨		$A \times B \times t$ 52（50）$\times B \times 0.6$ 77（75）$\times B \times 0.6$ 102（100）$\times B \times 0.7$ 152（150）$\times B \times 0.7$ $B \geqslant 35$	
	通贯龙骨		$A \times B \times t$ 38×12×1.0	

（2）墙体的力学性能应符合表 4-11 的规定。

表 4-11 墙体的力学性能

项 目	要 求
抗冲击性试验	残余形量不大于 10.0 mm，龙骨不得有明显的变形
静载试验	残余变形量不大于 2.0 mm

3. 做地枕带

当设计有要求时，按设计要求做细石混凝土地枕带。做地枕带应支模板，细石混凝土应振捣密实。

4. 沿顶、沿地固定龙骨

按弹线位置固定沿顶、沿地龙骨，可用射钉或膨胀螺栓固定，固定点间距应不大于 600 mm，龙骨对接应平直。

5. 固定边框龙骨

沿弹线位置固定边框龙骨，龙骨的边线应与弹线重合。龙骨的端部应固定，固定点间距应不大于 1 000 mm，固定应牢固。

边框龙骨与基体之间，应按设计要求安装密封条。

6. 龙骨安装

选用支撑卡系列龙骨时，应先将支撑卡安装在竖向龙骨的开口上，卡距为 400～600 mm，龙骨两端的距离为 20～25 mm。

安装竖向龙骨应垂直，龙骨间距应按设计要求布置。设计无要求时，其间距可按板宽确定，如板宽为 900 mm、1 200 mm 时，其间距分别为 435 mm、603 mm。

选用通贯系列龙骨时，低于 3 m 的隔墙安装一道；3～5 m 隔墙安装两道；5 m 以上安装三道。

轻钢龙骨安装的机具要求

（1）施工机具设备。

1）轻钢龙骨安装机具：直流电焊机、砂轮切割机、电钻、电锤、射钉枪等。

2）工具：电动螺钉旋具、墨斗、拉铆枪、壁纸刀、靠尺、钢锯、开刀。

3）计量检测用具：钢尺、水平尺、方尺、线坠、托线板。

（2）钉旋具电钻。电钻是最基本的手头工具，它分为通用型、万能型和角向钻，外形、样式多种多样，如图 4-3 所示。

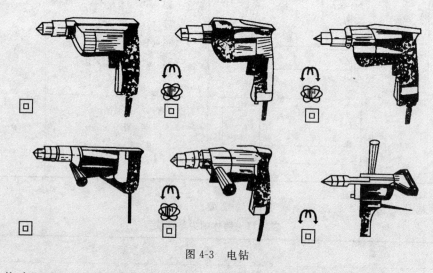

图 4-3　电钻

1）构造和原理。电钻由电机及其传动装置、开关、钻头、夹头、壳体、调节套筒及辅助把手组成。其工作原理是通过开关接通电源，带动电机转动，电机带动变速装置使钻头转动，钻头按照一定的方向旋转，在人工轻压下按照人的意愿完成钻孔作业。

2) 用途。电钻的基本用途是钻孔和扩孔，如果配上不同的钻头还可以进行打磨、抛光和螺钉螺帽的拆装作业。其中钻孔和扩孔可以用于金属、木塑、砖砌体、混凝土等各种材料上。

3) 规格和技术性能。为了满足使用要求，现列出几种电钻的规格和技术性能指标，供选购时参考，见表 4-12。

表 4-12　部分国产电钻技术性能

型　号	最大钻孔直径（mm）	额定电压（V）	输入功率（W）	空载转速（r/min）	质量（kg）	形式
J1Z-6	6	220	250	1 300		枪柄
J1Z-13	13	220	480	550		环柄
J1Z-ZD2-6A	6	220	270	1 340	1.7	枪柄
J1Z-ZD2-13A	13	220	430	550	4.5	双侧柄
J1Z-ZD-10A	10	220	430	800	2.2	枪柄
J1Z-ZD-10C	10	220	300	1 150	1.5	枪柄
J1Z2-6	6	220	230	1 200	1.5	枪柄
J1Z-SF2-6A	6	220	245	1 200	1.5	枪柄
J1Z-SF3-6A	6	220	280	1 200	1.5	枪柄
J1Z-SF1-13A	13	220	440	500	4.5	双侧柄
J1Z-SF1-10A	10	220	400	800	2	环柄
J1Z-SF1-13A	13	220	460	500	2	环柄
J1Z-SD 03-6A	6	220	230	1 350	1.2	枪柄
J1Z-SD 04-6C	6	220	220	1 600	1.15	枪柄
J1Z-SD 05-6A	6	220	240	1 350	1.32	枪柄
J1Z2-6K	6	220	165	1 600	1	枪柄
J1Z-SD 04-10A	10	220	320	700	1.55	环柄
J1Z-SD 03-10A	10	220	440	680	1.8	下侧柄
J1Z-SD 03-13A	13	220	420	550	3.35	双侧柄
J1Z-SD 04-13A	13	220	440	570	2	环柄
J1Z-SD 05-13A	13	220	420	550	3.12	双侧柄
J1Z-SD 04-19A	19	220	740	330	6.5	双侧柄
J1Z-SD 04-23A	23	220	1 000	300	6.5	双侧柄
J3Z-32	32	380	1 100	190		双侧柄
J3Z-38	38	380	1 100	160		双侧柄
J3Z-49	49	380	1 300	120		双侧柄

（3）射钉枪。射钉枪（图4-4）是一种直接完成型材安装紧固技术的工具。它是利用射钉器（枪）击发射钉弹，使火药燃烧，释放出能量，把射钉钉在混凝土、砖砌体、钢铁、岩石上，将需要固定的构件，如管道、电缆、钢铁件、龙骨、吊顶、门窗、保温板、隔声层、装饰物等永久性的或临时固定上去，这种技术具有其他一些固定方法所没有的优越性，自带能源、操作快速、工期短、作用可靠、安全、节约资金、施工成本低、大大减轻劳动强度等。

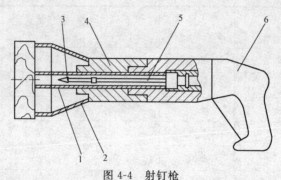

图4-4　射钉枪

1—钉管；2—护罩；3—射钉；4—机头外壳；5—击针；6—枪尾体

1）构造。射钉枪主要由活塞、弹膛组件、击针、击针弹簧、钉管及枪体外套等部分组成。轻型射钉枪有半自动活塞回位，半自动退壳机构。半自动射钉枪有半自动供弹机构。

2）使用要点。

①装钉子。把选用的钉子装入钉管，并用通条将钉子推到底部。

②退弹壳。把射钉枪的前半部转动到位，向前拉；断开枪身，弹壳便自动退出。

③装射钉弹。把射钉弹装入弹膛，关上射钉枪，拉回前半部，顺时针方向旋转到位。

④击发。将射钉枪垂直地紧压于工作面上，扣动扳机击发，如有弹不发火，重新把射击枪垂直压紧于工作面上，扣动扳机击发。如二次均不发出子弹时，应保持原射击位置数秒钟，然后将射钉弹退出。

⑤在使用结束时或更换零件以及断开射钉枪之前，射钉枪不准装射钉弹。

⑥射钉枪要专人保管使用，并注意保养。

7. 电气铺管、安装附墙设备

按图纸要求预埋管道和附墙设备。要求与龙骨的安装同步进行，或在另一面石膏板封板前进行，并采取局部加强措施，固定牢固。电气设备专业在墙中铺设管线时，应避免切断横、竖向龙骨，同时避免在沿墙下端设置管线。

8. 龙骨检查校正补强

安装罩面板前，应检查隔断骨架的牢固程度，门窗框、各种附墙设备、管道的安装和固定是否符合设计要求。如有不牢固处，应进行加固。

9. 安装石膏罩面板

（1）石膏板宜竖向铺设，长边（即包封边）接缝应落在竖龙骨上。但隔墙为防火墙时，石膏板应横向铺设。罩面板横向接缝处，如不在沿顶、沿地龙骨上，应加横撑龙骨固定板缝。曲面墙所用石膏板宜横向铺设。

（2）龙骨两侧的石膏板及龙骨一侧的内外两层石膏板应错缝排列，接缝不得落在同一根龙骨上。

（3）石膏板用自攻螺钉固定。沿石膏板周边螺钉间距不应大于 200 mm，中间部分螺钉间距不应大于 300 mm，螺钉与板边缘的距离应为 10～16 mm。

（4）安装石膏板时，应从板的中部向板的四边固定，钉头略埋入板内，但不得损坏板面。钉眼应用石膏腻子抹平。

（5）石膏板宜使用整板。如需对接时，应紧靠，但不得强压就位。

（6）隔墙端部的石膏板与周围的墙或柱应留有 3 mm 的槽口。施工时，先在槽口处加注嵌缝膏，然后铺板，挤压嵌缝膏使其和邻近表层紧密接触。

（7）安装防火墙石膏板时，石膏板不得固定在沿顶、沿地龙骨上，应另设横撑龙骨加以固定。

（8）隔墙板的下端如用木踢脚板覆盖，罩面板应离地面 20～30 mm；用大理石、水磨石踢脚板时，罩面板下端应与踢脚板上口齐平，接缝严密。

（9）铺放墙体内的玻璃棉、矿棉板、岩棉板等填充材料，与安装另一侧纸面石膏板同时进行，填充材料应铺满铺平。

10. 接缝及护角处理

接缝及护角处理，如图 4-5 所示。且施工时应注意以下几点。

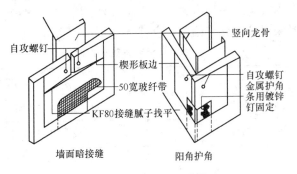

图 4-5　墙面接缝及护角做法

（1）纸面石膏板墙接缝做法有 3 种形式，即平缝、凹缝和压条缝。一般做平缝较多，可按以下程序处理。

1）纸面石膏板安装时，其接缝处应适当留缝（一般为 3～6 mm），并必须坡口与坡口相接，接缝内浮土清除干净后，刷一道 50% 浓度的 108 胶水溶液。

2）用小刮刀把 WKF 接缝腻子嵌入板缝，板缝要嵌满嵌实，与坡口刮平。待腻子干透后，检查嵌缝处是否有裂纹产生，如产生裂纹要分析原因，并重新嵌缝。

3）在接缝坡口处刮约 1 mm 厚的 WKF 腻子，然后粘贴玻纤带，压实刮平。

4）当腻子开始凝固又尚处于潮湿状态时，再刮一道 WKF 腻子，将玻纤带埋入腻子中并将板缝填满刮平。

5）阴角的接缝处理方法同平缝。

（2）阳角可按以下方法处理。

1）阳角粘贴两层玻纤布条，角两边均拐过 100 mm，粘贴方法同平缝处理，表面亦用WKF 腻子刮平。

2）当设计要求做金属护角条时，按设计要求的部位、高度，先刮一层腻子，随即用镀锌钉固定金属护角条，并用腻子刮平。

接缝材料要求

接缝材料：接缝腻子、玻纤带（布）、108 胶。

（1）WKF 接缝腻子：抗压强度＞0.3 MPa，抗折强度＞1.5 MPa，终凝时间＞0.5 h。

（2）50 mm 中碱玻纤带和玻纤网格布：布重＞80 g/m²；断裂强度，25 mm×100 mm 布条，经向＞300 N；纬向＞150 N。

二、木龙骨板材隔墙施工

1. 弹线

在基体上弹出水平线和竖向垂直线，以控制隔断龙骨安装的位置、搁栅的平直度和固定点。

2. 墙龙骨的安装

（1）沿弹线位置固定沿顶和沿地龙骨，各自交接后的龙骨，应保持平直。固定点间距应不大于 1 m，龙骨的端部必须固定，固定应牢固。边框龙骨与基体之间，应按设计要求安装密封条。

（2）门窗或特殊节点处，应使用附加龙骨，其安装应符合设计要求。

（3）木龙骨隔断骨架安装的允许偏差，应符合表 4-13 的规定。

表 4-13　木龙骨隔断骨架允许偏差

项　次	项　　目	允许偏差（mm）	检　验　方　法
1	立面垂直度	2	用 2 m 托线板检查
2	表面平整度	2	用 2 m 直尺和楔型塞尺检查

木龙骨安装的机具要求

（1）木龙骨安装机具。电锯、电刨、电钻、电动冲击钻、射钉枪等。

（2）电动冲击钻。冲击钻是一种可调节式旋转带冲击的特种电钻。利用其纯旋转功能，同普通电钻一样使用，若利用其冲击功能，则可以装上硬质合金钻头对混凝土、砖结构进行打孔、开槽作业。

1）构造及原理。冲击钻由单相串激电机、变速系统、冲击结构（齿盘式离合器）、传动轴、齿轮、夹头、钻头、控制开关及把手等组成（图 4-6）。冲击电钻的工作原理：电机通过齿轮变速带动传动轴，再与齿轮啮合，在此与齿轮配对的是一静齿盘式离合器，而齿轮则是一个动齿盘式离合器。在钻的头部调节环上设有钻头和锤子标志。把调节环指针调到"钻头"方向时，动离合器就被支起来，从而与静离合器分享，这时齿轮就直接带动钻头，做单一旋转运动，这时电冲击钻就同普通电钻一样工作。若把调节环的指针调到"锤子"的方向时，动离合器就被放下来，从而与静离合器接触，这时旋转通过离合器凹凸不平的接触面，就产生了冲击运动，传递到钻头上就形成了旋转加冲击运动。

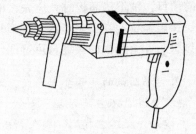

图 4-6 电冲击钻

2）技术性能。电动冲击钻的规格见表 4-14。

表 4-14 部分国产冲击电钻规格

型 号	最大钻孔直径（mm）		输入功率（W）	额定转速（r/min）	冲击次数（次/min）	质量（kg）
	混凝土	钢				
回 Z1J-12	12	8	430	870	13 600	2.9
回 Z1J-16	16	10	430	870	13 600	3.6
回 Z1J-20	20	13	650	890	16 000	4.2
回 Z1J-22	22	13	650	500	10 000	4.2
回 Z1J-16	16	10	480	700	12 000	
回 Z1J-20	20	13	580	550	9 600	
回 Z1J-20/12	20	16	640	双速 850/480	17 000/9 600	3.2
回 Z1JS 16	10/16	6/10	320	双速 1 500/700	30 000/14 000	2.5
回 Z1J-20	20	13	500	500	7 500	3
回 Z1J-10	10	6	250	1 200	24 000	2
回 Z1J-12	12	10	400	800	14 700	2.5
回 Z1J-16	16	10	460	750	11 500	2.5

3. 石膏板安装

安装石膏板前，应对预埋在隔断中的管道和附于墙内的设备采取局部加强措施；石膏板宜竖向铺设，长边接缝宜落在竖向龙骨上。双面石膏罩面板安装，应与龙骨一侧的内外两层石膏板错缝排列，接缝不应落在同一根龙骨上；需要隔声、保温、防火的应根据设计要求在龙骨一侧安装好石膏罩面板后，进行隔声、保温、防火等材料的填充，一般采用玻璃丝棉或采用厚度为 30～100 mm 岩棉板进行隔声、防火处理；采用厚度为 50～100 mm 苯板进行保温处理。最后封闭另一侧板。

石膏板应采用自攻螺钉固定。周边螺钉的间距不应大于 200 mm，中间部分螺钉的间距不应大于 300 mm，螺钉与板边缘的距离应为 10～16 mm；安装石膏板时，应从板的中部开始向板的四边固定。钉头略埋入板内，但不得损坏板面；钉眼应用石膏腻子抹平；钉头应做防锈处理。

石膏板应按框格尺寸裁割准确；就位时应与框格靠紧，但不得强压；隔墙端部的石膏板与周围的墙或柱应留有 3 mm 的槽口。铺设罩面板时，应先在槽口处加注嵌缝膏，然后铺板并挤压嵌缝膏使面板与邻近表层接触紧密；在丁字形或十字形相接处，如为阴角应用腻子嵌满，贴上接缝带，如为阳角应做护角；石膏板的接缝，可参照钢骨架板材隔墙处理。

罩面板的质量要求

（1）罩面板应表面平整、边缘整齐，不应有污垢、裂纹、缺角、翘曲、起皮、色差、图案不完整的缺陷。胶合板、木质纤维板不应脱胶、变色和腐朽。

（2）龙骨和罩面板材料的材质均应符合现行国家标准和行业标准的规定。

（3）罩面板的安装宜使用镀锌的螺钉、钉子。接触砖石、混凝土的木龙骨和预埋的木砖应做防腐处理。所有木制品都应做好防火处理。

（4）质量要求见表 4-15。

表 4-15　人造板及其制品中甲醛释放试验方法及其限量值

产品名称	试验方法	限量值	使用范围	限量标志
中密度纤维板、高密度纤维板、刨花板、定向刨花板等	穿孔萃取法	$\leqslant 9$ mg/100 g	可直接用于室内	E_1
		$\leqslant 30$ mg/100 g	必须饰面处理后可允许用于室内	E_2
胶合板、装饰单板贴面胶合板、细木工板等	干燥器法	$\leqslant 1.5$ mg/L	可直接用于室内	E_1
		$\leqslant 5.0$ mg/L	必须饰面处理后可允许用于室内	E_2
饰面人造板（包括浸渍纸层压地板、实木复合地板、竹地板、浸渍胶膜纸、饰面人造板等）	气候箱法	$\leqslant 0.12$ mg/m^3	可直接用于室内	E_1
	干燥器法	$\leqslant 1.5$ mg/L		

　注：1. 仲裁时采用气候箱法。

　　　2. E_1 为可直接用于室内的人造板，E_2 为必须饰面处理后允许用于室内的人造板。

4. 胶合板和纤维板（埃特板）、人造木板安装

安装胶合板、人造木板的基体表面，需用油毡、釉质防潮时，应铺设平整，搭接严密，不得有皱折、裂缝和透孔等。

胶合板、人造木板采用直钉固定，如用钉子固定，钉距为 $80 \sim 150$ mm，钉帽应打扁并钉入板面 $0.5 \sim 1$ mm；钉眼用油性腻子抹平。胶合板、人造木板如涂刷清油等涂料时，相邻板面的木纹和颜色应近似。需要隔声、保温、防火的应根据设计要求在龙骨安装好后，进行隔声、保温、防火等材料的填充；填充材料及方法同石膏板。

墙面用胶合板、纤维板装饰时，阳角处宜做护角；硬质纤维板应用水浸透，自然阴干后安装。胶合板、纤维板用木压条固定时，钉距不应大于 200 mm，钉帽应打扁，并钉入木压条 $0.5 \sim 1$ mm，钉眼用油性腻子抹平。用胶合板、人造木板、纤维板做罩面时，应符合防火的有关规定，在湿度较大的房间，不得使用未经防水处理的胶合板和纤维板。

墙面安装胶合板时，阳角处应做护角，以防板边角损坏，并可增加装饰。

5. 塑料板安装

塑料板安装方法，一般有黏结和钉结两种。

（1）黏结。聚氯乙烯塑料装饰板用胶黏剂黏结。

1）胶黏剂。聚氯乙烯胶黏剂（601胶）或聚乙酸乙烯胶。

2）操作方法。用刮板或毛刷同时在墙面和塑料板背面涂刷，不得有漏刷。涂胶后见胶液流动性显著消失，用手接触胶层感到粘性较大时，即可黏结。黏结后应采用临时固定措施，同时将挤压在板缝中多余的胶液刮除、将板面擦净。

（2）钉结螺钉的钉距一般为 400～500 mm，排列应一致整齐。

加金属压条时，应拉横竖通线拉直，并应先用钉子将塑料贴面复合板临时固定，然后加盖金属压条，用垫圈找平固定。

6. 铝合金装饰条板安装

用铝合金条板装饰墙面时，可用螺钉直接固定在结构层上，也可用锚固件悬挂或嵌卡的方法，将板固定在墙筋上。

三、龙骨罩面板安装

1. 安装

石膏龙骨隔墙一般都用纸面石膏板作为面板，固定面板的方法一是粘，二是钉。纸面石膏板可用胶黏剂直接粘贴在石膏龙骨上。粘贴方法是：先在石膏龙骨上满刷 2 mm 厚的胶黏剂，接着将石膏板正面朝外贴上去，再用 5 cm 长的圆钉钉上，钉距为 400 mm。

2. 玻璃纤维接缝带配合施工

（1）玻璃纤维接缝带如已干硬时，可浸入水中，待柔软后取出甩去水滴即可使用。

（2）板缝间隙以 5 mm 左右为宜。缝间必须保持清洁，不得有浮灰。对于已缺纸的石膏外露部分及水泥混凝土面，应先用胶黏剂涂刷 1～2 遍，以免此处石膏或混凝土过多地吸收腻子中的水分而影响黏结效果。胶黏剂晾干后即可开始嵌缝。

（3）用 1 份水［水温约（25±5)℃］注入盛器，再将 2 份 KF80 嵌缝石膏粉撒入，充分搅拌均匀。每次拌出的腻子不宜太多，以在 40 min 内用完为宜。

（4）用 50 mm 宽的刮刀将腻子嵌入板缝并填实。贴上玻璃接缝带，用刮刀在玻璃纤维接缝带表面上轻轻挤压，使多余的腻子从接缝带的网格空隙中挤出后，再加以刮平。

（5）用嵌缝腻子将玻璃纤维接缝带加以覆盖，使玻璃纤维接缝带埋入腻子层中，并用腻子把石膏板的楔形倒角填平，最后用大刮板将板缝找平。

（6）如果有玻璃纤维端头外露于腻子表面时，待腻子层完全干燥固化后，用砂纸轻轻打磨掉。

3. 接缝纸带配合施工

板缝处理及腻子的调配与玻璃纤维接缝带相同。

（1）刮第一层腻子。用小刮刀把腻子嵌入板缝。必须填实、刮平，否则可能塌陷并产生裂缝。

（2）贴接缝纸带。第一层腻子初凝后，用稍稀的腻子［水：KF80＝1：（1.6～1.8)］刮上一层，厚约 1 mm，宽 60 mm。随即把接缝纸带贴上，用劲刮平、压实。赶出腻子与纸带间的气泡，这是整个嵌缝工作的关键。

（3）面层处理。用中刮刀在纸带外刮上一层厚约 1 mm，宽 80～100 mm 的腻子，使纸带埋入腻子中，以免纸带侧边翘起。最后再涂上一层薄层腻子，用大刮刀将墙面刮平即可。

石膏板隔墙需用腻子的数量，随板缝的深浅宽窄和有无倒角等因素而有差异。一般如石膏板厚度为 12 mm，板间缝隙宽为 10 mm，板缝的深度为 15 mm，有倒角的情况下，每 1 m

板缝需用粉状腻子材料约 0.3~0.4 kg。

四、质量标准

1. 主控项目

（1）骨架隔墙所用龙骨、配件、墙面板、填充材料及嵌缝材料的品种、规格、性能和木材的含水率应符合设计要求。有隔声、隔热、阻燃、防潮等特殊要求的工程，材料应有相应性能等级的检测报告。

检验方法：观察；检查产品合格证书、进场验收记录、性能检测报告和复验报告。

（2）骨架隔墙工程边框龙骨必须与基体结构连接牢固，并应平整、垂直、位置正确。

检验方法：手扳检查；尺量检查；检查隐蔽工程验收记录。

（3）骨架隔墙中龙骨间距和构造连接方法应符合设计要求。骨架内设备管线的安装、门窗洞口等部位加强龙骨应安装牢固、位置正确，填充材料的设置应符合设计要求。

检验方法：检查隐蔽工程验收记录。

（4）木龙骨及木墙面板的防火和防腐处理必须符合设计要求。

检验方法：检查隐蔽工程验收记录。

（5）骨架隔墙的墙面板应安装牢固，无脱层、翘曲、折裂及缺损。

检验方法：观察；手扳检查。

（6）墙面板所用接缝材料的接缝方法应符合设计要求。

检验方法：观察。

2. 一般项目

（1）骨架隔墙表面应平整光滑、色泽一致、洁净、无裂缝，接缝应均匀、顺直。

检验方法：观察；手摸检查。

（2）骨架隔墙上的孔洞、槽、盒应位置正确、套割吻合、边缘整齐。

检验方法：观察。

（3）骨架隔墙内的填充材料应干燥，填充应密实、均匀、无下坠。

检验方法：轻敲检查；检查隐蔽工程验收记录。

（4）骨架隔墙安装的允许偏差和检验方法应符合表 4-16 的规定。

表 4-16　骨架隔墙安装的允许偏差和检验方法

项次	项　目	允　许　偏　差（mm）		检　验　方　法
		纸面石膏板	人造木板、水泥纤维板	
1	立面垂直度	3	4	用 2 m 垂直检测尺检查
2	表面平整度	3	3	用 2 m 靠尺和塞尺检查
3	阴阳角方正	3	3	用直角检测尺检查
4	接缝直线度	—	3	拉 5 m 线，不足 5 m 拉通线，用钢直尺检查
5	压条直线度	—	3	拉 5 m 线，不足 5 m 拉通线，用钢直尺检查
6	接缝高低差	1	1	用钢尺和塞尺检查

第三节　活动隔墙

一、施工要点

1. 放线、找规矩

在地面、墙面及顶面根据设计位置，弹好隔墙边线。

2. 隔扇制作

计算并量测洞口上部及下部尺寸，按此尺寸配板。当板的宽度与隔墙的长度不相适应时，应将部分隔墙板预先拼接加宽（或锯窄）成合适的宽度，然后组装。有缺陷的板应修补。胶黏剂要随配随用。配制的胶黏剂应在 30 min 内用完。隔扇接缝要黏结良好。一般居室墙面隔扇，直接用石膏腻子刮平，打磨后再刮第二道腻子，再打磨平整，最后做饰面层。

3. 埋设连接铁件

沿已经弹好的边线，按照设计要求分别埋设连接铁件。

4. 安装滑轮与导轨

按照设计要求，直接把导轨与滑轮与墙体上的预埋铁件焊牢，焊接处需做防锈处理。当墙体上没有预埋铁件时，用射钉将轨道与滑轮固定在梁或板上。

5. 安装隔扇

隔扇应在洞口墙体表面装饰完工验收后安装。将配好的隔扇整体安入导轨滑槽，调整好与扇的缝隙即可。

6. 安装五金配件

选准五金配件规格型号后，用螺钉与隔扇及导轨连接，安装五金配件应结实牢固，使用灵活。

7. 检验调整

待安装完毕后，按活动隔墙的检验要求进行检验，保证安装牢固、位置正确，推拉安全、平稳、灵活。

8. 悬吊导轨式固定

悬吊导轨式固定方式，是在隔板的顶面安设滑轮，并与上部悬吊的轨道相连，如此构成整个上部支撑点，滑轮的安装应与隔板垂直，并保持能自由转动的关系，以便隔板能随时改变自身的角度。在隔板的下部不需设置导向轨，仅对隔板与楼地面之间的缝隙，采用适当方法予以遮盖。如图 4-7 所示。

9. 施工注意事项

（1）脚手架搭设应符合建筑施工安全标准的相关要求。脚手架上搭设跳板应用钢丝绑扎固定，不得有探头板。

（2）安装埋件时，宜用电钻钻孔扩孔，用扁铲扩方孔，不得对隔墙用力敲击。

（3）导轨安装完毕，应检查其保护是否包扎完好，并保持至交工。安装后禁止从导轨上运送任何物料，防止碰撞损坏。严防运输小车等碰撞隔墙板及门口。

（4）施工现场必须工完场清。设专人洒水、打扫，不能扬尘污染环境。

（5）有噪声的电动工具应在规定的作业时间内施工，防止噪声污染、扰民。

（6）机电器具必须安装触电保护装置，发现问题立即修理。严格遵守操作规程，非操作

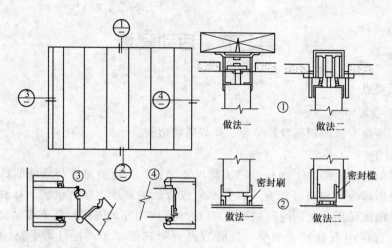

做法一　　做法二　①

密封刷　②　密封槛

做法一　　做法二

图 4-7　悬吊活动隔墙安装图

人员决不准乱动机具，以防伤人。

（7）现场保持良好通风。

二、质量标准

1. 主控项目

（1）活动隔墙所用墙板、配件等材料的品种、规格、性能和木材的含水率应符合设计要求。有阻燃、防潮等特性要求的工程，材料应有相应性能等级的检测报告。

检验方法：观察；检查产品合格证书、进场验收记录、性能检测报告和复验报告。

（2）活动隔墙轨道必须与基体结构连接牢固，并应位置正确。

检验方法：尺量检查；手扳检查。

（3）活动隔墙用于组装、推拉和制动的构配件必须安装牢固、位置正确，推拉必须安全、平稳、灵活。

检验方法：尺量检查；手扳检查；推拉检查。

（4）活动隔墙制作方法、组合方式应符合设计要求。

检验方法：观察。

2. 一般项目

（1）活动隔墙表面色泽一致、平整光滑、洁净，线条应顺直、清晰。

检验方法：观察；手摸检查。

（2）活动隔墙上的孔洞、槽、盒应位置正确，套割吻合、边缘整齐。

检验方法：观察；尺量检查。

（3）活动隔墙推拉应无噪声。

检验方法：推拉检查。

（4）活动隔墙安装的允许偏差和检验方法应符合表 4-17 的规定。

表 4-17　活动隔墙安装的允许偏差和检验方法

项次	项　目	允许偏差（mm）	检 验 方 法
1	立面垂直度	3	用 2 m 垂直检测尺检查
2	表面平整度	2	用 2 m 靠尺和塞尺检查

续上表

项次	项　目	允许偏差（mm）	检 验 方 法
3	接缝直线度	3	拉 5 m 线，不足 5 m 拉通线，用钢直尺检查
4	接缝高低差	2	用钢直尺和塞尺检查
5	接缝宽度	2	用钢直尺检查

第四节　玻璃隔墙

一、木基架与玻璃板的安装

（1）玻璃与基架木框的结合不能太紧密，玻璃放入木框后，在木框的上部和侧边应留有 3 mm 左右的缝隙，该缝隙是为满足玻璃的热胀冷缩。对大面积玻璃板来说，留缝尤为重要，否则在受热变化时将会开裂。

（2）安装玻璃前，要检查玻璃的角是否方正，检查木框的尺寸是否正确，有否走形现象。在校正好的木框内侧，定出玻璃安装的位置线，并固定好玻璃板靠位线条，如图 4-8 所示。

（3）把玻璃装入木框内，其两侧距木框的缝隙应相等，并在缝隙中注入玻璃胶，然后钉上固定压条，固定压条最好用钉枪钉。

对于面积较大的玻璃板，安装时应用玻璃吸盘器吸住玻璃，再用手握住吸盘器将玻璃提起来安装，如图 4-9 所示。

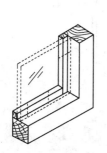

图 4-8　木框内玻璃安装方式

图 4-9　大面积玻璃板用吸盘器安装

（4）木压条的安装形式有多种，常见的四种安装形式如图 4-10 所示。

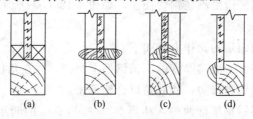

(a)　　　　(b)　　　　(c)　　　　(d)

图 4-10　木压条固定玻璃板的四种形式

二、玻璃与金属方框架的安装

（1）玻璃与金属方框架安装时，先要安装玻璃靠位线条，靠位线条可以是金属角线也可以是金属槽线。固定靠位线条通常是用自攻螺钉。

（2）根据金属框架的尺寸裁割玻璃，玻璃与框架的结合不能太紧密，应该按小于框架3～5 mm 的尺寸裁割玻璃。

（3）安装玻璃前，应在框架下部的玻璃放置面上，涂一层厚 2 mm 的玻璃胶。玻璃安装后，玻璃的底边就压在玻璃胶层上。或者，放置一层橡胶垫，玻璃安装后，底边压在橡胶垫上。

（4）把玻璃放入框内，并靠在靠位线条上。如果玻璃面积较大，应用玻璃吸盘器安装。玻璃板距金属框两侧的缝隙相等，并在缝隙中注入玻璃胶，然后安装封边压条。

如果封边压条是金属槽条，而且为了表面美观不得直接用自攻螺钉固定时，可采用先在金属框上固定木条，然后在木条上涂环氧树脂胶（万能胶），把不锈钢槽条或铝合金槽条卡在木条上，以达到装饰目的。如果没有特殊要求，可用自攻螺钉直接将压条槽固定在框架上。常用的自攻螺钉为 M4 或 M5。安装时：

1）先在槽条上打孔，然后通过此孔在框架上打孔，这样安装可避免走位。

2）打孔钻头要小于自攻螺钉直径 0.8 mm。

3）在全部槽条的安装孔位都打好后，再进行玻璃的安装。玻璃的安装方式如图 4-11 所示。

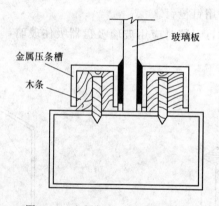

图 4-11　金属框架上的玻璃安装

三、玻璃板与不锈钢圆柱框的安装

1. 安装形式

目前，采用不锈钢圆柱框的较多，玻璃板与其安装形式主要有两种：一种是玻璃板四周是不锈钢槽，其两边为圆柱，如图 4-12（a）所示；另一种是玻璃板两侧是不锈钢槽与柱，上下是不锈钢管，且玻璃底边由不锈钢管托住，如图 4-12（b）所示。

2. 操作方法

玻璃板四周不锈钢槽固定的操作方法如下：

（1）先在内径宽度略大于玻璃厚度的不锈钢槽上画线，并在角位处开出对角口，对角口用专用剪刀剪出，并用什锦锉修边，使对角口合缝严密。

（2）在对好角位的不锈钢槽框两侧，相隔 200～300 mm 的间距钻孔。钻头要小于所用自攻螺钉直径 0.8 mm。在不锈钢柱上面画出定位线和孔位线，并用同一钻头在不锈钢柱上

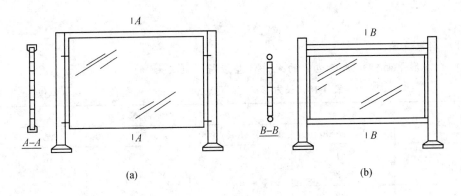

图 4-12 玻璃板与不锈钢圆柱框的安装形式

的孔位处钻孔。再用平头自攻螺钉，把不锈钢槽框固定在不锈钢柱上。

四、玻璃板隔墙施工

1. 弹线

根据楼层设计标高水平线，顺墙高量至顶棚设计标高，沿墙弹隔断垂直标高线及天地龙骨的水平线，并在天地龙骨的水平线上画好龙骨的分档位置线。

2. 大龙骨安装

天地龙骨安装：先根据设计要求固定天地龙骨，如无设计要求时，可以用 $\phi8\sim\phi12$ 膨胀螺栓或长 $10\sim16$ cm 钉子固定，膨胀螺栓固定点间距 $600\sim800$ mm。安装前做好防腐处理。

沿墙边龙骨安装：根据设计标高固定边龙骨，边龙骨应起抹灰收口槽，如无设计要求时，可以用 $\phi8\sim\phi12$ 膨胀螺栓或长 $10\sim16$ cm 钉子固定，固定点间距 $600\sim800$ mm。安装前做好防腐处理。

玻璃板隔墙安装的材料要求

（1）根据设计要求购置各种玻璃、钢骨架、木龙骨（60 mm×120 mm）、玻璃胶、橡胶垫和各种压条。

（2）紧固材料：膨胀螺栓、射钉、自攻螺钉、木螺钉和粘贴嵌缝料。紧固材料应符合设计要求。

3. 中龙骨安装

根据设计要求按分档线位置固定中龙骨，用 13 cm 的铁钉固定，龙骨每端固定应不少于 3 颗钉子，钢龙骨用专用卡具或拉铆钉固定，必须安装牢固。

4. 小龙骨安装

根据设计要求按分档线位置固定小龙骨，用扣榫或钉子固定，必须安装牢固。安装中龙骨前，也可以根据安装玻璃的规格在小龙骨上安装玻璃槽。

5. 安装玻璃

根据设计要求按玻璃的规格安装在小龙骨上；如用压条安装时，先固定玻璃一侧的压条，并用橡胶垫垫在玻璃下方，再用压条将玻璃固定；如用玻璃胶直接固定玻璃，应将玻璃先安装在小龙骨的预留槽内，然后用玻璃胶封闭固定。

玻璃的质量要求

（1）钢化玻璃。

1）长方形平面钢化玻璃边长的允许偏差应符合表 4-18 的规定。

表 4-18　长方形平面钢化玻璃边长允许偏差　　　　　　（单位：mm）

厚度	边长（L）允许偏差			
	$L \leqslant 1\,000$	$1\,000 < L \leqslant 2\,000$	$2\,000 < L \leqslant 3\,000$	$L > 3\,000$
3、4、5、6	+1 −2	±3	±4	±5
8、10、12	+2 −3			
15	±4	±4		
19	±5	±5	±6	±7
>19	供需双方商定			

2）长方形平面钢化玻璃的对角线差允许值应符合表 4-19 的规定。

表 4-19　长方形平面钢化玻璃对角线差允许值　　　　　（单位：mm）

玻璃公称厚度	对角线差允许值		
	边长≤2 000	2 000<边长≤3 000	边长>3 000
3、4、5、6	±3.0	±4.0	±5.0
8、10、12	±4.0	±5.0	±6.0
15、19	±5.0	±6.0	±7.0
>19	供需双方商定		

3）其他形状的钢化玻璃的尺寸及其允许偏差由供需双方商定。

4）边部加工形状及质量由供需双方商定。

5）圆孔。本条只适用于公称厚度不小于 4 mm 的钢化玻璃。圆孔的边部加工质量由供需双方商定。

孔径一般不小于玻璃的公称厚度，孔径的允许偏差应符合见表 4-20 的规定。小于玻璃的公称厚度的孔的孔径允许偏差由供需双方商定。

表 4-20　孔径及其允许偏差　　　　　　　　　　　　（单位：mm）

公称孔径（D）	允许偏差
$4 \leqslant D \leqslant 50$	±1.0
$5 < D \leqslant 100$	±2.0
$D > 100$	供需双方商定

孔的位置：

①孔的边部距玻璃边部的距离 a 不应小于玻璃公称厚度的 2 倍。

②两孔孔边之间的距离 b 不应小于玻璃公称厚度的 2 倍。

③孔的边部距玻璃角部的距离 c 不应小于玻璃公称厚度的 6 倍。

注：如果孔的边部距玻璃角部的距离小于 35 mm，那么这个孔不应处在相对于角部对称的位置上。具体位置由供需双方商定。

④圆心位置表示方法及其允许偏差。圆孔圆心的位置的表达方法可参照图 4-13 进行。如图 4-13 所示建立坐标系，用圆心的位置坐标 $(x，y)$ 表达圆心的位置。

圆孔圆心的位置 x、y 的允许偏差与玻璃的边长允许偏差相同，见表 4-18。

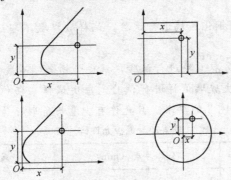

图 4-13 圆心位置表示方法

6）钢化玻璃的厚度的允许偏差应符合表 4-21 的规定。

对于表 4-21 未作规定的公称厚度的玻璃，其厚度允许偏差可采用表 4-21 中与其邻近的较薄厚度的玻璃的规定，或由供需双方商定。

表 4-21 厚度及其允许偏差　　　　　　　　　　（单位：mm）

公称厚度	厚度允许偏差
3、4、5、6	±0.2
8、10	±0.3
12	±0.4
15	±0.6
19	±1.0
>19	供需双方商定

7）外观质量。钢化玻璃的外观质量应满足表 4-22 的要求。

表 4-22 钢化玻璃的外观质量

缺陷名称	说　明	允许缺陷数
爆边	每片玻璃每米边长上允许有长度不超过 10 mm，自玻璃边部向玻璃表面延伸深度不超过 2 mm，自板面向玻璃厚度延伸深度不超过厚度 1/3 的爆边个数	1 处
划伤	宽度在 0.1 mm 以下的轻微划伤，每平方米面积内允许存在条数	长度≤100 mm 时 4 条
	宽度大于 0.1 mm 的划伤，每平方米面积内允许存在条数	宽度 0.1~1 mm，长度≤100 mm 时 4 条

续上表

缺陷名称	说　明	允许缺陷数
夹钳印	类钳印与玻璃缘的距离≤20 mm，边部变形量≤2 mm	
裂纹、缺角	不允许存在	

8) 弯曲度。平面钢化玻璃的弯曲度，弓形时应不超过 0.3%，波形时应不超过 0.2%。

9) 抗冲击性。取 6 块钢化玻璃进行试验，试样破坏数不超过 1 块为合格，多于或等于 3 块为不合格。

破坏数为 2 块时，再另取 6 块进行试验，试样必须全部不被破坏为合格。

10) 碎片状态。取 4 块玻璃试样进行试验，每块试样在任何 50 mm×50 mm 区域内的最少碎片数必须满足表 4-23 的要求。且允许有少量长条形碎片，其长度不超过 75 mm。

表 4-23　最少允许碎片数

玻璃品种	公称厚度（mm）	最少允许碎片数（片）
平面钢化玻璃	3	30
	4～12	40
	≥15	30
	≥4	30

11) 霰弹袋冲击性能。取 4 块平型玻璃试样进行试验，应符合下列①或②中任意一条的规定。

①玻璃碎片时，每块试样的最大 10 块碎片质量的总和不得超过相当于试样 65 cm² 面积的质量，保留在框内的任何无贯穿裂纹的玻璃碎片的长度不能超过 120 mm。

②弹袋下落高度为 1 200 mm 时，试样不破坏。

12) 表面应力。钢化玻璃的表面应力不应小于 90 MPa。

以制品为试样，取 3 块试要进行试验，当全部符合规定为合格，2 块试样不符合则为不合格；当 2 块试样符合时，再追加 3 块试样，如果 3 块全部符合规定则为合格。

13) 耐热冲击性能。钢化玻璃应耐 200℃温差不破坏。

取 4 块试样进行试验，当 4 块试样全部符合规定时认为该项性能合格。当有 2 块以上不符合时，则认为不合格。当有 1 块不符合时，重新追加 1 块试样，如果符合规定，则认为该项性能合格。当有 2 块不符合时，则重新追加 4 块试样，全部符合规定时则为合格。

(2) 夹层玻璃。

1) 外观质量。

以制品为试样，在较好的自然光或散射光照背景条件下，试样垂直放置，视线垂直玻璃，在距试样 1 m 处进行观察。点状缺陷尺寸和线状缺陷宽度用放大 10 倍，精度 0.1 mm 的读数显微镜测定。

目视检查裂口、脱胶、皱痕和条纹。

2) 可视区的点状缺陷数应满足表 4-24 的规定。

表 4-24　可视区允许点缺陷数

缺陷尺寸 λ（mm）			$0.5<\lambda\leqslant1.0$	$1.0<\lambda\leqslant3.0$			
玻璃面积 S（m²）			S 不限	S≤1	1<S≤2	2<S≤8	8<S
允许缺陷数/个	玻璃层数	2	不得密集存在	1	2	1.0 m²	1.2 m²
		3		2	3	1.5 m²	1.8 m²
		4		3	4	2.0 m²	2.4 m²
		≥5		4	5	2.5 m²	3.0 m²

注：1. 小于 0.5 mm 的缺陷不予以考虑，不允许出现大于 3 mm 的缺陷。

2. 当出现下列情况之一时，视为密集存在：

①两层玻璃时，出现 4 个或 4 个以上的缺陷，且彼此相距<200 mm；

②三层玻璃时，出现 4 个或 4 个以上的缺陷，且彼此相距<180 mm；

③四层玻璃时，出现 4 个或 4 个以上的缺陷，且彼此相距<150 mm；

④五层以上玻璃时，出现 4 个或 4 个以上的缺陷，且彼此相距<100 mm。

3. 单层中间层单层厚度大于 2 mm 时，上表允许缺陷数总数增加 1。

3）尺寸允许偏差。

①夹层玻璃长度及宽度的允许偏差，见表 4-25。

表 4-25　长度和宽度允许偏差　　　　　　　　　　　（单位：mm）

公称尺寸（边长 L）	公称厚度≤8	公称厚度>8	
		每块玻璃公称厚度<10	至少一块玻璃公称厚度≥10
L≤1 000	+2.0 -2.0	+2.5 -2.0	+3.5 -2.5
1 100<L≤1 500	+3.0 -2.0	+3.5 -2.0	+4.5 -3.0
1 500<L≤2 000	+3.0 -2.0	+3.5 -2.0	+5.0 -3.5
2 000<L≤2 500	+4.5 -2.5	+5.0 -3.0	+6.0 -4.0
L>2 500	+5.0 -3.0	+5.5 -3.5	+6.5 -4.5

②叠差。夹层玻璃最大叠差应符合表 4-26 的规定。

③厚度。对于三层厚片以上（含三层）制口、厚片材料总厚度超过 24 mm 的制品及使用钢化玻璃作为原片时，其厚度允许偏差由供需双方商定。

表 4-26 最大允许叠差   （单位：mm）

长度或宽度 L	最大允许叠差
L≤1 000	2.0
1 000＜L≤2 000	3.0
2 000＜L≤4 000	4.0
L＞4 000	6.0

干法夹层玻璃的厚度偏差不能超过构成夹层玻璃的原片允许偏差和中间层允许偏差之和。中间层总厚度小于 2 mm 时，不考虑中间层的厚度偏差。中间层总厚度大于等于 2 mm 时，其允许偏差为 ±0.2 mm。

湿法夹层玻璃的厚度偏差不能超过构成夹层玻璃的原片厚度允许偏差与中间层材料厚度的允许偏差之和。

中间层的允许偏差见表 4-27。

表 4-27 湿法夹层玻璃中间层厚度允许偏差   （单位：mm）

中间层厚度 d	允许偏差 δ
d＜1	±0.4
1≤d＜2	±0.5
2≤d＜3	±0.6
d≥3	±0.7

④对角线差。对矩形夹层玻璃制品，长边长度不大于 2 400 mm 时，其对角线偏差不得大于 4 mm，长边长度大于 2 400 mm 时，其对角线偏差由供需双方商定。

3）弯曲度。平面夹层玻璃的弯曲度，弓形时应不超过 0.3%，波形时应不超过 0.2%。原片材料使用有非无机玻璃时，弯曲度由供需双方商定。

4）耐热性。试验后允许试样存在裂口，但超出边部或裂口 13 mm 部分不能产生气泡或其他缺陷。

5）耐湿性。试验后超出原始边 15 mm、切割边 25 mm、裂口 10 mm 部分不能产生气泡或其他缺陷。

6）耐辐照性。试验后要求试样不可产生显著变色、气泡及浑浊现象。可见光透射比相对变化率 ΔT 应不大于 3%。

7）落球冲击剥离性能。试验后中间层不得断裂或不得因碎片的剥落而暴露。

8）霰弹袋冲击性能。

在每一冲击高度试验后试样均应未破坏或安全破坏。

破坏时试样同时符合下列要求为安全破坏：

①破坏时允许出现裂缝或开口，但是不允许出现使直径为 76 mm 的球在 25 N 力作用下通过的裂缝或开口。

②冲击后试样出现碎片剥离时，称量冲击后 3 min 内从试样上剥离下的碎片。碎片总质量不得超过相当于 100 cm² 试样的质量，最大剥离碎片质量应小于 44 cm² 面积试样的质量。

Ⅱ-1 类夹层玻璃：3 组试样在冲击高度分别为 300 mm、750 mm 和 1 200 mm 时冲击后，全部试样未破坏或安全破坏。

Ⅱ-2 类夹层玻璃：2 组试样在冲击高度分别为 300 mm 和 750 mm 时冲击后，试样未破坏或安全破坏；但另 1 组试样在冲击高度为 1 200 mm 时，任何试样非安全破坏。

Ⅲ类夹层玻璃：1 组试样在冲击高度为 300 mm 时冲击后，试样未破坏或安全破坏，但另 1 组试样在冲击高度为 750 mm 时，任何试样非安全破坏。

Ⅰ类夹层玻璃：对霰弹袋冲击性能不做要求。

9）抗风压性能。应由供需双方商定是否有必要进行本项试验，以便合理选择给定风载条件下适宜的夹层玻璃厚度，或验证所选定的玻璃厚度及面积能否满足设计抗风压值的要求。

（3）平板玻璃。

1）平板玻璃长度和尺寸偏差，见表 4-28。

表 4-28　平板玻璃长度和尺寸偏差　　　　　　（单位：mm）

公称厚度	尺寸偏差	
	尺寸≤3 000	尺寸＞3 000
2～6	±2	±3
8～10	+2 -3	+3 -4
12～15	±3	±4
19～25	±5	±5

2）平板玻璃外观质量要求，见表 4-29～表 4-31。

表 4-29　平板玻璃合格品外观质量要求

缺陷种类	质量要求	
点状缺陷①	尺寸（L）（mm）	允许个数限度
	0.5≤L≤1.0	2S
	1.0＜L≤2.0	S
	2.0＜L≤3.0	0.5S
	L＞3.0	0
点状缺陷密集度	尺寸≥0.5 mm 的点状缺陷最小间距不小于 300 mm；直径 100 mm 圆内尺寸≥0.3 mm 的点状缺陷不超过 3 个	
线道	不允许	
裂纹	不允许	
划伤	允许范围	允许条数限度
	宽≤0.5 mm，长≤60 mm	3S
光学变形	公称厚度	无色透明平板玻璃	本体着色平板玻璃
	2 mm	≥40°	≥40°

续上表

缺陷种类	质量要求		
光学变形	3 mm	≥45°	≥40°
	≥4 mm	≥50°	≥45°
断面缺陷	公称厚度不超过 8 mm 时，不超过玻璃板的厚度；8 mm 以上时，不超过 8 mm		

注：S 是以平方米为单位的玻璃板面积数值。按《数值修约规则与极限数值的表示和判定》(GB/T 8170—2008)，保留小数点后两位，点状缺陷的允许个数限度及划伤的允许条数限度为各系数与 S 相乘所得的数值，按《数值修约规则与极限数值的表示和判定》(GB/T 8170—2008)。

①光畸变点视为 0.5～1.0 mm 的点状缺陷。

表 4-30　平板玻璃一等品外观质量要求

缺陷种类	质量要求	
点状缺陷①	尺寸（L）(mm)	允许个数限度
	0.3≤L≤0.5	2S
	0.5<L≤1.0	0.5S
	1.0<L≤1.5	0.2S
	L>1.5	0
点状缺陷密集度	尺寸≥0.3 mm 的点状缺陷最小间距不小于 300 mm；直径 100 mm 圆内尺寸≥0.2 mm 的点状缺陷不超过 3 个	
线道	不允许	
裂纹	不允许	
划伤	允许范围	允许条数限度
	宽≤0.2 mm，长≤40 mm	2S
光学变形	公称厚度	无色透明平板玻璃	本体着色平板玻璃
	2 mm	≥50°	≥45°
	3 mm	≥55°	≥50°
	4～12 mm	≥60°	≥55°
	≥15 mm	≥55°	≥50°
断面缺陷	公称厚度不超过 8 mm 时，不超过玻璃板的厚度；8 mm 以上时，不超过 8 mm		

注：S 同表 4-29 注。

①点状缺陷中不允许有光畸变点。

表 4-31　平板玻璃优等品外观质量要求

缺陷种类	质量要求	
点状缺陷①	尺寸（L）（mm）	允许个数限度
	$0.3 \leqslant L \leqslant 0.5$	S
	$0.5 < L \leqslant 1.0$	0.2S
	$L > 1.0$	0
点状缺陷密集度	尺寸 ≥0.3 mm 的点状缺陷最小间距不小于 300 mm；直径 100 mm 圆内尺寸 ≥0.1 mm 的点状缺陷不超过 3 个	
线道	不允许	
裂纹	不允许	
划伤	允许范围	允许条数限度
	宽≤0.1 mm，长≤30 mm	2S
光学变形	公称厚度	无色透明平板玻璃	本体着色平板玻璃
	2 mm	≥50°	≥50°
	3 mm	≥55°	≥50°
	4～12 mm	≥60°	≥55°
	≥15 mm	≥55°	≥50°
断面缺陷	公称厚度不超过 8 mm 时，不超过玻璃板的厚度；8 mm 以上时，不超过 8 mm	

注：同表 4-30 注。

6. 打玻璃胶

打胶前，应先将玻璃的注胶部位擦拭干净，晾干后沿玻璃四周粘上纸胶带，根据设计要求将各种玻璃胶均匀地打在玻璃与小龙骨之间。待玻璃胶完全干燥后撕掉纸胶带。

7. 安装压条

根据设计要求将各种规格材质的压条，用直钉或玻璃胶固定在小龙骨上，钢龙骨用胶条或玻璃胶固定。

8. 玻璃隔墙构造

玻璃隔墙构造如图 4-14 所示。

9. 施工注意事项

（1）注意玻璃的运输和保管。运输中应轻拿轻放，侧抬侧立并互相绑牢，不得平抬平放。堆放处应平整，下垫 100 mm×100 mm 木方，板应侧立，垫木方距板端 50 cm。

（2）各种材料应分类存放，并挂牌标明材料名称、规格，切勿用错。胶、粉、料应贮存于干燥处，严禁受潮。

（3）木骨架、玻璃等材料，在进场、存放、搬运、使用过程中，应妥善管理，使其不受潮、不变形、不污染、不损坏、不丢失。

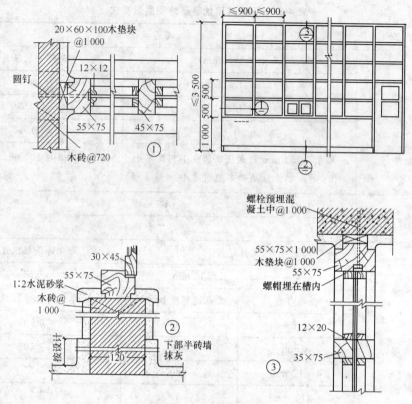

图 4-14　玻璃隔墙构造

（4）其他专业的材料不得置于已安装好的木龙骨和玻璃上。

（5）安装木龙骨及玻璃时，应注意保护顶棚、墙内已安装好的各种管线；木龙骨的天龙骨不准固定在通风管道及其他设备上。

（6）已施工完毕的门窗、地面、墙面、窗台等成品应注意保护，防止损坏。

（7）有噪声的电动工具应在规定的作业时间内施工，防止噪声污染、扰民。

（8）所用机电器具必须安装漏电保护装置，每日开机前，检查其工作状态是否良好，发现问题应及时修理、更换。使用时遵守操作规程，非操作人员不得乱动机具，以防伤人。

（9）施工现场必须保持良好的通风，做到工完场清。避免扬尘污染环境。

（10）脚手架搭设应符合建筑施工安全标准的相关要求。搭设跳板时应用 12 号钢丝绑扎牢固，不得有探头板。

五、玻璃砖隔墙施工

1. 施工要点

（1）组砌方法一般采用十字缝立砖砌筑。

玻璃砖隔墙安装的作业条件

（1）基层用素混凝土或垫木找平，并找好标高。根据玻璃砖的排列作出基础底脚，底脚通常厚度略小于玻璃砖的厚度。

（2）在墙下面弹好摆底砖线，按标高立好皮数杆，皮数杆的间距以 15～20 m 为合适。

（3）按设计图对墙的尺寸要求，将与玻璃砖隔墙相接的建筑墙面的侧边整修平整垂直，并在玻璃砖墙四周弹好墙身线、门窗洞口位置线及其他尺寸线，办完预检手续。

（4）当玻璃砖砌筑在金属或木质框架中，则应先安装固定好墙顶及两侧的槽钢或木框。

（2）玻璃砖应预先挑选棱角整齐、规格基本相同、砖的对角线基本一致、表面无裂纹的砖备用。

玻璃砖隔墙安装的材料要求

（1）玻璃砖：一般为内壁呈凸凹状的空心砖或实心砖，四周有 5 mm 的凹槽，要求棱角整齐。

（2）水泥：用 42.5 级普通硅酸盐白水泥。

（3）砂：用白色砂砾，粒径 0.1～1.0 mm，不含泥土及其他颜色的杂质。

（4）掺和料：白灰膏、石膏粉、胶黏剂。

（5）其他材料：$\phi 6$ 钢筋、玻璃丝毡或聚苯乙烯、槽钢等。

（3）按弹好的玻璃砖位置线，核对玻璃砖墙长度尺寸是否符合排砖模数，如不符合，应适当调整砖墙两侧的槽钢或木框的宽度及砖缝的宽度，墙两侧调整的宽度要一致，同时与砖墙上部槽钢调整后的宽度也尽量保持一致。

（4）砌筑应双面挂线。如玻璃砖墙较长，则应在中间设几个支点，找好线的标高，使全长高度一致。每层玻璃砖砌筑时均需挂平线，并穿线看平，使水平灰缝平直通顺、均匀一致。

（5）砌砖采取通长分层砌筑。首层摆底砖要按下面弹好的线砌筑。在砌筑砖墙两侧的第一块砖时，将玻璃丝毡（或聚苯乙烯）嵌入两侧的边框内。玻璃丝毡（或聚苯乙烯）随着玻璃砖墙的增高而嵌置到顶部，接头采用对接。在一层玻璃砖砌筑完毕后，用透明塑料胶带将玻璃砖墙立缝处贴牢，然后往立缝内灌入砂浆并捣实。

（6）玻璃砖墙层与层之间应放置 6 mm 双排钢筋网，对接位置可设在玻璃砖的中央。最上一层玻璃砖砌筑在墙中部收头。顶部槽钢内亦放置玻璃丝毡（或聚苯乙烯）。

（7）砌筑时水平灰缝和竖向宽度一般控制为 8～10 mm。划缝随灌完立缝砂浆随划，划缝深度为 8～10 mm，要求深浅一致，清扫干净，划缝过 2～3 h 后，即可勾缝。勾缝砂浆内掺入水泥量 2% 的石膏粉，以加速凝结。

（8）为了保证玻璃砖隔墙的平整性和砌筑方便，每层玻璃砖在砌筑之前，宜在玻璃砖上放置木垫块，如图 4-15 所示。其长度有两种：玻璃砖厚度为 50 mm 时，木垫块长 35 mm；玻璃砖厚度为 80 mm 时，木垫块长 60 mm。每块玻璃砖上放 2 块，如图 4-16 所示，卡在玻璃砖的凹槽内。

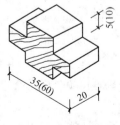

图 4-15　木垫块

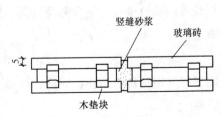

图 4-16　玻璃砖的安装方法

（9）砌筑时，将上层玻璃砖压在下层玻璃砖上，同时使玻璃砖的中间槽卡在木垫块上，两层玻璃砖的间距为 5～8 mm，如图 4-17 所示。

缝中承力钢筋间隔小于 650 mm，伸入竖缝和横缝，并与玻璃砖上下、两侧的框体和结构体牢固连接，如图 4-18 所示。

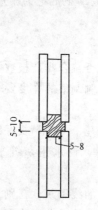

图 4-17　玻璃砖上下的安装位置

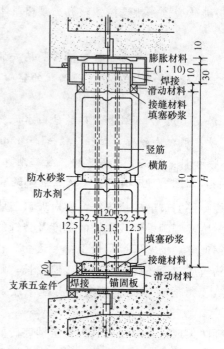

图 4-18　玻璃砖墙砌筑组合图

2. 施工注意事项

（1）玻璃砖不应堆放过高，防止打碎伤人。

（2）在脚手架上砌墙时，盛灰桶装灰容积不得超过其容积的 2/3。

（3）保持玻璃砖墙表面的清洁，随砌随清理干净。

（4）玻璃砖墙砌筑完成，在进行下道工序前，应在距墙两侧各 100～200 mm 处搭设木架柱钢丝网，以防止碰坏已砌好的玻璃砖墙。

（5）施工现场必须工完场清。现场设专人洒水、打扫，不能扬尘污染环境。

（6）有噪声的电动工具应在规定的作业时间内施工，防止噪声污染、扰民。

（7）机电器具必须安装触电保护装置，每日开机前，检查其工作状态是否良好，发现问题及时修理、更换。

（8）遵守操作规程，非操作人员不准乱动机具，以防伤人。

六、质量标准

1. 主控项目

（1）玻璃隔墙工程所用材料的品种、规格、性能、图案和颜色应符合设计要求。玻璃板隔墙应使用安全玻璃。

检验方法：观察；检查产品合格证书、进场验收记录和性能检测报告。

（2）玻璃砖隔墙的砌筑或玻璃板隔墙的安装方法应符合设计要求。

检验方法：观察。

（3）玻璃砖隔墙砌筑中埋设的拉结筋必须与基体结构连接牢固，并应位置正确。

检验方法：手扳检查；尺量检查；检查隐蔽工程验收记录。

（4）玻璃板隔墙的安装必须牢固。玻璃隔墙胶垫的安装应正确。

检验方法：观察；手推检查；检查施工记录。

2. 一般项目

（1）玻璃隔墙表面应色泽一致、平整洁净、清晰美观。

检验方法：观察。

（2）玻璃隔墙接缝应横平竖直，玻璃应无裂痕、缺损和划痕。

检验方法：观察。

（3）玻璃板隔墙嵌缝及玻璃砖隔墙勾缝应密实平整、均匀顺直、深浅一致。

检验方法：观察。

（4）玻璃隔墙安装的允许偏差和检验方法应符合表 4-32 的规定。

表 4-32 玻璃隔墙安装的允许偏差和检验方法

项次	项　目	允许偏差（mm）		检 验 方 法
		玻璃砖	玻璃板	
1	立面垂直度	3	2	用 2 m 垂直检测尺检查
2	表面平整度	3	—	用 2 m 靠尺和塞尺检查
3	阴阳角方正	—	2	用直角检测尺检查
4	接缝直线度	—	2	拉 5 m 线，不足 5 m 拉通线，用钢直尺检查
5	接缝高低差	3	2	用钢直尺和塞尺检查
6	接缝宽度	—	1	用钢直尺检查

第五章　饰面板（砖）工程

第一节　室外贴面砖

一、混凝土墙面贴砖

1. 基层处理

首先将凸出墙面的混凝土剔平，对大钢模施工的混凝土墙面应凿毛，并用钢丝刷满刷一遍，再浇水湿润。或可采取"毛化处理"办法，即先将表面尘土、污垢清扫干净，用10%的NaOH溶液将板面的油污刷掉，随之用清水将碱液冲净、晾干，在填充墙与混凝土接槎处，应采取防止开裂的加强措施，当采用加强网时，加强网与各基体的搭接宽度不应小于100 mm。然后用1:1水泥细砂浆内掺适量胶黏剂，用笤帚将砂浆甩到墙面上，其甩点要均匀，终凝后浇水养护，直至水泥砂浆疙瘩有较高的强度（用手搌不动）为止。

混凝土墙面贴砖的材料要求

(1) 水泥。宜用42.5级普通硅酸盐水泥或矿渣硅酸盐水泥或白水泥，应采用同一厂家、同一批号生产的水泥，有出厂合格证及现场取样复验报告，若出厂日期超过3个月，应重新取样试验，并按试验结果使用。

(2) 砂子。粗砂或中砂，用前过筛且含泥量不大于3%。

混凝土墙面贴砖的施工机具设备

(1) 机械：砂浆搅拌机、切割机、无齿锯、云石机、磨光机、角磨机、手提切割机等。

(2) 工具：手推车、平锹、钢板、筛子（孔径5 mm）、窗纱筛子、大桶、灰槽、水桶、木抹子、铁抹子、刮杠（大、中、小）、灰勺、米厘条、毛刷、钢丝刷、扫帚、小灰铲、勾缝溜子、勾缝托灰板、鏨子、橡胶锤、小白线、铅丝、钉子、墨斗、红蓝铅笔、多用刀等。

(3) 计量检测用具：水准仪、经纬仪、水平尺、磅秤、量筒、托线板、线坠、钢尺、靠尺、方尺、塞尺、托线板、线坠等。

(4) 安全防护用品：安全帽、安全带、护目镜、手套等。

2. 吊垂直、套方、找规矩、贴灰饼

若建筑物为高层时，应在四大角和门窗口边用经纬仪打垂直线找直；如果建筑物为多层时，可从顶层开始用特制的大线坠绷钢丝吊垂直，然后根据面砖的规格尺寸分层设点、做灰饼。横线则以楼层为水平基准线交圈控制，竖向线则以四周大角和通天柱或垛子为基准线控制。每层打底时则以此灰饼作为基准点进行冲筋，使其底层灰做到横平竖直。同时要注意找好突出檐口、腰线、窗台、雨篷等饰面的流水坡度和滴水线（槽）。

3. 抹底层砂浆

先刷一道掺加黏结胶的水泥素浆，紧跟着分层分遍抹底层砂浆（常温时采用配合比为1：3水泥砂浆），第一遍厚度宜为 5 mm，抹后用木抹子搓平、扫毛，隔天浇水养护；待第一遍六七成干时，即可抹第二遍，厚度约 7 mm，随即用木杠刮平、木抹子搓毛，隔天浇水养护，若需要抹第三遍时，其操作方法同第二遍，直至把底层砂浆抹平为止。

4. 弹线分格

待基层灰六七成干时，即可按图纸要求进行分段分格弹线，同时亦可进行面层贴标准点的工作，以控制面层出墙尺寸及垂直、平整。

5. 排砖

根据大样图及墙面尺寸进行横竖向排砖，以保证面砖缝隙均匀，符合设计图纸要求，注意大墙面、通天柱子和垛子要排整砖，以及在同一墙面上的横竖排列，均不得有一行以上的非整砖。非整砖行应排在次要部位，如窗间墙或阴角处等。但也要注意一致和对称。如遇有突出的卡件，应用整砖套割吻合，不得用非整砖随意拼凑镶贴。瓷砖的排列如图 5-1 所示。常见的几种面砖排缝如图 5-2 所示。阳角处的面砖应将拼缝留在侧边，如图 5-3 所示。

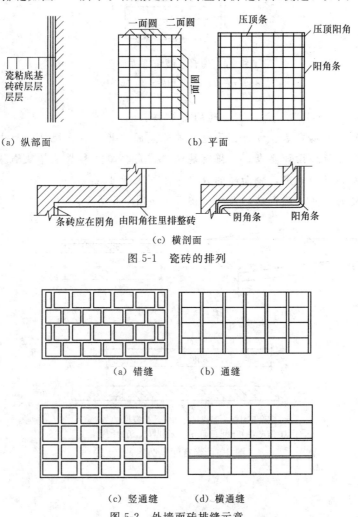

(a) 纵部面　　　　　　　　(b) 平面

(c) 横剖面

图 5-1　瓷砖的排列

(a) 错缝　　　　　　　(b) 通缝

(c) 竖通缝　　　　　(d) 横通缝

图 5-2　外墙面砖排缝示意

突出墙面的部位，如窗台、腰线阳角及滴水线排砖方法，可按图 5-4 处理。尤其需要注意的是正面面砖要往下突出 3 mm 左右，底面面砖要留有流水坡度。

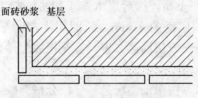

图 5-3　面砖转角做法示意

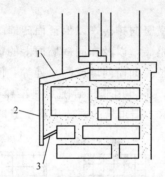

图 5-4　窗台及腰线排砖示意

1—压盖砖；2—正面砖；3—底面砖

砖的质量要求

　　（1）面砖的表面应光洁、方正、平整，质地坚固，其品种、规格、尺寸、色泽、图案应均匀一致，必须符合设计要求。不得有缺棱、掉角、暗痕和裂纹等缺陷。其性能指标均应符合现行国家标准的规定，釉面砖的吸水率不得大于 10％。

　　（2）陶瓷砖的尺寸。陶瓷砖的尺寸如图 5-5 和图 5-6 所示。

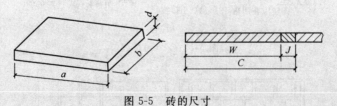

图 5-5　砖的尺寸

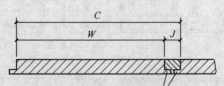

配合尺寸（C）＝工作尺寸（W）+连接宽度（J）

工作尺寸（W）＝可见面（a）、（b）和厚度（d）的尺寸

图 5-6　带有间隔凸缘的砖

　　（3）马赛克。

　　1）尺寸允许偏差。

　　①单块马赛克尺寸允许偏差应符合表 5-1 的规定。

表 5-1　单块马赛克尺寸允许偏差

项　目	允许偏差（mm）	
	优等品	合格品
长度和宽度	±0.5	±1.0
厚度	±0.3	±0.4

②每联马赛克的线路、联长的尺寸允许偏差应符合表 5-2 的规定。

表 5-2　每联马赛克线路、联长的尺寸允许偏差

项　目	允许偏差（mm）	
	优等品	合格品
线路	±0.6	±1.0
联长	±1.5	±2.0

注：特殊要求的尺寸偏差可由供需双方协商。

2）外观质量。

①最大边长不大于 25 mm 的马赛克外观缺陷的允许范围应符合表 5-3 的规定。

表 5-3　最大边长不大于 25 mm 的马赛克外观质量要求

缺陷名称	表示方法	缺陷允许范围				备　注
		优等品		合格品		
		正面	背面	正面	背面	
夹层、釉裂、开裂	—	不允许				—
斑点、粘疤、起泡、坯粉、麻面、波纹、缺釉、桔釉、棕眼、落脏、熔洞	—	不明显		不严重		—
缺角（mm）	斜边长	<2.0	<4.0	2.0～3.5	4.0～5.5	正背面缺角不允许在同一角部。
	深度	不大于厚砖的 2/3				正面只允许缺角 1 处
缺边（mm）	长度	<3.0	<6.0	3.0～5.0	6.0～8.0	正背面缺边不允许出现在同一侧面。
	宽度	<1.5	<2.5	1.5～2.0	2.5～3.0	同一侧面边不允许有 2 处缺边；正面只允许 2 处缺边
	深度	<1.5	<2.5	1.5～2.0	2.5～3.0	
变形（mm）	翘曲	不明显				—
	大小头	0.2		0.4		

②最大边长大于 25 mm 的马赛克，外观缺陷的允许范围应符合表 5-4 的规定。

表 5-4　边长大于 25 mm 的马赛克外观质量要求

缺陷名称	表示方法	缺陷允许范围				备　注
		优等品		合格品		
		正面	背面	正面	背面	
夹层、釉裂、开裂	—	不允许				—
斑点、粘疤、起泡、坯粉、麻面、波纹、缺釉、桔釉、棕眼、落脏、熔洞	—	不明显		不严重		—
缺角（mm）	斜边长	<2.3	<4.5	2.3～4.3	4.5～6.5	正背面缺角不允许在同一角部。
	深度	不大于厚砖的 2/3				正面只允许缺角 1 处
缺边（mm）	长度	<4.5	<8.0	4.5～7.0	8.0～10.0	正背面缺边不允许出现在同一侧面。
	宽度	<1.5	<3.0	1.5～2.0	3.0～3.5	同一侧面边不允许有 2 处缺边；正面只允许 2 处缺边
	深度	<1.5	<2.5	1.5～2.0	2.5～3.0	
变形（mm）	翘曲	0.3		0.5		—
	大小头	0.6		1.0		

3）吸水率。无釉马赛克吸水率不大于 0.2%；有釉马赛克吸水率不大于 1.0%。

4）成联马赛克质量要求。

①陶瓷马赛克与铺贴衬材经黏结性试验后，不允许有马赛克脱落。

②表贴陶瓷马赛克的剥离时间不大于 40 min。

③单色陶瓷马赛克及联间同色砖色差优等品目测基本一致，合格品目测稍有色差。

④表贴、背贴陶瓷马赛克铺贴后，不允许有铺贴衬材露出。

（4）玻璃马赛克。

1）单块玻璃马赛克边长、厚度的尺寸偏差应符合表 5-5 的规定。

表 5-5　单块玻璃马赛克边长、厚度的尺寸偏差　　　　　　　（单位：mm）

边　　　长	允许偏差	厚　　　度	允许偏差
20	±0.5	4.0	±0.4
25	±0.5	4.2	±0.4
30	±0.6	4.3	±0.5

2）玻璃马赛克联长、线路和周边距的尺寸偏差应符合表5-6的规定。

表5-6 玻璃马赛克联长、线路和周边距的尺寸偏差 （单位：mm）

项 目	尺 寸	允 许 偏 差
联长	327 或其他尺寸的联长	±2
线路	2.0，3.0 或其他尺寸	±0.6
周边距		1~8

3）玻璃马赛克的外观质量应符合表5-7的规定。

表5-7 玻璃马赛克的外观质量 （单位：mm）

缺 陷 名 称		表 示 方 法	缺陷允许范围	备 注
缺边		长度	≤4.0	允许一处
		宽度	≤2.0	
缺角		损伤长度	≤4.0	
裂纹			不允许	
变形	凹陷	深度	≤0.3	
	弯曲	弯曲度	≤0.5	
疵点			不明显	
皱纹			不密集	
开口气泡			长度≤2.0 宽度≤0.1	

4）色泽：目测同一批产品应一致。

5）理化性能。玻璃马赛克的理化性能应符合表5-8的规定。

表5-8 玻璃马赛克的理化性能

试 验 项 目		条 件	指 标
玻璃马赛克与铺贴纸粘合牢固度		—	均无脱落
脱纸时间		5 min 时	无脱落
		40 min 时	≥70%
热稳定性		90℃→18℃~25℃ 30 min 10 min 循环 3 次	全部试样均 无裂纹和破损
化学稳定性	盐酸溶液	1 mol/L，100℃，4 h	K≥99.90
	硫酸溶液	1 mol/L，100℃，4 h	K≥99.93
	氢氧化纳溶液	1 mol/L，100℃，1 h	K≥99.88
	蒸馏水	100℃，4 h	K≥99.96

注：K 为质量变化率。

6）金星玻璃马赛克的金星分布闪烁面积应占总面积20%以上，且显星部分分布均匀。

7）其他。

①单块玻璃马赛克的背面应有锯齿状或阶梯状的沟纹。

②所用胶黏剂除保证粘接强度外，还应易从玻璃马赛克上擦洗去。所用胶黏剂不能损坏纸或使玻璃马赛克变色。

③所用铺贴纸应在合理搬运和正常施工过程中不发生撕裂。

6. 浸砖

外墙面砖镶贴前，首先要将面砖清扫干净，放入净水中浸泡 2 h 以上，取出待表面晾干或擦干净后方可使用。

7. 镶贴面砖

镶贴面砖应自上而下进行。高层建筑采取措施后，可分段进行。在每一分段或分块内的面砖，均为自下而上镶贴。从最下一层砖下皮的位置线先稳好靠尺，以此托住第一皮面砖。在面砖外皮上口拉水平通线，作为镶贴的标准。在面砖背面宜采用 1∶2 水泥砂浆或 1∶0.2∶2＝水泥∶白灰膏∶砂的混合砂浆镶贴，砂浆厚度为 6～10 mm，贴上后用灰铲柄轻轻敲打，使之附线，再用钢片开刀调整竖缝，并用靠尺通过标准点调整平面和垂直度。另外一种做法是，用 1∶1 水泥砂浆掺加黏结胶，在砖背面抹 3～4 mm 厚粘贴即可。但此种做法其基层灰必须抹得平整，而且砂子必须用窗纱筛后使用。另外也可用胶粉来粘贴面砖，其厚度为 2～3 mm，用此种做法其基层灰必须更平整。如要求釉面砖拉缝镶贴时，面砖之间的水平缝宽度用米厘条控制，米厘条可用贴砖用砂浆与中层灰临时镶贴，米厘条贴在已镶贴好的面砖上口，为保证其平整，可临时加垫小木楔。女儿墙压顶、窗台、腰线等部位平面也要镶贴面砖时，除流水坡度符合设计要求外，应采取顶面面砖压立面面砖的做法，可预防向内渗水，引起空裂；同时还应采取立面中最低一排面砖必须压底平面面砖，并低于底平面面砖 3～5 mm 的做法，让其起滴水线（槽）的作用，防止渗水而引起空裂。

石灰膏的质量要求

石灰膏应用块状生石灰淋制，淋制时必须用孔径不大于 3 mm×3 mm 的筛过滤，并贮存在沉淀池中。熟化时间，常温下一般不少于 15 d。使用时，石灰膏内不得含有未熟化的颗粒和其他杂质。

无齿锯和云石机简介

（1）无齿锯：主要用于钢管、角钢、槽钢、扁钢、合金、铜材、不锈钢等金属的横断切割，是装饰施工作业的必备工具。

1）构造与原理。无齿锯是由电机、底座、可转夹钳、切割动力头、安全防护罩、操作手柄等组成（图 5-7）。其工作原理是：电机转动经齿轮变速直接带动切割片高速转动，利用切割砂轮磨削原理，在砂轮与工件接触处高速旋转实现切割。

2）技术性能。部分无齿锯主要技术性能见表 5-9。

图 5-7　无齿锯

表 5-9 无齿锯的技术性能

型 号	砂轮片规格 （mm）	合金锯片规格 （mm）	额定 电压 （V）	输入 功率 （W）	空载 转速 （r/min）	钳口可 调角度 （°）	最大切 割直径 （mm）	净质 量 （kg）
回 J1G-SDG-250A	φ250×3.2×φ25		220	1 250	≤5 700	0～45		14
回 J1G-SDG-300A	φ300×3.2×φ25		220	1 250	≤4 700	0～45		15
回 J1G-SDG-350A	φ350×3.2×φ25		220	1 500	≤4 100	0～45		16
回 J1G-SDG-300	φ300×3.2×φ25		115 （60Hz）	1 250	≤5 090	0～45		15
回 J1G-SDG-350	φ350×3.2×φ25		115 （60Hz）	1 250	≤4 300	0～45		16
J1G-400（半固定式）	φ400×3×φ32		220	3 000	≤3 820			97
J3GB-SS-400C （半固定式）	φ400×3×φ32		380	2 700	≤3 850			77
回 J1GD-SDG-250	φ200×2.5×φ32	φ250×3.6×φ30	220	1 250	≤4 100	0～45		36
回 J1GD-SDG-355	φ300×2.5×φ32	φ355×3.6×φ30	220	1 250	≤4 100	0～45		46
回 J1GD-355			220	1 310	3 600		管材 φ100， 棒材 φ25	
回 J1G-GN01-350	φ350×3.2×φ32		220	1 600	3 700	0～45	φ45 圆 钢，φ35	
回 J1G-250×30	φ250×3.2×φ30		220	1 100	4 200	0～45		
回 J1G-250×30	φ250×3.2×φ30		220	1 600	3 700	0～45		

（2）云石机。又叫手提式切割机，是专门用于石材切割的机具。各种石料、瓷砖的切割一般用云石机来完成。云石机具有质量轻、移动灵活方便、占用场地小等优点。

1）构造与原理。云石机由电机、调节平台板、锁杆、安全防护罩、把手、开关旋塞水阀、切割片等组成（图5-8）。其工作原理是由电机转动经齿轮变速直接带动切割片转动而对工件进行切割。云石机对工件的切割也是利用磨削的原理完成切割的，其中锁杆和调节平台板用以调节切割深度，旋塞水阀用来调节冷却水水量。

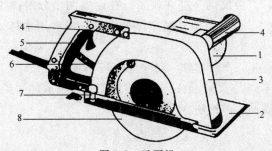

图 5-8 云石机

1—电机；2—调节平台板；3—安全罩；4—把手；5—把手开关；6—锁杆；7—旋塞水阀；8—切割片

2）主要技术性能。云石机常用的规格型号有 110 mm 和 180 mm，其主要技术性能见表 5-10。

表 5-10　云石机的规格与技术性能

切片直径 （mm）	最大锯深 （mm）	回转数 （r/min）	额定输入功率 （W）	长度（mm）	整机质量（kg）
105～110	34	11 000	860	218	2.7
125	40	7 500	1 050	230	3.2
180	60	5 000	1 400	245	6.8

8. 面砖勾缝与擦缝

面砖铺贴拉缝时，用 1:1 水泥砂浆勾缝，先勾水平缝再勾竖缝，勾好后要求凹进面砖外表面 2～3 mm，在横竖缝交接处，应嵌入"八字角"，对评优工程"八字角"数量不低于 95%。若横竖缝为干挤缝，或缝宽小于 3 mm 者，应用白水泥配颜料进行擦缝处理。面砖缝勾完后，用布或棉丝蘸稀盐酸将其擦洗干净。

二、砖墙面贴砖

（1）抹灰前，墙面必须清扫干净，浇水湿润。

（2）大墙面和四角、门窗口边弹线找规矩，必须由顶层到底一次进行，弹出垂直线，并决定面砖出墙尺寸，分层设点、做灰饼。横线则以楼层为水平基线交圈控制，竖向线则以四周大角和通天垛、柱子为基准线控制。每层打底时则以此灰饼作为基准点进行冲筋，使基底层灰做到横平竖直。同时要注意找好突出檐口、腰线、窗台、雨篷等饰面的流水坡度。

（3）抹底层砂浆：先把墙面浇水湿润，然后用 1:3 水泥砂浆刮一道约 6 mm 厚，紧跟着用同强度等级的砂浆与所冲的筋抹平，随即用木杠刮平，木抹子搓毛，隔天浇水养护。

其他做法同混凝土墙面贴砖。

三、加气混凝土墙面贴砖

（1）用水湿润加气混凝土表面，修补缺棱掉角处。修补前，先刷一道聚合物水泥浆，然后用水泥：白灰膏：砂子＝1:3:9 混合砂浆分层补平，随即刷聚合物水泥浆并抹 1:1:6 混合砂浆打底，木抹子搓平，隔天浇水养护。

（2）用水湿润加气混凝土表面，在缺棱掉角处刷聚合物水泥浆一道，用 1:3:9 混合砂浆分层补平，待干燥后，钉金属网一层并绷紧。在金属网上分层抹 1:1:6 混合砂浆打底（最好采取机械喷射工艺），砂浆与金属网应结合牢固，最后用木抹子轻轻搓平，隔天浇水养护。

（3）找平层应分层施工，严禁空鼓，每层厚度应不大于 7 mm，且应在前一层终凝后再抹后一层；找平层厚度不应大于 20 mm，若超过此值必须采取加固措施。

其他做法同混凝土墙面贴砖做法。

四、质量标准

1. 主控项目

（1）饰面砖的品种、规格、图案、颜色和性能应符合设计要求。

检验方法：观察、检查产品合格证书、进场验收记录、性能检测报告和复验报告。

（2）饰面砖粘贴工程的找平、防水、黏结和勾缝材料及施工方法应符合设计要求及国家现行产品标准和工程技术标准的规定。

检验方法：检查产品合格证书、复验报告和隐蔽工程验收记录。

（3）饰面砖粘贴必须牢固。

检验方法：检查样板件黏结强度检测报告和施工记录。

（4）满粘法施工的饰面砖工程应无空鼓、裂缝。

检验方法：观察；用小锤轻击检查。

2. 一般项目

（1）饰面砖表面应平整、洁净、色泽一致、无裂痕和缺损。

检验方法：观察。

（2）阴阳角处搭接方式、非整砖使用部位应符合设计要求。

检验方法：观察。

（3）墙面突出物周围的饰面砖应整砖套割吻合，边缘应整齐。墙裙、贴脸突出墙面的厚度应一致。

检验方法：观察；尺量检查。

（4）饰面砖接缝应平直、光滑，填嵌应连续、密实；宽度和深度应符合设计要求。

检验方法：观察；尺量检查。

（5）有排水要求的部位应做滴水线（槽）。滴水线（槽）应顺直，流水坡向应正确，坡度应符合设计要求。

检验方法：观察；用水平尺检查。

（6）饰面砖粘贴的允许偏差和检验方法应符合表 5-11 的规定。

表 5-11　饰面砖粘贴的允许偏差和检验方法

项次	项　目	允许偏差（mm）	检 验 方 法
1	立面垂直度	3	用 2 m 垂直检测尺检查
2	表面平整度	4	用 2 m 靠尺和塞尺检查
3	阴阳角方正	3	用直角检测尺检查
4	接缝直线度	3	拉 5 m 线，不足 5 m 拉通线，用钢直尺检查
5	接缝高低差	1	用钢直尺和塞尺检查
6	接缝宽度	1	用钢直尺检查

五、施工注意事项

（1）操作前检查脚手架和跳板是否搭设牢固，高度是否满足操作要求，合格后才能上架操作，凡不符合安全之处应及时改正。

（2）要及时清擦干净残留在门窗框上的砂浆，特别是铝合金门窗框宜粘贴保护膜，预防污染、锈蚀。

（3）油漆粉刷不得将油漆喷滴在已完的饰面砖上，若不慎污染饰面砖，应及时擦净，必要时可采用贴纸或粘胶带等保护措施。

（4）在两层脚手架上操作时，应尽量避免在同一条垂直线上工作，必须同时作业时，对下层操作人员应设置防护措施。

（5）各抹灰层在凝结前应防止风干、暴晒、水冲和振动，以保证各层有足够的强度。

（6）脚手架严禁搭设在门窗、暖气片、水暖等管道上。禁止搭设飞跳板。禁止从高处往下乱投东西。

（7）夜间临时用的移动照明灯，必须用安全电压。机械操作人员须培训持证上岗，现场一切机械设备必须设专人操作。手持电动工具操作者必须戴绝缘手套。

（8）施工现场应做到工完场清，确保施工现场的清洁。

（9）对于密封材料及清洗溶剂等可能产生有害物质或气体的材料，应做到专人保管，以免对环境造成污染。

第二节　室内贴面砖

一、混凝土墙面贴砖

1. 基层处理

首先将凸出墙面的混凝土剔平，对大钢模施工的混凝土墙面应凿毛，并用钢丝刷满刷一遍，再浇水湿润。如果基层混凝土表面很光滑时，亦可采取如下的"毛化处理"办法，即先将表面尘土、污垢清扫干净，用 10％火碱水将板面的油污刷掉，随之用净水将碱液冲净、晾干，在填充墙与混凝土接槎处，应采取防止开裂的加强措施，当采用加强网时，加强网与各基体的搭接宽度不应小于 100 mm。然后用 1∶1 水泥细砂浆内掺适量胶合剂，喷或用笤帚将砂浆甩到墙上，其甩点要均匀，终凝后浇水养护，直至水泥砂浆疙瘩全部粘到混凝土墙面上，并有较高的强度（用手掰不动）为止。

水泥和砂的质量要求

（1）水泥。宜用 32.5 级普通硅酸盐水泥或矿渣硅酸盐水泥或白水泥，应采用同一厂家，同一批号生产的水泥，有出厂合格证及现场取样复试报告，若出厂日期超过 3 个月，应重新取样试验，并按试验结果使用。

（2）砂子。粗砂或中砂，用前过筛含泥量不大于 3％。

2. 吊垂直、套方、找规矩、贴灰饼

大墙面、门窗口边弹线找规矩，必须由板底到楼层地面一次进行，弹出垂直线，并决定面砖出墙尺寸，分层设点做灰饼，横线以＋50 cm 标高线为水平基准线交圈控制，竖向线则以 4 个阴角两边的垂直线为基准线进行控制。每层打底时则以此灰饼为基准点进行冲筋，使基底层灰平整垂直。

面砖要求

面砖的表面应光洁、方正、平整，质地坚固，其品种、规格、尺寸、色泽、图案应均匀一致，符合设计要求。不得有缺棱、掉角、暗痕和裂纹等缺陷。其性能指标均应符合现行国家标准的规定，釉面砖的吸水率不得大于 10％。

3. 抹底层砂浆

先刷一道掺适量胶合剂的水泥素浆，紧跟着分层分遍抹底层砂浆（常温时采用配合比为

1∶3 的水泥砂浆），第一遍厚度宜为 5 mm，抹后用木抹子搓平，隔天浇水养护；待第一遍六七成干时，即可抹第二遍，厚度约 7 mm，随即用木杠刮平、木抹子搓毛，隔天浇水养护，若需要抹第三遍时，其操作方法同第二遍，直至把底层砂浆抹平为止。当抹灰层厚度超过 20 mm 应采取加固措施。

4. 弹线分格

待基层灰六七成干时，即可按图纸要求进行分段分格弹线，同时亦可进行面层贴标准点的工作，以控制面层出墙尺寸及垂直、平整。

5. 排砖

根据大样图及墙面尺寸进行横竖向排砖，以保证面砖缝隙均匀，符合设计图纸要求，注意大墙面和垛子要排整砖，以及在同一墙面上的横竖排列，均不得有一行以上的非整砖。非整砖行应排在次要部位，如窗间墙或阴角处等。但亦要注意一致和对称。如遇有突出的卡件，应用整砖套割吻合，不得用非整砖随意拼凑镶贴。

6. 浸砖

饰面砖镶贴前，首先要将面砖清扫干净，放入净水中浸泡 2 h 以上，取出待表面晾干或擦干净后方可使用。

7. 镶贴面砖

镶贴一般由阳角开始，自下而上进行，将不成整块的饰面砖留在阴角部位。垫底尺，计算准确最下一皮砖下口标高（底尺上皮一般比地面低 1 cm 左右），底尺要水平放稳。在面砖外皮上口拉水平通线，作为镶贴的标准。在面砖背面宜采用 1∶2 水泥砂浆或 1∶0.2∶2＝水泥∶白灰膏∶砂的混合砂浆镶贴，砂浆厚度为 6～10 mm，贴上后用灰铲柄轻轻敲打，使之附线，再用钢片开刀调整竖缝，并用靠尺通过标准点调整平面和垂直度。另外一种做法是，用 1∶1 水泥砂浆掺加适量黏结胶，在砖背面抹 3～4 mm 厚粘贴即可。但此种做法其基层灰必须抹得平整，而且砂子必须用窗纱筛后使用。另外也可用胶粉来粘贴面砖，其厚度为 2～3 mm，用此种做法其基层灰必须更平整。

8. 面砖勾缝与擦缝

横竖缝为干挤缝，缝宽小于 3 mm 者，应用白水泥配颜料进行擦缝处理。缝宽大于 3 mm 者面砖缝勾完后，用布或棉丝蘸稀盐酸擦洗干净。

二、砖墙面贴砖

（1）抹灰前，墙面必须清扫干净，并提前浇水湿润。

（2）大墙面门窗口边弹线找规矩，必须一次进行，弹出垂直线，并决定面砖出墙尺寸，分层设点、做灰饼。横线则以＋50 cm 标高为水平基线交圈控制，竖向线则以 4 个阳角两边的垂直线为基准线控制。每层打底时则以此灰饼作为基准点进行冲筋，使基底层灰做到横平竖直。

（3）抹底层砂浆。先把墙面浇水湿润，然后用 1∶3 水泥砂浆刮一道约 6 mm 厚，紧跟着用同强度等级的砂浆与所冲的筋抹平，随即用木杠刮平，木抹搓毛，隔天浇水养护。

其余施工方法参见混凝土墙面贴砖做法。

三、加气混凝土墙面贴砖

（1）用水湿润加气混凝土表面，修补缺棱掉角处。修补前，先刷一道聚合物水泥浆，然后用1:3:9（水泥：白灰膏：砂子）混合砂浆分层补平，随后刷聚合物水泥浆并抹1:1:6混合砂浆打底，木抹子搓平，隔天浇水养护。

（2）用水湿润加气混凝土表面，在缺棱掉角处刷聚合物水泥浆一道，用1:3:9混合砂浆分层补平，待干燥后，钉金属网一层并绷紧。在金属网上分层抹1:1:6混合砂浆打底（最好采取机械喷射工艺），砂浆与金属网应结合牢固，最后用木抹子轻轻搓平，隔天浇水养护。

其他做法同混凝土墙面贴砖做法。

四、冬期施工

一般只在冬期初期施工，严寒阶段采用暖棚施工方法。

（1）砂浆的使用温度不得低于5℃，砂浆硬化前，应采取防冻措施。

（2）用冻结法砌筑的墙，应待其解冻后再抹灰。

（3）镶贴砂浆硬化初期不得受冻。气温低于5℃时，应采取防冻措施。

（4）为了防止灰层早期受冻，并保证操作质量，其砂浆内的白灰膏和黏结胶不能使用，可采用同体积粉煤灰代替或改用水泥砂浆抹灰。

五、施工注意事项

（1）操作前检查脚手架和跳板是否搭设牢固，高度是否满足操作要求，合格后才能上架操作，凡不符合安全之处应及时改正。

（2）在两层脚手架上操作时，应尽量避免在同一条垂直线上工作，必须同时作业时，对下层操作人员应设置防护措施。

（3）要及时清擦残留在门窗框上的砂浆，特别是铝合金门窗框宜粘贴保护膜，预防污染、锈蚀。

（4）油漆粉刷不得将油漆喷滴在已完的饰面砖上，若不慎污染饰面砖，应及时擦净，必要时可采用贴纸或粘胶带等保护措施。

（5）各抹灰层在凝结前应防止风干、水冲和振动，以保证各层有足够的强度。

（6）装饰材料在运输、保管和施工过程中，必须采取措施防止损坏和变质。

（7）对于密封材料及清洗溶剂等可能产生有害物质或气体的材料，应做到专人保管，以免对环境造成污染。

（8）合理安排作业时间，尽量减少夜间作业，以减少施工时机具噪声污染；避免影响施工现场内或附近居民休息。

第三节 墙面贴陶瓷锦砖

一、混凝土墙面贴陶瓷锦砖

1. 基层处理

基层处理方法参见混凝土墙面贴砖的基层处理。

2. 吊垂直、套方、找规矩、贴灰饼

根据墙面结构平整度找出贴陶瓷锦砖的规矩，如果是高层建筑物在外墙面全部贴陶瓷锦砖时，应在四周大角和门窗口边用经纬仪打垂直线找直；如果是多层建筑时，可从顶层开始用特制的大线坠绷钢丝吊垂直，然后根据陶瓷锦砖的规格、尺寸分层设点、做灰饼。横线则以楼层为水平基线交圈控制，竖向线则以四周大角和层间贯通柱、垛子为基线控制。每层打底时则以此灰饼作为基准点进行冲筋，使其底层灰做到横平竖直、方正。同时要注意找好突出檐口、腰线、窗台、雨篷等饰面的流水坡度和滴水线（槽），其深、宽不小于 10 mm，并整齐一致，而且必须是整砖。

3. 抹底子灰

底子灰一般分两次操作，先刷一道掺适量胶合剂的水泥素浆，紧跟着抹头遍水泥砂浆，其配合比为 1∶2.5 或 1∶3（体积比），并掺适量胶黏剂，第一遍厚度宜为 5 mm，用抹子压实。第二遍用相同配合比的砂浆按冲筋抹平，用木杠刮平，低凹处事先填平补齐，最后用木抹子搓出麻面。当抹灰层厚度超过 20 mm 时，必须采取加固措施；底子灰抹完后，隔天浇水养护。

4. 弹控制线

贴陶瓷锦砖前应放出施工大样，根据具体高度弹出若干条水平控制线，在弹水平线时，应计算陶瓷锦砖的块数，使两线之间保持整砖数。如分格需按总高度均分，可根据设计与陶瓷锦砖的品种、规格定出缝子宽度，再加工分格条。但要注意同一墙面不得有一排以上的非整砖，并应将其镶贴在较隐蔽的部位。

5. 贴陶瓷锦砖

镶贴应自上而下进行。高层建筑采取措施后，可分段进行。在每一分段或分块内的陶瓷锦砖，均为自下向上镶贴。贴陶瓷锦砖时底灰要浇水润湿，并在弹好水平线的下口，支上一根垫尺，一般三人为一组进行操作。一人浇水润湿墙面，先刷上一道素水泥浆（内掺适量胶黏剂）；再抹 2～3 mm 厚的 1∶1 水泥砂浆（适量胶黏剂），用靠尺板刮平，再用抹子抹平；另一人将陶瓷锦砖铺在木托板上（麻面朝上），缝抹 1∶1 水泥细砂浆，用软毛刷子刷净麻面，再抹上薄薄一层灰浆；然后一张一张递给第三人，第三人将四边灰刮掉，两手把住陶瓷锦砖上面，在已支好的垫尺上由下往上贴，缝子对齐，要注意按弹好的横竖线贴。如分格贴完一组，将米厘条放在上口线继续贴第二组。镶贴的高度应根据当时气温条件而定。

陶瓷锦砖和石灰膏的质量要求

（1）陶瓷锦砖（马赛克）：应表面平整、颜色一致，每张长宽规格一致，尺寸正确，边棱整齐，一次进场。锦砖脱纸时间不得大于 40 min。

（2）石灰膏：应用块状生石灰淋制，淋制时必须用孔径不大于 3 mm×3 mm 的筛过滤，并贮存在沉淀池中。熟化时间，常温下一般不少于 15 d；用于罩面时，不应少于 30 d。使用时，石灰膏内不得含有未熟化的颗粒和其他杂质。

6. 揭纸、调缝

贴完陶瓷锦砖的墙面，要一手拿拍板，靠在贴好的墙面上，一手拿锤子对拍板满敲一遍（敲实、敲平），然后将陶瓷锦砖上的纸用刷子刷上水，20～30 min 后便可开始揭纸。揭开纸后检查缝子大小是否均匀，如出现歪斜、不正的缝，应顺序拨正贴实，先横后竖、拨正拨直为止。

7. 擦缝

粘贴后 48 h，先用抹子把近似陶瓷锦砖颜色的擦缝水泥浆摊放在需擦缝的陶瓷锦砖上，然后用刮板将水泥浆往缝里刮满、刮实、刮严,再用麻丝和擦布将表面擦净。遗留在缝里的浮砂可用潮湿干净的软毛刷轻轻带出,如需清洗饰面时,应待勾缝材料硬化后方可进行。起出米厘条的缝要用1:1水泥砂浆勾严勾平,再用擦布擦净。

二、砖墙墙面贴陶瓷锦砖

1. 基层处理

抹灰前墙面必须清扫干净,检查窗台、窗套和腰线等处,对损坏和松动的部分要处理好,然后浇水润湿墙面。

2. 吊垂直、套方、找规矩

同基层为混凝土墙面的做法。

其余做法,参见混凝土墙面贴陶瓷锦砖的做法。

三、加气混凝土墙面贴陶瓷锦砖

加气混凝土墙面贴陶瓷锦砖时,方法同本章第二节加气混凝土墙面贴砖。

四、冬期施工

参见本章第二节中关于冬期施工的内容。

五、施工注意事项

(1) 操作前检查脚手架和跳板是否搭设牢固,高度是否满足操作要求,合格后才能上架操作,凡不符合安全之处应及时改正。

(2) 镶贴好的陶瓷锦砖墙面,应有切实可靠的防止污染的措施;同时要及时清擦干净残留在门窗框、扇上的砂浆,特别是铝合金门窗框、扇;事先应粘贴好保护膜,预防污染。

(3) 各抹灰层在凝结前应防止风干、暴晒、水冲、撞击和振动。

(4) 在两层脚手架上操作时,应尽量避免在同一条垂直线上工作,必须同时作业时,对下层操作人员应设置防护措施。

(5) 拆除架子时注意,不要碰撞墙面。

(6) 对施工中可能发生碰损的入口、通道、阳角等部位,应采取临时保护措施。

(7) 雨后、春暖解冻时应及时检查外脚手架,防止沉陷发生安全事故。

(8) 脚手架必须按施工方案搭设,出入口应搭设安全通道。

(9) 施工现场应做到随干随清,确保施工现场的清洁。

(10) 对于密封材料及清洗溶剂等可能产生有害物质或气体的材料,应做到专人保管,以免对环境造成污染。

第四节　大理石、磨光花岗岩、预制水磨石饰面

一、满贴法施工

满贴法的适用范围

薄型小规格块材,边长小于 40 cm,可采用满贴方法。

(1) 进行基层处理和吊垂直、套方、找规矩,可参见镶贴面砖施工要点有关部分。要注意同一墙面不得有一排以上的非整砖,并应将其镶贴在较隐蔽的部位。

（2）在基层湿润的情况下，先刷黏结胶素水泥浆一道（内掺适量黏结胶），随刷随打底，底灰采用 1∶3 水泥砂浆，厚度约 12 mm，分两遍操作，第一遍约 5 mm，第二遍约 7 mm，待底灰压实刮平后，抹底子灰表面划毛。

（3）待底子灰凝固后便可进行分块弹线，随即将已湿润的块材抹上厚度为 2～3 mm 的素水泥浆，内掺适量黏结胶进行镶贴（也可以用胶粉），用木锤轻敲，用靠尺找平找直。

二、安装法施工

安装法的适用范围

大规格块材，边长大于 40 cm，镶贴高度超过 1 m 时，可采用安装法施工。

（1）钻孔、剔槽。安装前先将饰面板按照设计要求用台钻打眼，事先应钉木架使钻头直对板材上端面，在每块板的上、下两个面打眼，孔位打在距板宽的两端 1/4 处，每个面各打两个眼，孔径 5 mm，深度 12 mm，孔位距石板背面以 8 mm 为宜（指钻孔中心）。如大理石或预制水磨石、磨光花岗石宽度较大时，可以增加孔数。钻孔后用金刚錾子把石板背面的孔壁轻轻剔一道槽，深 5 mm 左右，连同孔眼形成象鼻眼，以备埋设铜丝之用。如图 5-9 所示。

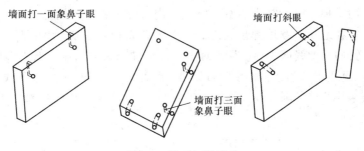

图 5-9　墙面打眼示意

若饰面板规格较大，特别是预制水磨石和磨光花岗岩，如下端不好拴绑铜丝时，亦可在未镶贴饰面板的一侧，采用手提轻便小薄砂轮（4～5 mm），按规定在板高的 1/4 处上、下各开一槽（槽长 3～4 cm，槽深约 12 mm，与饰面板背面打通，竖槽一般居中，亦可偏外，但以不损坏外饰面和不泛碱为宜），可将铜丝卧入槽内，便可拴绑与钢筋网固定。此法亦可直接在镶贴现场做。

大理石、磨光花岗岩、预制水磨石的质量要求

大理石、磨光花岗岩、预制水磨石等规格、颜色符合设计和图纸的要求，应有出厂合格证明及复试报告。但表面不得有隐伤、风化等缺陷。不宜用易褪色的材料包装。

（2）穿铜丝。把备好的铜丝剪成长 20 cm 左右，一端用木楔粘环氧树脂将铜丝楔进孔内固定牢固，另一端将铜丝顺孔槽弯曲并卧入槽内，使大理石或预制水磨石、磨光花岗岩上、下端面没有铜丝突出，以便和相邻石板接缝严密。

（3）绑扎钢筋网。首先剔出墙上的预埋筋，把墙面镶贴大理石或预制水磨石的部位清扫干净。先绑扎一道竖向 φ6 钢筋，并把绑好的竖筋用预埋筋弯压于墙面。横间钢筋为横扎大理石或预制水磨石、磨光花岗岩板材所用，如板材高度为 60 cm 时，第一道横筋在地面以上 10 cm 处与主筋绑牢，用作绑扎第一层板材的下口固定铜丝。第二道横筋绑在 50 cm 水平线

上 7～8 cm，比石板上口低 2～3 cm 处，用于绑扎第一层石板上口固定铜丝，再往上每 60 cm 绑一道横筋即可。按照设计要求事先在基层表面绑扎好钢筋网，与结构预埋件绑扎牢固，如图 5-10 所示。

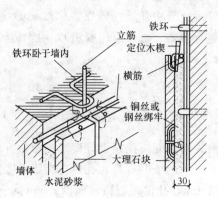

图 5-10　大理石传统安装方法

（4）弹线。首先将大理石或预制水磨石、磨光花岗岩的墙面、柱面和门窗套用大线坠从上至下找出垂直。应考虑大理石或预制水磨石、磨光花岗岩板材厚度、灌注砂浆的空隙和钢筋所占尺寸，一般大理石或预制水磨石、磨光花岗岩外皮距结构面的厚度应以 5～7 cm 为宜。找出垂直后，在地面上顺墙弹出大理石、磨光花岗岩或预制水磨石板等外轮廓尺寸线（柱面和门窗套等同）。此线即为第一层大理石、磨光花岗岩或预制水磨石等的安装基准线。编好号的大理石、磨光花岗岩或预制水磨石板等在弹好的基准线上画出就位线，每块留 1 mm 缝隙（如设计要求拉开缝，则按设计规定画出缝隙）。凡位于阳角处相邻两块板材，宜磨边卡角（图 5-11）。

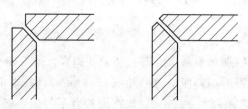

图 5-11　阳角磨边卡角

（5）安装大理石或预制水磨石、磨光花岗岩。按部位取石板并舒直铜丝，将石板就位，石板上口外仰，右手伸入石板背面，把石板下口铜丝绑扎在横筋上。绑时不要太紧可留余量，只要把铜丝和横筋拴牢即可（灌浆后即会锚固），把石板竖起，便可绑大理石或预制水磨石、磨光花岗岩板上口铜丝，并用木楔子垫稳，块材与基层间的缝隙（即灌浆厚度）一般为 30～50 mm。用靠尺板检查调整木楔，再拴紧铜丝，依次向另一方进行。柱面可按顺时针方向安装，一般先从正面开始。第一层安装完毕再用靠尺板找垂直，水平尺找平整，方尺找阴阳角方正，在安装石板时如发现石板规格不准确或石板之间的空隙不符，应用铅皮垫牢，使石板之间缝隙均匀一致，并保持第一层石板上口的平直。找完垂直、平整、方正后，用碗调制熟石膏，把调成粥状的石膏贴在大理石或预制水磨石、磨光花岗石板上下之间，使这两层石板结成一整体，木楔处亦可粘贴石膏，再用靠尺板检查有无变形，等石膏硬化后方可灌浆（如设计有嵌缝塑料软管者，应在灌浆前塞放好）。图 5-12 为花岗石分格与几种缝的处理示意图。

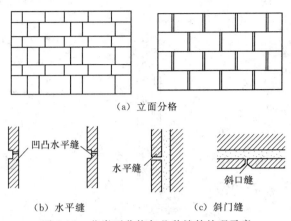

（a）立面分格

凹凸水平缝　　　水平缝　　　斜口缝

（b）水平缝　　　　　　　（c）斜门缝

图 5-12　花岗石分格与几种缝的处理示意

（6）灌浆。把配合比为 1∶2.5 水泥砂浆放入半截大桶加水调成粥状（稠度一般为 8～12 cm），用铁簸箕舀浆徐徐倒入，注意不要碰大理石、磨光花岗岩或预制水磨石板，边灌边用橡胶锤轻轻敲击石板面使灌入砂浆排气。第一层浇灌高度为 15 cm，不能超过石板高度的 1/3；第一层灌浆很重要，因要锚固石板的下口铜丝又要固定石板，所以要轻轻操作，防止碰撞和猛灌。如发生石板外移错动，应立即拆除重新安装。

第一次灌入 15 cm 后停 1～2 h，等砂浆初凝，此时应检查是否有移动，再进行第二层灌浆，灌浆高度一般为 20～30 cm，待初凝时再继续灌浆。第三层灌浆至低于板上口 5～10 cm 处为止。

（7）擦缝。全部石板安装完毕后，清除所有石膏和余浆痕迹，用抹布擦洗干净，并按石板颜色调制色浆嵌缝，边嵌边擦干净，使缝隙密实、均匀、干净、颜色一致。

（8）柱子贴面。安装柱面大理石或预制水磨石、磨光花岗岩，其弹线、钻孔、绑钢筋和安装等工序与镶贴墙面方法相同，要注意灌浆前用木方钉成槽形木卡子，双面卡住大理石板、磨光花岗岩或预制水磨石板，以防止灌浆时大理石或预制水磨石、磨光花岗岩板外胀。

三、大理石饰面板安装

1. 传统的湿作业法安装

（1）预拼及钻孔。安装前，先按设计要求在平地上进行试拼，校正尺寸，使宽度符合要求，缝子平直均匀，并调整颜色、花纹，力求色调一致，上下左右纹理通顺，不得有花纹、横、竖突变现象。试拼后再分部位逐块按安装顺序予以编号，以便安装时对号入座。对已选好的大理石，还应进行钻孔剔槽，以便穿绑铜丝或不锈钢丝与墙面预埋钢筋网绑牢，固定饰面板。

大理石的质量要求

大理石是一种变质岩，其主要成分是碳酸钙，纯粹的大理石呈白色，但通常因含有多种其他化学成分，因而呈灰、黑、红、黄、绿等各种颜色。当各种成分分布不均匀时，就使大理石的色彩花纹丰富多变，绚丽悦目。表面经磨光后，纹理雅致，色泽鲜艳，是一种高级饰面材料。大理石在潮湿和含有硫化物的大气作用下，容易风化、溶蚀，使表面很快失去光泽，变色掉粉，表面变得粗糙多孔，甚至剥落。所以大理石除汉白玉、艾叶青等少数几种质较纯者外，一般只适宜用于室内饰面。其安装固定示意如图 5-13 所示。

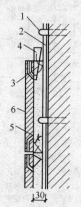

图 5-13 大理石安装固定示意
1—铁环；2—立筋；3—横筋；4—定位木楔；
5—钢丝；6—大理石板

（1）大理石的物理性能见表 5-12。

表 5-12 大理石的物理性能

性 能 项 目		指　标
体积密度（kg/m³）		≥2.30
吸水率（%）		≤0.50
干燥压缩强度（MPa）		≥50.0
干燥 水饱和	弯曲强度（MPa）	≥7.0
耐磨度（1/cm³）		≥10

注：为了颜色和设计效果，以两块或多块大理石组合拼接时，耐磨度差异应不大于 5，建议适用于
　　经受严重踩踏的阶梯、地面和月台使用的石材耐磨度最小为 12。

（2）规格尺寸允许偏差。

1）普型板规格尺寸允许偏差见表 5-13。

表 5-13 普型板规格尺寸允许偏差

项　目		允许偏差（mm）		
		优等品	一等品	合格品
长度、宽度		0 −1.0		0 −1.5
厚度	≤12	±0.5	±0.8	±1.0
	>12	±1.0	±1.5	±2.0
干挂板材厚度		+2.0 0		+3.0 0

2）圆弧板壁厚最小值应不小于 20 mm，规格尺寸允许偏差见表 5-14。圆弧板各部位
名称如图 5-14 所示。

表 5-14 圆弧板规格尺寸允许偏差

项 目	允许偏差（mm）		
	优等品	一等品	合格品
弦长	0 −1.0		0 −1.5
高度	0 −1.0		0 −1.5

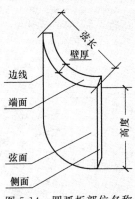

图 5-14 圆弧板部位名称

（3）平面度允许公差。

1）普型板平面度允许公差见表 5-15。

表 5-15 普型板平面度允许公差

板材长度（mm）	允许公差（mm）		
	优等品	一等品	合格品
≤400	0.2	0.3	0.5
>400，≤800	0.5	0.6	0.8
>800	0.7	0.8	1.0

2）圆弧板直线度与线轮廓度允许公差见表 5-16。

表 5-16 圆弧板直线度与线轮廓度允许公差

板材长度（mm）		允许公差（mm）		
		优等品	一等品	合格品
直线度 （按板材高度）	≤800	0.6	0.8	1.0
	>800	0.8	1.0	1.2
线轮廓度		0.8	1.0	1.2

（4）角度允许公差。

1）普型板角度允许公差见表 5-17。

表 5-17   普型板角度允许公差

板材长度（mm）	允许偏差（mm）		
	优等品	一等品	合格品
≤400	0.3	0.4	0.5
>400	0.4	0.5	0.7

2）圆弧板端面角度允许公差：优等品为 0.4 mm，一等品为 0.6 mm，合格品为 0.8 mm。

3）普型板拼缝板材正面与侧面的夹角不得大于 90°。

4）圆弧板侧面角α（图 5-15）应不小于 90°。

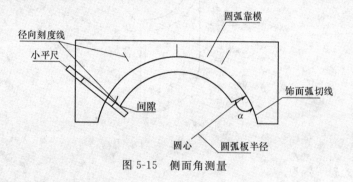

图 5-15   侧面角测量

（5）外观质量。

1）同一批板材的色调应基本调和，花纹应基本一致。

2）板材正面的外观缺陷的质量要求应符合表 5-18 的规定。

3）板材允许黏结和修补。黏结和修补后应不影响板材的装饰效果和物理性能。

表 5-18   板材外观质量要求

名称	规定内容	优等品	一等品	合格品
裂纹	长度超过 10 mm 的允许条数（条）		0	
缺棱	长度不超过 8 mm，宽度不超过 1.5 mm（长度不大于 4 mm，宽度不大于 1 mm 不计），每米长允许个数（个）	0	1	2
缺角	沿板材边长顺延方向，长度不大于 3 mm，宽度不大于 3 mm（长度不大于 2 mm，宽度不大于 2 mm 不计），每块板允许个数（个）			
色斑	面积不超过 6 cm²（面积小于 2 cm² 不计），每块板允许个数（个）			
砂眼	直径在 2 mm 以下		不明显	有，不影响装饰效果

（2）绑扎钢筋网。首先剔出预埋筋，把墙面（柱面）清扫干净，先绑扎（或焊接）一道竖向钢筋（$\phi6$ 或 $\phi8$），间距一般为 300～500 mm，并把绑好的竖筋用预埋筋弯压于墙面，

并使其牢固。然后将横向钢筋与竖筋绑牢或焊接，以作为拴系大理石板材用。若基体未预埋钢筋，可用电钻钻孔，埋设膨胀螺栓固定预埋垫铁，然后将钢筋网竖筋与预埋垫铁焊接，后绑扎横向钢筋。

（3）弹线。在墙（柱）面上分块弹出水平线和垂直线，并在地面上顺墙（柱）弹出大理石板外廓尺寸线。

（4）安装。从最下一层开始，两端用块材找平找直，拉上横线，再从中间或一端开始安装。安装时，按部位编号取大理石板就位，先将下口铜丝绑在横筋上，再绑上口铜丝，用靠尺板靠直靠平，并用木楔垫稳，再将铜丝系紧，保证板与板交接处四角平整。

（5）临时固定。石板找好垂直、平整、方正后，在石板表面横竖接缝处每隔 100～150 mm 用调成糊状的石膏浆（石膏中可掺加 20％的白水泥以增加强度，防止石膏裂缝）予以粘贴，临时固定石板，使该层石板成一整体，以防止发生移位。

（6）灌浆。待石膏凝结、硬化后，即可用 1：2.5 水泥砂浆（稠度一般为 10～15 cm）分层灌入石板内侧缝隙中，每层灌注高度为 150～200 mm，并不得超过石板高度的 1/3。灌注后应插捣密实。只有待下层砂浆初凝后，才能灌注上层砂浆。如发生石板位移错动，应拆除重新安浆。

（7）嵌缝。全部石板安装完毕，灌注砂浆达到设计的强度标准值的 50％后，即可清除所有固定石膏和余浆痕迹，用抹布擦洗干净，并用与石板相同颜色的水泥浆填抹接缝，边抹边擦干净，保证缝隙密实，颜色一致。大理石安装于室外时，接缝应用干性油腻子填抹。全部大理石板安装完毕后，表面应清洗干净。若表面光泽受到影响，应重新打蜡上光。

接缝要求

（1）天然石饰面板的接缝，应符合下列规定。

1）室内安装光面和镜面的饰面板，接缝应干接，接缝处宜用与饰面板相同颜色的水泥浆填抹。

2）室外安装光面和镜面的饰面板，接缝可干接或在水平缝中垫硬塑料板条，垫塑料板条时，应将压出部分保留，待砂浆硬化后，将塑料板条剔出，用水泥细砂浆勾缝。干接缝应用与饰面板相同颜色水泥浆填平。

3）粗磨面、麻面、条纹面、天然面饰面板的接缝和勾缝应用水泥砂浆。勾缝深度应符合设计要求。

（2）人造石饰面板的接缝宽度、深度应符合设计要求，接缝宜用与饰面板相同颜色的水泥浆或水泥砂浆抹勾严实。

（3）饰面板完工后，表面应清洗干净。光面和镜面的饰面板经清洗晾干后，方可打蜡擦亮。

（4）装配式挑檐、托座等的下部与墙或柱相接处，镶贴饰面板应留有适量的缝隙。镶贴变形缝处的饰面板留缝宽度，应符合设计要求。

石材饰面板可分为天然石饰面板和人造石饰面板两大类：前者有大理石、花岗石和青石板饰面板等；后者有预制水磨石、预制水刷石和合成石饰面板等。

小规格的饰面板（一般指边长不大于 400 mm，安装高度不超过 1 m 时）通常采用与釉面砖相同的粘贴方法安装，大规格的饰面板则通过采用连接件的固定方式来安装。

2. 改进的湿作业法安装

改进的湿作业法安装简介

大理石饰面板传统的湿作业法安装工序多、操作较为复杂，易造成粘贴不牢、表面接槎不平整等质量缺陷，而且采用钢筋网连接也增加了工程造价。改进的湿作业法克服了传统工艺的不足，现已得到广泛应用。

采用该方法时，其施工准备、板材预拼编号等工序与传统工艺相同，其他不同工序的施工要点如下。

（1）基体处理。大理石饰面板安装前，基体应清理干净，并用水湿润，抹上 1∶1 水泥砂浆（体积比），砂子应采用中砂或粗砂。大理石板背面也要用清水刷洗干净，以提高其黏结力。

（2）石板钻孔。将大理石饰面板直立固定于木架上，用电钻在距板两端 1/4 处，位于板厚度的中心钻孔，孔径为 6 mm，孔深为 35～40 mm。

（3）基体钻斜孔。用冲击钻按板材分块弹线位置，对应于板材上孔及下孔位置打 45°斜孔，孔径 6 mm，孔深 40～50 mm。

（4）板材安装就位、固定。基体钻孔后，将大理石板安放就位，按板材与基体相距的孔距，用克丝钳现场加工直径为 5 mm 的不锈钢 U 形钉，将其一端勾进大理石板材直孔内，并随即用硬木小楔楔紧，另一端勾进基体斜孔内，并拉线或用靠尺板及水平尺校正板上下口及板面垂直度和平整度，以及与相邻板材接合是否严密，随后将基体斜孔内 U 形钉楔紧。接着用大木楔入板材与基体之间，以紧固 U 形钉。如图 5-16 所示。

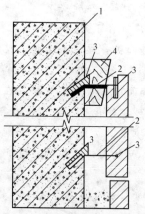

图 5-16　大理石板就位固定示意
1—墙体；2—U 形钉；3—大理石板；4—定位木楔

（5）分层灌注黏结砂浆，与前述传统工艺相同。大理石饰面板安装的质量要求是：表面光亮平整，纹理通顺，不得有裂缝、缺棱、掉角等缺陷；接缝平直、嵌缝严密、颜色一致；与基层黏结牢固，不得有空鼓现象。

四、花岗石饰面板安装

1. 改进的湿作业方法

传统的湿作业方法与前述大理石饰面板的传统湿作业安装方法相同。但由于花岗石饰面板长期暴露于室外，传统的湿作业方法常发生空鼓、脱落等质量缺陷，为克服此缺点，便提出了改进的湿作业方法，其特点是增用了特制的金属夹锚固件。

花岗石的质量要求

天然花岗石是一种火成岩，主要由长石、石英和云母等组成，按其结晶颗粒大小可分为伟晶、粗晶和细晶三种。

品质优良的花岗石结晶颗粒分布细而均匀，云母少而石英含量多。花岗石岩质坚硬密实、强度高。有深青、紫红、粉红、浅灰、纯黑等多种颜色，并有均匀的黑白点。其具有耐久性好、坚固不易风化、色泽经久不变、装饰效果好等优点，是一种高级装饰材料，用其做装饰层显得庄重大方，高贵豪华。多用于室内外墙面、墙裙和楼地面等的装饰。

（1）花岗石板材的分类。

1）按形状分类：毛光板（MG）；普型板（PX）；圆弧板（HM）；异形板（YX）。

2）按表面加工程度分类：镜面板；细面板；粗面板。

3）按用途分类：一般用途（用于一般性装饰用途）；功能用途（用于结构性承载用途或特殊功能要求）。

（2）花岗石规格板的尺寸见表5-19。

表5-19　花岗石规格板的尺寸

边长系列	300*、305、400、500、600*、800、900、1 000、1 200、1 500、1 800
厚度系列	10*、12、15、18、20*、25、30、35、40、50

注：*常用规格。

（3）规格尺寸允许偏差。

1）普型板规格尺寸允许偏差应符合表5-20的规定。

表5-20　普型板规格尺寸允许偏差　　　　　　　　　　　　（单位：mm）

项　目		镜面和细面板材			粗面板材		
		优等品	一等品	合格品	优等品	一等品	合格品
长度、宽度		0～−1.0		0～−1.5	0～−1.0		0～−1.5
厚度	≤12	±0.5	±1.0	+1.0～−1.5	—		
	>12	±1.0	±1.5	±2.0	+1.0～2.0	±2.0	+2.0～−3.0

2）圆弧板壁厚最小值应不小于18 mm，规格尺寸允许偏差应符合表5-21的规定。圆弧板各部位名称及尺寸标注参见图5-14。

3）用于干挂的普型板材厚度允许偏差为+3.0～−1.0 mm。

（4）平面度允许公差。

1）普型板平面度允许公差应符合表5-22的规定。

2）圆弧板直线度与线轮廓度允许公差应符合表5-23的规定。

表 5-21　圆弧板规格尺寸允许偏差　　　　　　　　(单位：mm)

项　目	镜面和细面板材			粗面板材		
	优等品	一等品	合格品	优等品	一等品	合格品
弦长	0～－1.0		0～－1.5	0～－1.5	0～－2.0	0～－2.0
高度				0～－1.0	0～－1.0	0～－1.5

表 5-22　普型板平面度允许公差　　　　　　　　(单位：mm)

板材长度（L）	镜面和细面板材			粗面板材		
	优等品	一等品	合格品	优等品	一等品	合格品
L≤400	0.20	0.35	0.50	0.60	0.80	1.00
400＜L≤800	0.50	0.65	0.80	1.20	1.50	1.80
L＞800	0.70	0.85	1.00	1.50	1.80	2.00

表 5-23　圆弧板直线度与线轮廓度允许公差　　　　(单位：mm)

项　目		镜面和细面板材			粗面板材		
		优等品	一等品	合格品	优等品	一等品	合格品
直线度（按板材高度）	≤800	0.80	1.00	1.20	1.00	1.20	1.50
	＞800	1.00	1.20	1.00	1.20	1.50	2.00
线轮廓度		0.80	1.00	1.20	1.00	1.80	2.00

（5）角度允许公差。

1）普型板角度允许公差应符合表 5-24 的规定。

表 5-24　普型板角度允许公差　　　　　　　　(单位：mm)

板材长度（L）	优　等　品	一　等　品	合　格　品
L≤400	0.30	0.50	0.80
L＞400	0.40	0.60	1.00

2）圆弧板角度允许公差：优等品为 0.40 mm，一等品为 0.60 mm，合格品为 0.80 mm。

3）普型板拼缝板材正面与侧面的夹角不得大于 90°。

4）圆弧板侧面角 α（参见图 5-15）应不小于 90°。

（6）外观质量。

1）同一批板材的色调应基本调和，花纹应基本一致。

2）板材正面的外观质量要求应符合表 5-25 的规定。

表 5-25　板材正面的外观质量要求

名　称	规　定　内　容	优等品	一等品	合格品
缺棱	长度不超过 10 mm，宽度不超过 1.2 mm（长度小于 5 mm，宽度小于 1.0 mm 不计），周边每米长允许个数（个）	不允许	1	2
缺角	沿板材边长，长度不大于 3 mm，宽度不大于 3 mm（长度不大于 2 mm，宽度不大于 2 mm 不计），每块板允许个数（个）			
裂纹	长度不超过两端顺延至板边总长度的 1/10（长度小于 20 mm 的不计），每块板允许条数（条）			
色斑	面积不超过 15 mm×30 mm（面积小于 10 mm×10 mm 不计），每块板允许个数（个）	不允许	2	3
色线	长度不超过两端顺延至板边总长度的 1/10（长度小于 40 mm 的不计），每块板允许条数（条）			

注：干挂板不允许有裂纹存在。

（7）物理性能。

天然花岗石建筑板材的物理性能应符合表 5-26 的规定；工程对石材物理性能项目及指标有特殊要求的，按工程要求执行。

表 5-26　天然花岗石建筑板材的物理性能

项　　目		技术指标	
		一般用途	功能用途
体积密度（g/cm³）		≥2.56	≥2.56
吸水率（%）		≤0.60	≤0.40
压缩强度（MPa）	干燥	≥100	≥131
	水饱和		
弯曲强度（MPa）	干燥	≥8.0	≥8.3
	水饱和		
耐磨性[①]（1/cm³）		≥25	≥25

注：①使用在地面、楼梯踏步、台面等严重踩踏或磨损部位的花岗石材应检验此项。

其主要操作要点如下。

（1）板材钻斜孔打眼，安装金属夹，如图 5-17 所示。

（2）安装饰面板、浇灌细石混凝土。

（3）擦缝、打蜡。

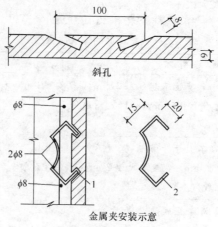

图 5-17　板材钻斜孔打眼，金属夹安装
1—JGN 胶；2—碳钢弹簧卡

2. 干作业方法

干作业方法又称干挂法。它是利用高强、耐腐蚀的连接固定件把饰面板挂在建筑物结构的外表面上，中间留出适量空隙。在风荷载或地震作用下，允许产生适量变位，而不致使饰面板出现裂缝或发生脱落，当风荷载或地震消失后，饰面板又能随结构复位。

干挂法解决了传统的灌浆湿作业法安装饰面板存在的施工周期长、黏结强度低、自重大、不利于抗震、砂浆易污染外饰面等缺点，具有安装精度高、墙面平整、取消砂浆黏结层、减轻建筑自重、提高施工效率等特点。且板材与结构层之间留有 40～100 mm 的空腔，具有保温和隔热作用，节能效果显著。干挂石的支撑方式分为在石材上下边支撑和侧边支撑两种，前者易于施工时临时固定，故国内多采用此方法，如图 5-18 所示。干挂法工艺流程及主要工艺要求如下。

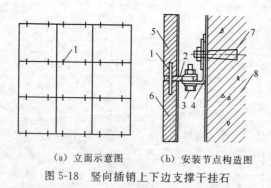

（a）立面示意图　　　　（b）安装节点构造图

图 5-18　竖向插销上下边支撑干挂石

1—钢针；2—舌板；3—连接螺栓；4—托板；5—上饰面板；6—下饰面板；7—膨胀螺栓；8—混凝土基体

（1）外墙基体表面应坚实、平整，凸出物应凿去，清扫干净。

（2）对石材要进行挑选，几何尺寸必须准确，颜色均匀一致，石粒均匀，背面平整，不准有缺棱、掉角、裂缝、隐伤等缺陷。

（3）石材必须用模具进行钻孔，以保证钻孔位置的准确。

（4）石材背面刷不饱和树脂，贴玻璃丝布做增强处理时应在作业棚内进行，环境要清洁，通风良好，无易燃物，温度不宜低于 10 ℃。

（5）膨胀螺栓钻孔深度宜为 550～600 mm。

（6）作为防水处理，底层板安装好后，将其竖缝用橡胶条嵌缝 250 mm 高，板材与混凝土基体间的空腔底部用聚苯板填塞，然后在空腔内灌入 1∶2.5 的白水泥砂浆，高度为 200 mm，待砂浆凝固后，将板缝中的橡胶条取出，在每块板材间接缝处的白水泥砂浆上表面设置直径为 6 mm 的排水管，使上部渗下的雨水能顺利排出。

（7）板材的安装由下而上分层沿一个方向依次顺序进行，同一层板材安装完毕后，应检查其表面平面度及水平度，经检查合格后，方可进行嵌缝。

（8）嵌缝前，饰面板周边应粘贴防污条，防止嵌缝时污染饰面板。密封胶要嵌填饱满密实，光滑平顺，其颜色要与石材颜色一致。

3. 冬期施工

（1）灌缝砂浆应采取保温措施，砂浆的温度不宜低于 5℃。

（2）灌注砂浆硬化初期不得受冻。气温低于 5℃时，室外灌注砂浆可掺入能降低冻结温度的外加剂，其掺量应由试验确定。

（3）用冻结法砌筑的墙，应待其解冻后方可施工。

（4）冬期施工，镶贴饰面板宜供暖也可采用热空气或带烟囱的火炉加速干燥。采用热空气时，应设通风设备排除湿气。并设专人进行测温控制和管理，保温养护 7～9 d。

五、墙、柱面石材铺装

（1）铺贴前应进行挑选，并应按设计要求进行预拼。

（2）强度较低或较薄的石材应在背面粘贴玻璃纤维网布。

（3）当采用湿作业法施工时，固定石材的钢筋网应与结构预埋件连接牢固。每块石材与钢筋网拉接点不得少于 4 个。拉接用金属丝应具有防锈性能。灌注砂浆前应将石材背面及基层湿润，并应用填缝材料临时封闭石材板缝，避免漏浆。灌注砂浆宜用 1∶2.5 水泥砂浆，灌注时应分层进行，每层灌注高度宜为 150～200 mm，且不超过板高的 1/3，插捣密实。待其初凝后方可灌注下层水泥砂浆。

（4）当采用粘贴法施工时，基层处理应平整但不应压光。胶黏剂的配合比应符合产品说明书的要求。胶液应均匀、饱满地刷抹在基层和石材背面，石材就位时应准确，并应立即挤紧、找平、找正，进行顶、卡固定。溢出胶液应随时清除。

六、质量标准

1. 主控项目

（1）饰面板的品种、规格、颜色和性能应符合设计要求。

检验方法：观察；检查产品合格证书、进场验收记录和性能检测报告。

（2）饰面板孔、槽的数量、位置和尺寸应符合设计要求。

检验方法：检查进场验收记录和施工记录。

（3）饰面板安装工程的预埋件（或后置埋件）、连接件的数量、规格、位置、连接方法和防腐处理必须符合设计要求。后置埋件的现场拉拔强度必须符合设计要求。饰面板安装必须牢固。

检验方法：手扳检查；检查进场验收记录、现场拉拔检测报告、隐蔽工程验收记录和施工记录。

2. 一般项目

（1）饰面板表面应平整、洁净、色泽一致，无裂痕和缺损。石材表面应无泛碱等污染。

检验方法：观察。

（2）饰面板嵌缝应密实、平直，宽度和深度应符合设计要求，嵌填材料色泽应一致。

检验方法：观察；尺量检查。

（3）采用湿作业法施工的饰面板工程，石材应进行了防碱背涂处理。饰面板与基体之间的灌注材料应饱满、密实。

检验方法：用小锤轻击检查；检查施工记录。

（4）饰面板上的孔洞应套割吻合，边缘应整齐。

检验方法：观察。

（5）饰面板安装的允许偏差和检验方法应符合表 5-27 的规定。

表 5-27　饰面板安装的允许偏差和检验方法

项次	项目	允许偏差（mm）			检验方法
		石材			
		光面	剁斧石	蘑菇石	
1	立面垂直度	2	3	3	用 2 m 垂直检测尺检查
2	表面平整度	2	3	—	用 2 m 靠尺和塞尺检查
3	阴阳角方正	2	4	4	用直角检测尺检查
4	接缝直线度	2	4	4	拉 5 m 线，不足 5 m 拉通线，用钢直尺检查
5	墙裙、勒脚上口直线度	2	4	3	拉 5 m 线，不足 5 m 拉通线，用钢直尺检查
6	接缝高低差	0.5	3	—	用钢直尺和塞尺检查
7	接缝宽度	1	2	2	用钢直尺检查

七、施工注意事项

（1）大理石、磨光花岗石、预制水磨石柱面、门窗套等安装完后，对所有面层的阳角应及时用木板保护。同时要及时清擦干净残留在门窗框、扇的砂浆。特别是铝合金门窗框、扇，事先应粘贴好保护膜，预防污染。

（2）操作前检查脚手架和跳板是否搭设牢固，高度是否满足操作要求，合格后才能上架操作，凡不符合安全之处应及时改正。

（3）大理石、磨光花岗石、预制水磨石板墙面镶贴完后，应及时贴纸或贴塑料薄膜保护，以保证墙面不被污染。

（4）在两层脚手架上操作时，应尽量避免在同一条垂直线上工作，必须同时作业时，对下层操作人员应设置防护措施。

（5）脚手架严禁搭设在门窗、暖气片、水暖等管道上。禁止搭设飞跳板。禁止从高处往下乱投东西。

（6）夜间临时用的移动照明灯，必须用安全电压。机械操作人员须培训持证上岗，现场一切机械设备必须设专人操作。手持电动工具操作者必须戴绝缘手套。

（7）饰面板的结合层在凝结前应防止风干、暴晒、水冲、撞击和振动。

（8）施工现场应做到随干随清，确保施工现场的清洁。

（9）对于密封材料及清洗溶剂等可能产生有害物质或气体的材料，应做到专人保管，以免对环境造成污染。

（10）材料必须符合环保要求，无放射、无污染。

（11）拆除架子时注意不要碰撞墙面。

第六章 幕墙工程

第一节 玻璃幕墙工程

一、幕墙工程安装基本要求

（1）玻璃幕墙的施工测量应符合下列要求。

1）玻璃幕墙分格轴线的测量应与主体结构的测量配合，其误差应及时调整不得积累。

2）对高层建筑的测量应在风力不大于 4 级的情况下进行，每天应定时对玻璃幕墙的垂直及立柱位置进行校核。

（2）对于构件式玻璃幕墙，如玻璃为钢化玻璃、中空玻璃等现场无法裁割的玻璃，应事先检查玻璃的实际尺寸，如与设计尺寸不符，应调整框料与主体结构连接点中心位置。或可按框料的实际安装位置（尺寸）定制玻璃。

（3）按测定的连接点中心位置固定连接件，确保牢固。

（4）单元式玻璃幕墙安装宜由下往上进行。构件式玻璃幕墙框料宜由上往下进行安装。

（5）当构件式玻璃幕墙框料或单元式玻璃幕墙各单元与连接件连接后，应对整幅幕墙进行检查和纠偏，然后应将连接件与主体结构（包括用膨胀螺栓锚固）的预埋件焊牢。

（6）单元式玻璃幕墙的间隙用 V 形和 W 形或其他形胶条密封，嵌填密实，不得遗漏。

（7）构件式玻璃幕墙应按设计图纸要求进行玻璃安装。玻璃安装就位后，应及时用橡胶条等嵌填材料与边框固定，不得临时固定或明摆浮搁。

（8）玻璃周边各侧的橡胶条应各为单根整料，在玻璃角部断开。橡胶条型号应无误，镶嵌平整。

（9）橡胶条外涂敷的密封胶，品种应无误（镀膜玻璃的镀膜面严禁采用乙酸型有机硅酮胶），应密实均匀，不得遗漏，外表平整。

（10）单元式玻璃幕墙各单元的间隙、构件式玻璃幕墙的框架料之间的间隙、框架料与玻璃之间的间隙，以及其他所有的间隙，应按设计图纸要求予以留够。

（11）单元式玻璃幕墙各单元之间的间隙及隐式幕墙各玻璃之间缝隙，应按设计要求安装，保持均匀一致。

（12）镀锌连接件施焊后应去掉药皮，镀锌面受损处焊缝表面应刷两道防锈漆。所有与铝合金型材接触的材料（包括连接件）及构造措施，应符合设计图纸，不得发生接触腐蚀，且不得直接与水泥砂浆等材料接触。

（13）应按设计图纸规定的节点构造要求，进行幕墙的防雷接地以及所有构造节点（包括防火节点）和收口节点的安装与施工。

（14）清洗幕墙的洗涤剂应经检验，应对铝合金型材镀膜、玻璃及密封胶条无侵蚀作用，并应及时将其冲洗干净。

二、单元式玻璃幕墙的安装

1. 测量放线

测量放线的目的是确定幕墙安装的准确位置，因此，必须先熟悉幕墙设计施工图纸。

对主体结构的质量（如垂直度、水平度、平整度及预留孔洞、埋件等）进行检查，做好记录，如有问题应提前进行剔凿处理。根据检查的结果，调整幕墙与主体结构的间隔距离。

校核建筑物的轴线和标高，然后弹出玻璃幕墙安装位置线。

2. 牛腿安装

在建筑物上固定幕墙，首先要安装好牛腿铁件。在土建结构施工时应按设计要求将固定牛腿铁件的 T 形槽预埋在每层楼板（梁、柱）的边缘或墙面上，如图 6-1 所示。

当主体结构为钢结构时，连接件可直接焊接或用螺栓固定在主体结构上；当主体结构为钢筋混凝土结构时，如施工能保证预埋件位置的精度，可采用在结构上预埋铁件或 T 形槽来固定连接件，如图 6-1 所示，否则应采用在结构上钻孔安装金属膨胀螺栓来固定连接件。

在风荷载较大地区和地震区，预埋件应埋设在楼板结构层上，如图 6-1 所示，预埋件中心距结构边缘应不小于 150 mm。采用膨胀螺栓连接时，亦须锚固在楼板结构层上，螺栓距结构边缘不应小于 100 mm，螺栓不应小于 M12，螺栓埋深不应小于 70 mm，如图 6-2 所示。

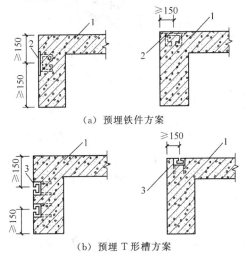

（a）预埋铁件方案

（b）预埋 T 形槽方案

图 6-1　预埋固定连接体的结构示意

1—主体钢筋混凝土楼层结构；2—预埋铁件；3—预埋 T 形槽

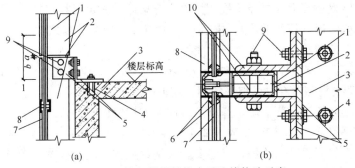

图 6-2　立柱与楼层结构支承连接构造示意

1—立柱；2—立柱滑动支座；3—楼层结构；4—膨胀螺栓；5—连接角钢
6—橡胶条和密封胶；7—玻璃；8—横杆；9—螺栓；10—防腐蚀垫片

连接件上所有的螺栓孔应为长圆形孔，使单元式玻璃幕墙的安装位置能在 x、y、z 三个方向进行调整，如图 6-3 所示。

牛腿安装前，用螺钉先穿入 T 形槽内，再将铁件初次就位，就位后进行精确找正。牛腿找正是幕墙施工中重要的一环，它的准确与否将直接影响幕墙安装质量。

按建筑物轴线确定距牛腿外表面的尺寸，用经纬仪测量平直，误差控制在 ±1 mm。水平轴线确定后，即可用水平仪抄平牛腿标高，找正时标尺下端放置在牛腿减振橡胶平面上，误差控制在 ±1 mm。同一层牛腿与牛腿的间距用钢尺测量，误差控制在 ±1 mm。每层牛腿测量要"三个方向"同时进行，即：外表定位（x 轴方向）、水平高度定位（y 轴方向）和牛腿间距定位（z 轴方向），如图 6-3 所示。

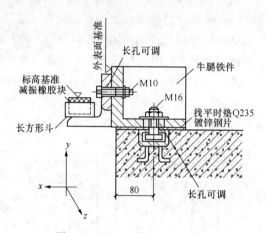

图 6-3　牛腿三维测量定位示意

水平找正时可用（1～4）mm×40 mm×300 mm 的镀锌钢板条垫在牛腿与混凝土表面进行调平。当牛腿初步就位时，要将两个螺钉稍加紧固，待一层全部找正后再将其完全紧固，并将牛腿与 T 形槽接触部分焊接。牛腿各零件间也要进行局部焊接，防止位移。凡焊接部位均应补刷防锈油漆。

牛腿的找正和幕墙安装要采取"四四法"，每次安装找正牛腿的一半数量，即当找正八层牛腿时，只能吊装四层幕墙。切不可找正多少层牛腿，随即安装多少层幕墙，这样就无法依据已找正的牛腿，作为其他牛腿找正的基准了。

3. 幕墙的吊装和调整

幕墙由工厂整榀组装后，要经质检人员检验合格后，方可运往现场。

幕墙必须采取立运（切勿平放），应用专用车辆进行运输。幕墙与车架接触面要垫好毛毡减振、减磨，上部用花篮螺钉将幕墙拉紧。

幕墙运到现场后，有条件的应立即进行安装就位。否则，应将幕墙存放箱中，如图 6-4 所示，也可用脚手架支搭临时存放，但必须用苫布遮盖。

牛腿找正焊牢后即可吊装幕墙，幕墙吊装应由下逐层向上进行。

吊装前需将幕墙之间的 V 形和 W 形防风橡胶带暂时铺挂外墙面上。幕墙起吊就位时，应在幕墙就位位置的下层设人监护，上层要有人携带螺钉、减振橡胶垫和扳手等准备紧固。

幕墙吊至安装位置时，幕墙下端两块凹形轨道插入下层已安装好的幕墙上端的凸形轨道内，将螺钉通过牛腿孔穿入幕墙螺孔内，螺钉中间要垫好两块减振橡胶圆垫。幕墙上方的方管梁上焊接的两块定位块，坐落在牛腿悬挑出的长方形橡胶块上，用两个六角螺栓固定，如

图 6-5 所示。

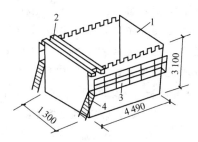

图 6-4　幕墙存放箱

1—箱件（角钢骨架焊 δ＝1 mm 钢板）；2—100 mm×100 mm

方木两侧钉橡胶板；3—操作平台；4—铁梯

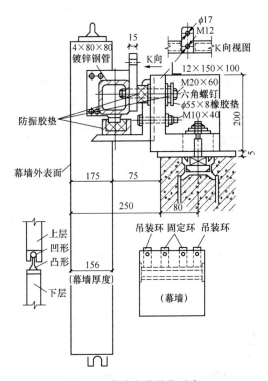

图 6-5　幕墙安装就位示意

　　幕墙吊装就位后，通过紧固螺栓、加垫等方法进行水平、垂直、横向三个方向调整，使幕墙横平竖直，外表一致。

单元式玻璃幕墙加工制作工艺

　　（1）单元式玻璃幕墙在加工前应对各板块编号，并应注明加工、运输、安装方向和顺序。

　　（2）单元板块的构件连接应牢固，构件连接处的缝隙应采用硅酮建筑密封胶密封，胶缝的施工应符合《玻璃幕墙工程技术规范》（JGJ 102—2003）第 10.3.7 条的要求。

　　（3）单元板块的吊挂件、支撑件应具备可调整范围，并应采用不锈钢螺栓将吊挂件与立柱固定牢固，固定螺栓不得少于 2 个。

（4）单元板块的硅酮结构密封胶不宜外露。

（5）明框单元板块在搬动、运输、吊装过程中，应采取措施防止玻璃滑动或变形。

（6）单元板块组装完成后，工艺孔宜封堵，通气孔及排水孔应畅通。

（7）当采用自攻螺钉连接单元组件框时，每处螺钉不应少于 3 个，螺钉直径不应小于 4 mm。螺钉孔最大内径、最小内径和拧入扭矩应符合表 6-1 的要求。

表 6-1　螺钉孔内径和扭矩要求

螺钉公称直径（mm）	孔径（mm）		扭矩（N·m）
	最小	最大	
4.2	3.430	3.480	4.4
4.6	4.015	4.065	6.3
5.5	4.735	4.785	10.0
6.3	5.475	5.525	13.6

（8）单元组件框加工制作允许尺寸偏差应符合表 6-2 的规定。

表 6-2　单元组件加工制作允许尺寸偏差

项次	项目		允许偏差	检查方法
1	框长（宽）度（mm）	≤2 000	±1.5 mm	钢尺或板尺
		>2 000	±2.0 mm	
2	分格长（宽）度（mm）	≤2 000	±1.5 mm	钢尺或板尺
		>2 000	±2.0 mm	
3	对角线长度差（mm）	≤2 000	≤2.5 mm	钢尺或板尺
		>2 000	≤3.5 mm	
4	接缝高低差		≤0.5 mm	游标深度尺
5	接缝间隙		≤0.5 mm	塞片
6	框画划伤		≤3 处且总长≤100 mm	
7	框料擦伤		≤3 处且总面积≤200 mm²	

（9）单元组件组装允许偏差应符合表 6-3 的规定。

表 6-3　单元组件组装允许偏差

项次	项目		允许偏差（mm）	检查方法
1	组件长度、宽度（mm）	≤2 000	±1.5	钢尺
		>2 000	±2.0	
2	组件对角线长度差（mm）	≤2 000	±2.5	钢尺
		>2 000	±3.5	
3	胶缝宽度		+1.0 0	卡尺或钢板尺
4	胶缝厚度		+0.5 0	卡尺或钢板尺

续上表

项次	项　　　目	允许偏差（mm）	检查方法
5	各搭接量（与设计值比）	+1.0 0	钢板尺
6	组件平面度	≤1.5	1 m 靠尺
7	组件内镶板间接缝宽度 （与设计值比）	±1.0	塞尺
8	连接构件竖向中轴线距组件外 表面（与设计值比）	±1.0	钢尺
9	连接构件水平轴线距组件水平 对插中心线	±1.0 （可上、下调节时为±2.0）	钢尺
10	连接构件竖向轴线距组件 竖向对插中心线	±1.0	钢尺
11	两连接构件中心线水平距离	±1.0	钢尺
12	两连接构件上、下端水平距离差	±0.5	钢尺
13	两连接构件上、上端对角线差	±1.0	钢尺

幕墙防雷构造

幕墙防雷，可用避雷带和避雷针。当采用避雷带时，可结合压顶装饰，采用不锈钢栏杆兼作避雷带，如图 6-6 所示。但不锈钢栏杆必须与建筑物防雷系统连接，并保证接地电阻满足要求。

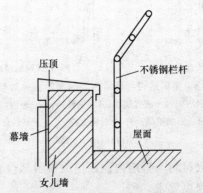

图 6-6　幕墙不锈钢栏杆兼作避雷带节点构造示意

4. 塞焊胶带

幕墙与幕墙之间的间隙，用 V 形和 W 形橡胶带封闭，胶带两侧的圆形槽内，用一条φ6圆胶棍将胶带与铝框固定，如图 6-7 所示。

胶带遇有垂直和水平接口时，可用专用热压胶带电炉将胶带加热后压为一体。

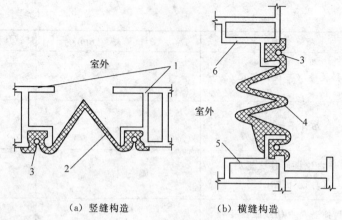

（a）竖缝构造　　　　　　（b）横缝构造

图 6-7　胶带使用示意

1—左右单元；2—V 形胶带；3—橡胶棍；4—W 形胶带；5—下单元；6—上单元

塞圆形胶棍时，为了润滑，可用喷壶在胶带上喷硅油（冬期）或洗衣粉水（夏期）。

全部塞胶带和热压接口工作基本在室内作业，但遇到无窗口墙面（如在建筑物的内、外拐角处），则需在室外乘电动吊篮进行。

5. 填塞保温、防火材料

幕墙内表面与建筑物的梁柱间，四周均有约 200 mm 间隙，这些间隙要按防火要求进行收口处理，用轻质防火材料充塞严实。空隙上封铝合金装饰板，下封大于口 0.8 mm 厚镀锌钢板，并宜在幕墙后面粘贴黑色非燃织品，如图 6-8 所示。

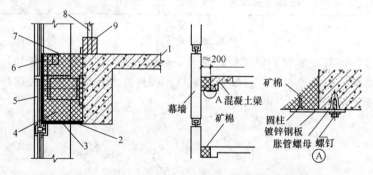

（a）构造示意　　　　　　（b）镀锌钢板固定示意

图 6-8　楼层结构与幕墙内表面缝隙防火处理示意

1—楼层结构；2—镀锌钢板；3—钢丝网；4—轻质耐火材料；

5—黑色非燃织品；6—上封板支撑；7—上部铝合金板；

8—室内栏杆；9—踢脚

施工时，必须使轻质耐火材料与幕墙内侧锡箔纸接触部位黏结严实，不得有间隙，不得松动，否则将达不到防火和保温要求。

　　　　　　　　　　玻璃幕墙填充和保温材料的要求

（1）玻璃幕墙宜采用聚乙烯泡沫棒作填充材料，其密度不应大于 37 kg/m³。

（2）玻璃幕墙的隔热保温材料，宜采用岩棉、矿棉、玻璃棉、防火板等不燃或难燃材料。

幕墙防火构造

幕墙必须具有一定的防火性能以满足防火规范的要求。规范要求如下。

（1）窗间墙、窗槛墙的填充材料应采用非燃烧材料。如其外墙面采用耐火极限不低于 1 h 的不燃烧材料时，其墙内填充材料可采用难燃烧材料。

（2）无窗间墙和窗槛的玻璃幕墙，应在每层楼板沿设置不低于 800 mm 高的实体裙墙或在玻璃幕墙内侧，每层设自动喷水保护，且喷头间距不应大于 2 m，如图 6-9 所示。

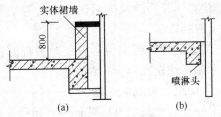

图 6-9 幕墙在每层楼板沿设置裙墙与喷头位置节点示意

（3）玻璃幕墙与每层楼板、隔墙处的缝隙必须用不燃材料填实，如图 6-10 所示。

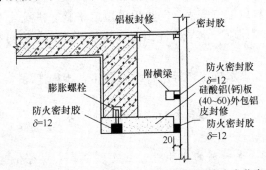

图 6-10 玻璃幕墙与每层楼板、隔墙处的缝隙防火节点示意

三、明框玻璃幕墙安装

1. 测量放线

立柱由于与主体结构锚固，所以位置必须准确，横梁以立柱为依托，在立柱布置完毕后再安装，所以对横梁的弹线可推后进行。

在工作层上放出 z、y 轴线，用激光经纬仪依次向上定出轴线。再根据各层轴线定出楼板预埋件的中心线，并用经纬仪垂直逐层校核，再定各层连接件的外边线，以便与立柱连接。如果主体结构为钢结构，由于弹性钢结构有一定挠度，故应在低风时测量定位（一般在早8点，风力在1~2级以下时）为宜，且要多测几次，并与原结构轴线复核、调整。

放线结束，必须建立自检、互检与专业人员复验制度，确保万无一失。

预埋件位置的偏差与单元式安装相同。

2. 安装要求

（1）幕墙立柱、横梁安装，应符合以下要求。

1）立柱先与连接件连接，然后连接件再与主体结构埋件连接，应按立柱轴线前后偏差不大于 2 mm、左右偏差不大于 3 mm、立柱连接件标高偏差不大于 3 mm 调整、固定。

相邻两根立柱安装标高偏差不大于 3 mm，同层立柱的最大标高偏差不大于 5 mm，相邻两根立柱距离偏差不大于 2 mm。

立柱安装就位应及时调整、紧固，临时固定螺栓在紧固后应及时拆除。

2）横杆（即次龙骨）两端的连接件以及弹性橡胶垫，要求安装牢固，接缝严密，应准确安装在立柱的预定位置。

相邻两根横梁的水平标高偏差不大于 1 mm，同层水平标高偏差：当一幅幕墙宽度≤35 m时，不应大于 5 mm；当一幅幕墙宽度＞35 m 时，不应大于 7 mm。横梁的水平标高应与立柱的嵌玻璃凹槽一致，其表面高低差不大于 1 mm。

（2）同一楼层横梁应由下而上安装，安装完一层时应及时检查、调整、固定。

1）玻璃幕墙立柱安装就位，调整后应及时紧固。玻璃幕墙安装的临时螺栓等在构件安装、就位、调整、紧固后应及时拆除。

2）现场焊接或高强螺栓紧固的构件固定后，应及时进行防锈处理。玻璃幕墙中与铝合金接触的螺栓及金属配件应采用不锈钢或轻金属制品。

3）不同金属的接触面应采用垫片做隔离处理。

（3）玻璃幕墙其他主要附件安装。玻璃幕墙其他主要附件安装应符合下列要求。

1）有热工要求的幕墙，保温部分宜从内向外安装。当采用内衬板时，四周应套装弹性橡胶密封条，内衬板与构件接缝应严密；内衬板就位后，应进行密封处理。

2）固定防火保温材料应锚钉牢固，防火保温层应平整，拼接处不应留缝隙。

3）冷凝水排出管及附件应与水平构件预留孔连接严密，与内衬板出水孔连接处应设橡胶密封条。

4）其他通气留槽孔及雨水排出口等应按设计施工，不得遗漏。

铝合金和钢材的质量要求

（1）铝合金材料。

1）玻璃幕墙采用铝合金材料的牌号所对应的化学成分应符合现行国家标准《变形铝及铝合金化学成分》（GB/T 3190—2008）的有关规定，铝合金型材质量应符合现行国家标准《铝合金建筑型材》（GB/T 5237—2008）的规定，型材尺寸允许偏差应达到高精级或超高精级。

2）铝合金型材采用阳极氧化、电泳涂漆、粉末喷涂、氟碳漆喷涂进行表面处理时，应符合现行国家标准《铝合金建筑型材》（GB/T 5237—2008）规定的质量要求，表面处理层的厚度应满足表 6-4 的要求。

表 6-4　铝合金型材表面处理层的厚度

表面处理方法		膜厚级别（涂层种类）	厚度 t（μm）	
			平均膜厚	局部膜厚
阳极氧化		不低于 AA15	$t \geq 15$	$t \geq 12$
电泳涂漆	阳极氧化膜	B	$t \geq 10$	$t \geq 8$
	漆膜	B	—	$t \geq 7$
	复合膜	B	—	$t \geq 16$
粉末喷涂		—	—	$40 \leq t \leq 120$
氟碳喷涂		—	$t \geq 40$	$t \geq 34$

3）用穿条工艺生产的隔热铝型材，其隔热材料应使用 PA66GF25 材料，不得采用 PVC 材料。用浇注工艺生产的隔热铝型材，其隔热材料应使用 PUR（聚氨基甲酸乙酯）材料。连接部位的抗剪强度必须满足设计要求。

4）与玻璃幕墙配套用铝合金门窗应符合现行国家标准《铝合金门窗》（GB/T 8478—2008）的规定。

5）与玻璃幕墙配套用附件及紧固件应符合下列现行国家标准的规定：《铝合金门窗》（GB/T 8478—2008）；《建筑外窗气密、水密、抗风压性能分级及检测方法》（GB/T 7106—2008）；《建筑门窗空气隔声性能分级及检测方法》（GB/T 8485—2008）；《铝合金门窗工程设计、施工及验收规范》（DBJ 15—30—2002）；《建筑外窗采光性能分级及检测方法》（GB/T 11976—2002）；《地弹簧》（QB/T 2697—2005）；《平开铝合金窗执手》（QB/T 3886—1999）；《铝合金窗不锈钢滑撑》（QB/T 3888—1999）；《铝合金门插销》（QB/T 3885—1999）；《铝合金窗撑挡》（QB/T 3887—1999）；《铝合金门窗拉手》（QB/T 3889—1999）；《铝合金窗锁》（QB/T 3890—1999）；《铝合金门锁》（QB/T 3891—1999）；《闭门器》（QB/T 2698—2005）；《推拉铝合金门窗用滑轮》（QB/T 3892—1999）；《紧固件 螺栓和螺钉通孔》（GB/T 5277—1985）；《十字槽盘头螺钉》（GB/T 818—2000）；《紧固件机械性能 螺栓、螺钉和螺柱》（GB 3098.1—2010）；《紧固件机械性能 螺母 粗牙螺纹》（GB 3098.2—2000）；《紧固件机械性能 螺母 细牙螺纹》（GB 3098.4—2000）；《紧固件机械性能 自攻螺钉》（GB 3098.5—2000）；《紧固件机械性能 不锈钢螺栓、螺钉、螺柱》（GB 3098.6—2000）；《紧固件机械性能 不锈钢螺母》（GB 3098.15—2000）；《螺纹紧固件应力截面积和承载面积》（GB/T 16823.1—1997）。

（2）钢材。

1）玻璃幕墙用碳素结构钢和低合金结构钢的钢种、牌号和质量等级应符合下列现行国家标准和行业标准的规定：《碳素结构钢》（GB/T 700—2006）；《优质碳素结构钢》（GB/T 699—1999）；《合金结构钢》（GB/T 3077—1999）；《低合金高强度结构钢》（GB/T 1591—2008）；《碳素结构钢和低合金结构钢热轧薄钢板及钢带》（GB/T 912—2008）；《碳素结构钢和低合金结构钢热轧厚钢板及钢带》（GB/T 3274—2007）；《结构用无缝钢管》（GB/T 8162—2008）。

2）玻璃幕墙用不锈钢材宜采用奥氏体不锈钢，且含镍量不应小于 8%。不锈钢材应符合下列现行国家标准、行业标准的规定：《不锈钢棒》（GB/T 1220—2007）；《不锈钢冷加工棒》（GB/T 4226—2009）；《不锈钢冷轧钢板和钢带》（GB/T 3280—2007）；《不锈钢热轧钢带》（YB/T 5090—1993）；《不锈钢热轧钢板和钢带》（GB/T 4237—2007）和《耐热钢钢板和钢带》（GB/T 4238—2007）。

3）玻璃幕墙用耐候钢应符合现行国家标准《耐候结构钢》（GB/T 4171—2008）的规定。

4）玻璃幕墙用碳素结构钢和低合金高强度结构钢应采取有效的防腐处理，当采用热浸镀锌防腐蚀处理时，锌膜厚度应符合现行国家标准《金属覆盖层 钢铁制件热镀锌层 技术要求及试验方法》（GB/T 13912—2002）的规定。

5）支承结构用碳素钢和低合金高强度结构钢采用氟碳漆喷涂或聚氨酯漆喷涂时，涂膜的厚度不宜小于 35 μm；在空气污染严重及海滨地区，涂膜厚度不宜小于 45 μm。

6）点支承玻璃幕墙用的不锈钢绞线应符合现行国家标准《冷顶锻用不锈钢丝》（GB/T 4232—2009）、《不锈钢丝》（GB/T 4240—2009）、《不锈钢丝绳》（GB/T 9944—2002）的规定。

7）点支承玻璃幕墙采用的锚具，其技术要求可按国家执行现行标准《预应力筋用锚具、夹具和连接器》（GB/T 14370—2007）及《预应力筋用锚具、夹具和连接器应用技术规程》（JGJ 85—2010）的规定执行。

8）点支承玻璃幕墙的支承装置应符合现行行业标准《建筑玻璃点支承装置》（JG/T 138—2010）的规定；全玻幕墙用的支承装置应符合现行行业标准《建筑玻璃点支承装置》（JG/T 138—2010）和《吊挂式玻璃幕墙支承装置》（JG 139—2001）的规定。

9）钢材之间进行焊接时，应符合现行国家标准《碳钢焊条》（GB/T 5117—1995）、《低合金钢焊条》（GB/T 5118—1995）以及现行行业标准《建筑钢结构焊接技术规程》（JGJ 81—2002）的规定。

铝型材加工制作工艺

（1）玻璃幕墙的铝合金构件的加工应符合下列要求。

1）铝合金型材截料之前应进行校直调整。

2）横梁长度允许偏差为 ±0.5 mm，立柱长度允许偏差为 ±1.0 mm，端头斜度的允许偏差为 −15′，如图 6-11 和图 6-12 所示。

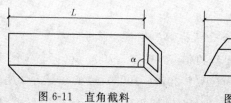

图 6-11　直角截料　　　　　　　图 6-12　斜角截料

3）截料端头不应有加工变形，并应去除毛刺。

4）孔位的允许偏差为 ±0.5 mm，孔距的允许偏差为 ±0.5 mm，累计偏差为 ±1.0 mm。

5）铆钉的通孔尺寸偏差应符合现行国家标准《紧固件 铆钉用通孔》（GB/T 152.1—1988）的规定。

6）沉头螺钉的沉孔尺寸偏差应符合现行国家标准《紧固件 沉头用沉孔》（GB/T 152.2—1988）的规定。

7）圆柱头、螺栓的沉孔尺寸应符合现行国家标准《紧固件 圆柱头用沉孔》（GB/T 152.3—1988）的规定。

8）螺钉孔的加工应符合设计要求。

（2）玻璃幕墙铝合金构件中槽、豁、榫的加工应符合下列要求。

1）铝合金构件槽口尺寸，如图 6-13 所示。允许偏差应符合表 6-5 的要求。

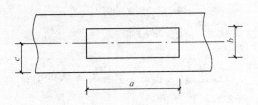

图 6-13　槽口示意

表 6-5　槽口尺寸允许偏差　　　　　　　　　　（单位：mm）

项　目	a	b	c
允许偏差	+0.5 0	+0.5 0	±0.5

2）铝合金构件豁口尺寸，如图 6-14 所示。允许偏差应符合表 6-6 的要求。

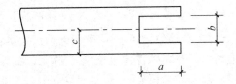

图 6-14　豁口示意

表 6-6　豁口尺寸允许偏差　　　　　　　　　　（单位：mm）

项　目	a	b	c
允许偏差	+0.5 0	+0.5 0	±0.5

3）铝合金构件榫头尺寸，如图 6-15 所示。允许偏差应符合表 6-7 的要求。

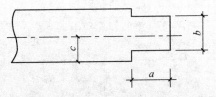

图 6-15　榫头示意

表 6-7　榫头尺寸允许偏差　　　　　　　　　　（单位：mm）

项　目	a	b	c
允许偏差	0.0 −0.5	0.0 −0.5	±0.5

（3）玻璃幕墙铝合金构件弯加工应符合下列要求。

1）铝合金构件宜采用拉弯设备进行弯加工。

2）弯加工后的构件表面应光滑，不得有皱折、凹凸、裂纹。

钢构件加工制作工艺

（1）平板型预埋件加工精度应符合下列要求。

1）锚板边长允许偏差为±5 mm。

2）一般锚筋长度的允许偏差为+10 mm，两面为整块锚板的穿透式预埋件的锚筋长度的允许偏差为+5 mm，均不允许负偏差。

3）圆锚筋的中心线允许偏差为±5 mm。

4）锚筋与锚板面的垂直度允许偏差为 $l_s/30$（l_s 为锚固钢筋长度，单位为 mm）。

（2）槽型预埋件表面及槽内应进行防腐处理，其加工精度应符合下列要求。

1）预埋件长度、宽度和厚度允许偏差分别为 $^{+10}_{+5}$ mm 和+3 mm，不允许负偏差。

2）槽口的允许偏差为+1.5 mm，不允许负偏差。

3）锚筋长度允许偏差为+5 mm，不允许负偏差。

4）锚筋中心线允许偏差为±1.5 mm。

5）锚筋与槽板的垂直度允许偏差为 $l_s/30$（l_s 为锚固钢筋长度，单位为 mm）。

（3）玻璃幕墙的连接件、支承件的加工精度应符合下列要求。

1）连接件、支承件外观应平整，不得有裂纹、毛刺、凹凸、翘曲、变形等缺陷。

2）连接件、支承件加工尺寸，如图 6-16 所示。允许偏差应符合表 6-8 的要求。

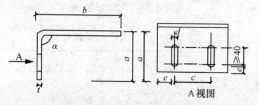

图 6-16　连接件、支承件尺寸示意

表 6-8　连接件、支承件尺寸允许偏差　　　　　　　　（单位：mm）

项　目	允许偏差	项　目	允许偏差
连接件高 a	+5 −2	边距 e	+1.0 0
连接件长 b	+5 −2	壁厚 t	+0.5 −0.2
孔距 c	±1.0	弯曲角度 α	±2°
孔宽 d	+1.0 0	—	—

（4）钢型材立柱及横梁的加工应符合现行国家标准《钢结构工程施工质量验收规范》（GB 50205—2001）的有关规定。

（5）点支承玻璃幕墙的支承钢结构加工应符合下列要求。

1）应合理划分拼装单元。

2）管桁架应按计算的相贯线，采用数控机床切割加工。

3）钢构件拼装单元的节点位置允许偏差为±2.0 mm。

4）构件长度、拼装单元长度的允许正、负偏差均可取长度的1/2 000。

5）管件连接焊缝应沿全长连续、均匀、饱满、平滑、无气泡和夹渣；支管壁厚小于6 mm时可不切坡口；角焊缝的焊脚高度不宜大于支管壁厚的2倍。

6）钢结构的表面处理应符合《玻璃幕墙工程技术规范》（JGJ 102—2003）的有关规定。

7）分单元组装的钢结构，宜进行预拼装。

（6）杆索体系的加工应符合下列要求。

1）拉杆、拉索应进行拉断试验。

2）拉索下料前应进行调直预张拉，张拉力可取破断拉力的50%，持续时间可取2 h。

3）截断后的钢索应采用挤压机进行套筒固定。

4）拉杆与端杆不宜采用焊接连接。

5）杆索结构应在工作台座上进行拼装，并应防止表面损伤。

（7）钢构件焊接、螺栓连接应符合现行国家标准《钢结构设计规范》（GB 50017—2003）及行业标准《建筑钢结构焊接技术规程》（JGJ 81—2002）的有关规定。

（8）钢构件表面涂装应符合现行国家标准《钢结构工程施工质量验收规范》（GB 50205—2001）的有关规定。

明框幕墙组件加工制作工艺

（1）明框幕墙组件加工尺寸允许偏差应符合下列要求。

1）组件装配尺寸允许偏差应符合表6-9的要求。

表 6-9 组件装配尺寸允许偏差 　　　　　　　　（单位：mm）

项　目	构件长度	允许偏差
型材槽口尺寸	≤2 000	±2.0
	>2 000	±2.5
组件对边尺寸差	≤2 000	≤2.0
	>2 000	≤3.0
组件对角线尺寸差	≤2 000	≤3.0
	>2 000	≤3.5

2）相邻构件装配间隙及同一平面度的允许偏差应符合表6-10的要求。

表 6-10 相邻构件装配间隙及同一平面度的允许偏差 　　　（单位：mm）

项　目	允许偏差	项　目	允许偏差
装配间隙	≤0.5	同一平面度差	≤0.5

（2）单层玻璃与槽口的配合尺寸应符合图6-17和表6-11的要求。

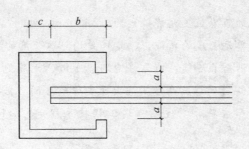

图 6-17　单层玻璃与槽口的配合示意

表 6-11　单层玻璃与槽口的配合尺寸　　　　　　　　　（单位：mm）

玻璃厚度	a	b	c
5～6	≥3.5	≥15	≥5
8～10	≥4.5	≥16	≥5
≥12	≥5.5	≥18	≥5

（3）中空玻璃与槽口的配合尺寸应符合图 6-18 和表 6-12 的要求。

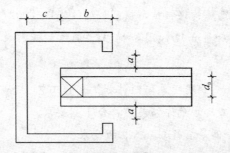

图 6-18　中空玻璃与槽口的配合示意

表 6-12　中空玻璃与槽口的配合尺寸　　　　　　　　　（单位：mm）

中空玻璃厚度	a	b	c		
			下边	上边	侧边
$6+d_a+6$	≥5	≥17	≥7	≥5	≥5
$8+d_a+8$ 及以上	≥6	≥18	≥7	≥5	≥5

注：d_a 为空气厚度，不应小于 9 mm。

（4）明框幕墙组件的导气孔及排水孔置应符合设计要求，组装时应保证导气孔及排水孔通畅。

（5）明框幕墙组件应拼装严密。设计要求密封时，应采用硅酮建筑密封胶进行密封。

（6）明框幕墙组装时，应采取措施控制玻璃与铝合金框料之间的间隙。玻璃的下边缘应采用两块压模成型的氯丁橡胶垫块支承，厚度不应小于 5 mm，每块长度不应小于 100 mm。

3. 立柱安装

立柱安装常用的固定办法有两种：一种是将骨架立柱型钢连接件与预埋铁件依弹线位置焊牢；另一种是将立柱型钢连接件与主体结构上的膨胀螺栓锚固。如果在土建施工中安装与土建能统筹考虑，密切配合，则应优先采用预埋件。应该注意，连接件与预埋件连接时，必须保证焊接质量。每条焊缝的长度、高度及焊条型号均须符合焊接规范要求。采用膨胀螺栓时，钻孔应避开钢筋，螺栓埋入深度应能保证满足规定的抗拔能力。连接件一般为型钢，形状随幕墙结构立柱形式变化和埋置部位变化而不同。

连接件安装后，可进行立柱的连接。立柱一般每 2 层 1 根，通过紧固件与每层楼板连接，如图 6-19 和图 6-20 所示。立柱安装完一根，即用水平仪调平、固定。将立柱全部安装完毕，并复验其间距、垂直度后，即可安装横梁。

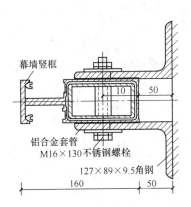

图 6-19　玻璃幕墙立柱固定节点大样

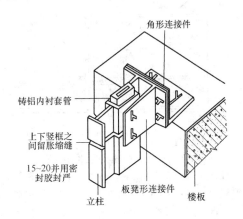

图 6-20　立柱与楼层连接

高层建筑幕墙均有立柱杆件接长的工序，尤其是型铝骨架，必须用连接件穿入薄壁型材中用螺栓拧紧。接长如图 6-21 和图 6-22 所示。图中两根立柱用角钢焊成方管连接，并插入立柱空腹中，最后用 M12×90 螺栓拧紧。考虑到钢材的伸缩，接头应留有一定的空隙。

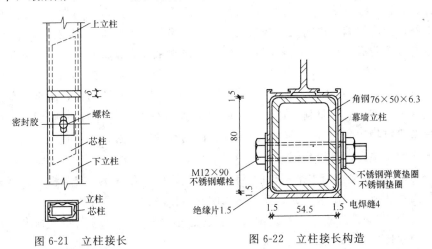

图 6-21　立柱接长　　　　　　　　　　图 6-22　立柱接长构造

4. 横梁安装

横梁杆件型材的安装，如果是型钢，可焊接，亦可用螺栓连接。焊接时，因幕墙面积较大，焊点多，要排定一个焊接顺序，防止幕墙骨架的热变形。

固定横梁的另一种办法是，用一穿插件将横梁临时固定在立柱上，然后将横梁两端与穿插件固定，并保证横梁、立柱间有一个微小间隙便于温度变化伸缩。穿插件用螺栓与立柱固定。如图 6-23 所示。

在采用铝合金横立柱型材时，两者间的固定多用角钢或角铝作为连接件。角钢、角铝应各有一肢固定横立柱，如图 6-24 所示。

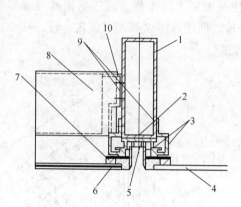

图 6-23　隐框幕墙横梁穿插连接示意

1—立柱；2—聚乙烯泡沫压条；3—铝合金固定玻璃连接件；
4—玻璃；5—密封胶；6—结构胶、耐候胶；7—聚乙烯泡沫；
8—横梁；9—螺栓、垫圈；10—横梁与立柱连接件

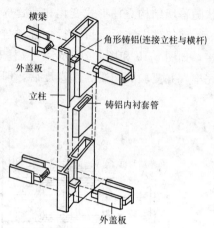

图 6-24　横梁与立柱通过角铝连接

如果横梁两端套有防水橡胶垫，则套上橡胶垫后的长度较横杆位置长度稍有增加（约 4 mm）。安装时，可用木撑将立柱撑开，装入横梁，拿掉支撑，则将横梁胶垫压缩，这样有较好的防水效果。

5. 幕墙防火保温做法

由于幕墙与柱、楼板之间产生的空隙对防火、隔声不利，所以，在做室内装饰时，必须在窗台上下部位做内衬墙，内衬墙的构造类似于内隔墙，窗台板以下部位可以先立筋，中间填充矿棉或玻璃棉防火隔热层，后覆铝板隔气层，再封纸面石膏板，也可以直接砌筑加气混凝土板。

图 6-25（a）是目前常用的一种处理方法：先用一条 L 形镀锌钢板，固定在幕墙的横档上，然后在钢板上铺放防火材料。用得较多的防火材料有矿棉（岩棉）、超细玻璃棉等。铺放高度应根据建筑物的防火等级并结合防火材料的耐火性能通过计算后确定。防火材料应干燥，铺放要均匀、整齐，不得漏铺。

图 6-25（b）是在横档与水平铝框的接触处外侧安上一条铝合金披水板，以排去其上面横档下部的滴水孔下滴的雨水，起封盖与防水的双重作用。

图 6-25（c）是安设冷凝排水管线做法，要注意排水管入口处应略低于窗台，也可在窗台内侧设一顺水槽。

玻璃幕墙四周与主体结构之间的缝隙，应采用防火的保温材料填塞；内外表面应采用密封胶连续封闭，接缝应严密不漏水。

铝合金装饰压板应符合设计要求，表面应平整，色彩应一致，不得有肉眼可见的变形、波纹和凸凹不平，接缝应均匀严密。

6. 玻璃安装

幕墙玻璃的安装，由于骨架结构不同的类型，玻璃固定方法也有差异。

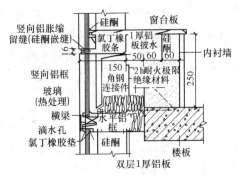

（a）内衬墙及防火、排水构造

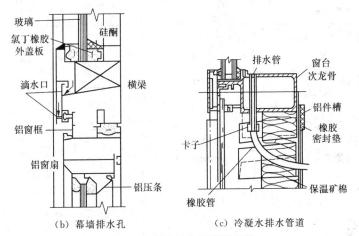

（b）幕墙排水孔　　　（c）冷凝水排水管道

图 6-25　幕墙的主要附件安装

玻璃的质量要求

（1）幕墙玻璃的外观质量和性能应符合下列现行国家标准、行业标准的规定。

《钢化玻璃》（GB 15763.2—2005）；《半钢化玻璃》（GB/T 17841—2008）；《建筑用安全玻璃 第 3 部分：夹层玻璃》（GB 15763.3—2009）；《中空玻璃》（GB/T 11944—2002）；《平板玻璃》（GB 11614—2009）；《建筑用安全玻璃 第 1 部分：防火玻璃》（GB 15763.1—2009）；《镀膜玻璃 第 1 部分：阳光控制镀膜玻璃》（GB/T 18915.1—2002）；《镀膜玻璃 第 2 部分：低辐射镀膜玻璃》（GB/T 18915.2—2002）。

（2）玻璃幕墙采用阳光控制镀膜玻璃时，离线法生产的镀膜玻璃应采用真空磁控溅射法生产工艺；在线法生产的镀膜玻璃应采用热喷涂法生产工艺。

热反射镀膜玻璃的外观质量应符合下列要求。

1）热反射镀膜玻璃尺寸的允许偏差应符合表 6-13 的规定。

表 6-13　热反射镀膜玻璃尺寸的允许偏差　　　　　（单位：mm）

玻璃厚度	玻璃尺寸及允许偏差	
	≤2 000×2 000	≥2 440×3 300
4、5、6	±3	±4
8、10、12	±4	±5

2）热反射镀膜玻璃的光学性能应符合设计要求。

3）热反射镀膜玻璃的外观质量应符合表 6-14 的规定。

表 6-14　热反射镀膜玻璃的外观质量

项　目		等级划分		
		优等品	一等品	合格品
针眼	直径≤1.2 mm	不允许集中	集中的每平方米 允许 2 处	
	1.2 mm<直径 ≤1.6 mm 每平方米允许数	中部不允许 75 mm 边部 3 处	不允许集中	
	1.6 mm<直径 ≤2.5 mm 每平方米允许数	不允许	75 mm 边部 4 处 中部 2 处	75 mm 边部 8 处 中部 3 处
	直径>2.5 mm	不允许		
斑纹		不允许		
斑点	1.6 mm<直径 ≤2.5 mm 每平方米允许数	不允许	4	8
划伤	0.1 mm≤宽度 ≤0.3 mm 每平方米允许数	长度≤50 mm 4	长度≤100 mm 4	不限
	宽度>0.3 mm 每平方米允许数	不允许	宽度<0.4 mm 长度≤100 mm 1	宽度<0.8 mm 长度≤100 mm 2

注：表中针眼（孔洞）是指直径在 100 mm 的面积内超过 20 个针眼为集中。

（3）玻璃幕墙采用中空玻璃时，除应符合现行国家标准《中空玻璃》（GB/T 11944—2002）的有关规定外，尚应符合下列规定。

1）中空玻璃气体层厚度不应小于 9 mm。

2）中空玻璃应采用双道密封。一道密封应采用丁基热熔密封胶。隐框、半隐框及点支承玻璃幕墙用中空玻璃的二道密封应采用硅酮结构密封胶；明框玻璃幕墙用中空玻璃的二道密封宜采用聚硫类中空玻璃密封胶，也可采用硅酮密封胶。二道密封应采用专用打胶机进行混合、打胶。

3）中空玻璃的间隔铝框可采用连续折弯型或插角型，不得使用热熔型间隔胶条。间隔铝框中的干燥剂宜采用专用设备装填。

4）中空玻璃加工过程应采取措施，消除玻璃表面可能产生的凹、凸现象。

（4）幕墙玻璃应进行机械磨边处理，磨轮的目数应在 180 目以上。点支承幕墙玻璃的孔、板边缘均应进行磨边和倒棱，磨边宜细磨，倒棱宽度不宜小于 1 mm。

（5）钢化玻璃宜经过二次热处理。

（6）玻璃幕墙采用夹层玻璃时，应采用干法加工合成，其夹片宜采用聚乙烯醇缩丁醛

（PVB）胶片；夹层玻璃合片时，应严格控制温、湿度。

（7）玻璃幕墙采用单片低辐射镀膜玻璃时，应使用在线热喷涂低辐射镀膜玻璃；离线镀膜的低辐射镀膜玻璃宜加工成中空玻璃使用，且镀膜面应朝向中空气体层。

（8）有防火要求的幕墙玻璃，应根据防火等级要求，采用单片防火玻璃或其制品。

（9）玻璃幕墙的采光用彩釉玻璃，釉料宜采用丝网印刷。

玻璃的加工制作工艺

（1）玻璃幕墙的单片玻璃、夹层玻璃、中空玻璃的加工精度应符合下列要求。

1）单片钢化玻璃，其尺寸的允许偏差应符合表 6-15 的要求。

表 6-15　单片钢化玻璃尺寸允许偏差　　　　　　　　（单位：mm）

项　目	玻璃厚度	玻璃边长 $L \leqslant 2\,000$	玻璃边长 $L > 2\,000$
边长	6，8，10，12	±1.5	±2.0
	15，19	±2.0	±3.0
对角线差	6，8，10，12	≤2.0	≤3.0
	15，19	≤3.0	≤3.5

2）采用中空玻璃时，其尺寸的允许偏差应符合表 6-16 的要求。

表 6-16　中空玻璃尺寸允许偏差　　　　　　　　（单位：mm）

项　目		允许偏差
边长 L	$L < 1\,000$	±2.0
	$1\,000 \leqslant L < 2\,000$	+2.0 / −3.0
	$L \geqslant 2\,000$	±3.0
对角线差	$L \leqslant 2\,000$	≤2.5
	$L > 2\,000$	≤3.5
厚度	$t < 17$	±1.0
	$17 \leqslant t < 22$	±1.5
	$t \geqslant 22$	±2.0
叠差	$L < 1\,000$	±2.0
	$1\,000 \leqslant L < 2\,000$	±3.0
	$2\,000 \leqslant L < 4\,000$	±4.0
	$L \geqslant 4\,000$	±6.0

3）采用夹层玻璃时，其尺寸允许偏差应符合表 6-17 的要求。

（2）玻璃弯加工后，其每米弦长内拱高的允许偏差为 ±3.0 mm，且玻璃的曲边应顺滑一致；玻璃直边的弯曲度，拱形时不应超过 0.5%，波形时不应超过 0.3%。

表 6-17　夹层玻璃尺寸允许偏差　　　　　　　　（单位：mm）

项　目		允许偏差
边长 L	$L \leqslant 2\,000$	±2.0
	$L > 2\,000$	±2.5

续上表

项　目		允许偏差
对角线差	$L \leqslant 2\,000$	$\leqslant 2.5$
	$L > 2\,000$	$\leqslant 3.5$
叠差	$L < 1\,000$	± 2.0
	$1\,000 \leqslant L < 2\,000$	± 3.0
	$2\,000 \leqslant L < 4\,000$	± 4.0
	$L \geqslant 4\,000$	± 6.0

（3）全玻幕墙的玻璃加工应符合下列要求。

1）玻璃边缘应倒棱并细磨；外露玻璃的边缘应精磨。

2）采用钻孔安装时，孔边缘应进行倒角处理，并不应出现崩边。

（4）点支承玻璃加工应符合下列要求。

1）玻璃面板及其孔洞边缘均应倒棱和磨边，倒棱宽度不宜小于 1 mm，磨边宜细磨。

2）玻璃切角、钻孔、磨边应在钢化前进行。

3）点支承玻璃加工的允许偏差应符合表 6-18 的规定。

表 6-18　点支承玻璃加工允许偏差　　　　　　　　（单位：mm）

项　目	边长尺寸	对角线差	钻孔位置	孔　距	孔距与玻璃平面垂直度
允许偏差	± 1.0	$\leqslant 2.0$	± 0.8	± 1.0	$\pm 12'$

4）中空玻璃开孔后，开孔处应采取多道密封措施。

5）夹层玻璃、中空玻璃的钻孔可采用大、小孔相对的方式。

（5）中空玻璃合片加工时，应考虑制作处和安装处不同气压的影响，采取防止玻璃大面变形的措施。

型钢骨架，因型钢没有镶嵌玻璃的凹槽，一般要用窗框过渡。可先将玻璃安装在铝合金窗框上，而后再将窗框与型钢骨架连接。

立柱安装玻璃时，先在内侧安上铝合金压条，然后将玻璃放入凹槽内，再用密封材料密封。安装构造如图 6-26 所示。

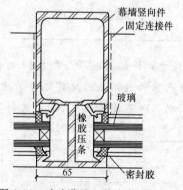

图 6-26　玻璃幕墙立柱安装玻璃构造

横梁装配玻璃与立柱在构造上不同，横梁支承玻璃的部分呈倾斜，要排除因密封不严流入凹槽内的雨水，外侧须用一条盖板封住。安装构造如图 6-27 所示。

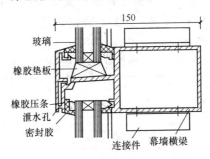

图 6-27　玻璃幕墙横梁安装玻璃构造

密封材料的质量要求

（1）建筑密封材料。

1）玻璃幕墙的橡胶制品，宜采用三元乙丙橡胶、氯丁橡胶及硅橡胶。

2）密封胶条应符合国家现行标准《建筑橡胶密封垫——预成型实心硫化的结构密封垫用材料规范》（HG/T 3099—2004）及《工业用橡胶板》（GB/T 5574—2008）的规定。

3）中空玻璃第一道密封用丁基热熔密封胶，应符合现行行业标准《中空玻璃用丁基热熔密封胶》（JC/T 914—2003）的规定。不承受荷载的第二道密封胶应符合现行行业标准《中空玻璃用弹性密封胶》（JC/T 486—2001）的规定；隐框或半隐框玻璃幕墙用中空玻璃的第二道密封胶除应符合《中空玻璃用弹性密封胶》（JC/T 486—2001）的规定外，还应符合《玻璃幕墙工程技术规范》（JGJ 102—2003）的有关规定。

4）玻璃幕墙的耐候密封应采用硅酮建筑密封胶；点支承幕墙和全玻幕墙使用非镀膜玻璃时，其耐候密封可采用酸性硅酮建筑密封胶，其性能应符合国家现行标准《幕墙玻璃接缝用密封胶》（JC/T 882—2001）的规定。夹层玻璃板缝间的密封，宜采用中性硅酮建筑密封胶。

中性硅酮建筑耐候密封胶的性能应符合表 6-19 的规定。

表 6-19　中性硅酮建筑耐候密封胶的性能

项　　目	性　　能
表干时间	1～1.5 h
流淌性	无流淌
初期固化时间（≥25℃）	3 d
完全固化时间［相对湿度≥50%，温度（25±2）℃］	7～14 d
邵氏硬度	20～30
极限拉伸强度	0.11～0.14 MPa
固化后的变形承受能力	25%≤δ≤50%
撕裂强度	3.8 N/mm²
施工温度	5℃～48℃
有效期	9～12 个月

（2）硅酮结构密封胶。

1）幕墙用中性硅酮结构密封胶及酸性硅酮结构密封胶的性能，应符合现行国家标准《建筑用硅酮结构密封胶》（GB 16776—2005）的规定。

硅酮结构密封胶的物理力学性能应符合表 6-20 的规定。

表 6-20　硅酮结构密封胶的物理力学性能

项　目			技术指标
下垂度	垂直放置（mm）		≤3
	水平放置		不变形
挤出性①（s）			≤10
适用期②（min）			≥20
表干时间（h）			≤3
硬度（Shore A）			20～60
拉伸黏结性	拉伸黏结强度（MPa）	23℃	≥0.60
		90℃	≥0.45
		−30℃	≥0.45
		浸水后	≥0.45
		水-紫外线光照后	≥0.45
	黏结破坏面积（%）		≤5
	23℃时最大拉伸强度时伸长率（%）		≥100
热老化	热失重（%）		≤10
	龟裂		无
	粉化		无

①仅适用于单组分产品。

②仅适用于双组分产品。

2）硅酮结构密封胶使用前，应经国家认可的检测机构进行与其相接触材料的相容性和剥离黏结性试验，并应对邵氏硬度、标准状态拉伸黏结性能进行复验。检验不合格的产品不得使用。进口硅酮结构密封胶应具有商检报告。

3）硅酮结构密封胶生产商应提供其结构胶的变位承受能力数据和质量保证书。

玻璃幕墙玻璃安装应按下列要求进行。

（1）玻璃安装前应将其表面尘土和污物擦拭干净。热反射玻璃安装应将镀膜面朝向室内，非镀膜面朝向室外。

（2）玻璃与构件不得直接接触。玻璃四周与构件凹槽底应保持一定空隙，每块玻璃下部应设不少于 2 块弹性定位垫块；垫块的宽度与槽口宽度应相同，长度不应小于 100 mm；玻璃两边嵌入量及空隙应符合设计要求。

（3）玻璃四周橡胶条应按规定型号选用，镶嵌应平整，橡胶条长度宜比边框内槽口长1.5%～2%，其断口应留在四角；斜面断开后应拼成预定的设计角度，并应用胶黏剂黏结牢固后嵌入槽内。

四、隐框玻璃幕墙安装

1. 外围护结构组件的安装

在立柱和横杆安装完毕后，就开始安装外围护结构组件。在安装前，要对外围护结构组件进行认真的检查，其结构胶固化后的尺寸要符合设计要求，同时要求胶缝饱满平整，连续光滑，玻璃表面不应有超标准的损伤及脏物。

外围护结构件的安装主要有两种形式，一为外压板固定式；二为内勾块固定式，如图6-28所示。不论采用什么形式进行固定，在外围护结构组件放置到主梁框架后，在固定件固定前，要逐块调整好组件相互间的齐平及间隙的一致。板间表面的齐平采用刚性的直尺或铝方通料来进行测定，不平整的部分应调整固定块的位置或加入垫块。为了解决板间间隙的一致，可采用类似木质的半硬材料制成标准尺寸的模块，插入两板间的间隙，以确保间隙一致。插入的模块，在组件固定后应取走，以保证板间有足够的位移空间。

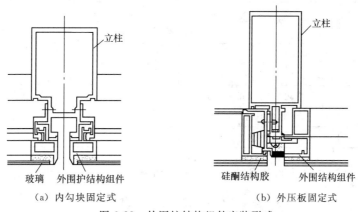

（a）内勾块固定式　　　（b）外压板固定式

图6-28 外围护结构组件安装形式

4）应遵守所用溶剂标签或包装上标明的注意事项。

（3）硅酮结构密封胶注胶前必须取得合格的相容性检验报告。必要时应加涂底漆；双组分硅酮结构密封胶尚应进行混匀性蝴蝶试验和拉断试验。

（4）采用硅酮结构密封胶黏结板块时，不应使结构胶长期处于单独受力状态。硅酮结构密封胶组件在固化并达到足够承载力前不应搬动。

（5）隐框玻璃幕墙装配组件的注胶必须饱满，不得出现气泡，胶缝表面应平整光滑；收胶缝的余胶不得重复使用。

（6）硅酮结构密封胶完全固化后，隐框玻璃幕墙装配组件的尺寸偏差应符合表 6-21 的规定。

表 6-21 硅酮结构胶完全固化后隐框玻璃幕墙组件尺寸允许偏差 （单位：mm）

序　号	项　目	尺寸范围	允许偏差
1	框长宽尺寸		±1.0
2	组件长宽尺寸		±2.5
3	框接缝高度差		≤0.5
4	框内侧对角线差及组件对角线差	当长边≤2 000 时	≤2.5
		当长边>2 000 时	≤3.5
5	框组装间隙		≤0.5
6	胶缝宽度		+2.0 0
7	胶缝厚度		+0.5 0
8	组件周边玻璃与铝框位置差		±1.0
9	结构组件平面度		≤3.0
10	组件厚度		±1.5

（7）当隐框玻璃幕墙采用悬挑玻璃时，玻璃的悬挑尺寸应符合计算要求，且不宜超过 150 mm。

2. 组件间的密封

外围护结构组件调整、安装固定后，开始逐层实施组件间的密封工序。首先检查衬垫材料的尺寸是否符合设计要求。衬垫材料多为闭孔的聚乙烯发泡体。

对于要密封的部位，必须进行表面清理工作。首先要清除表面的积灰，再用类似二甲苯等挥发性能强的溶剂擦除表面的油污等脏物，然后用干净布再清擦一遍，以保证表面干净并无溶剂存在。

放置衬垫时，要注意衬垫放置位置的正确，如图 6-29 所示，过深或过浅都影响工程的质量。

间隙间的密封采用耐候胶灌注，注完胶后要用工具将多余的胶压平刮去，并清除玻璃或铝板面的多余黏结胶。

3. 施工注意事项

（1）外围护结构组件基本悬挂完毕后，须再逐根进行检验和调整，然后施行永久性固定的施工。

（2）外围护结构组件在安装过程中，除了要注意其个体的位置以及相邻间的相互位置外，在幕墙整幅沿高度或宽度方向尺寸较大时，还要注意安装过程中的积累误差，适时进行调整。

（3）外围护结构组件间的密封，是确保隐框幕墙密封性能的关键，同时密封胶表面处理是隐框幕墙外观质量的主要衡量标准。因此，必须正确放置衬杆位置和防止密封胶污染玻璃。

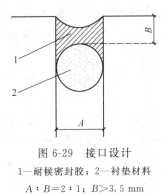

图 6-29　接口设计

1—耐候密封胶；2—衬垫材料

$A : B = 2 : 1$；$B > 3.5$ mm

五、点支承玻璃幕墙的安装

1. 钢结构的安装

安装前，应根据甲方提供的基础验收资料复核各项数据，并标注在检测资料上。预埋件、支座面和地脚螺栓的位置、标高的尺寸偏差应符合相关的技术规定及验收规范，钢柱脚下的支承预埋件应符合设计要求，需填垫钢板时，每叠不得多于 3 块。

（1）钢结构的复核定位应使用轴线控制点和测量的标高基准点，保证幕墙主要竖向构件及主要横向构件的尺寸允许偏差符合有关规范及行业标准。

（2）构件安装时，对容易变形的构件应做强度和稳定性验算，必要时采取加固措施，安装后，构件应具有足够的强度和刚度。

（3）确定几何位置的主要构件，如柱、桁架等应吊装在设计位置上，在松开吊挂设备后应做初步校正，构件的连接接头必须经过检查合格后，方可紧固和焊接。焊缝要进行打磨，消除棱角和夹角，达到光滑过渡。钢结构表面应根据设计要求喷涂防锈、防火漆，或进行其他表面处理。

（4）对于拉杆及拉索结构体系，应保证支承杆位置的准确，一般允许偏差在 ±1 mm，紧固拉杆（索）或调整尺寸偏差时，宜采用先左后右，由上至下的顺序，逐步固定支承杆位置，以单元控制的方法调整校核，消除尺寸偏差，避免误差积累。

（5）支承钢爪安装。支承钢爪安装时，要保证安装位置偏差在 ±1 mm 内，支承钢爪在玻璃重量作用下，支承钢系统会有位移，可用以下两种方法进行调整。

1）如果位移量较小，可以通过连接件自行适应，但要考虑支承杆有一个适当的位移能力。

2）如果位移量大，可在结构上加上等同于玻璃重量的预加载荷，待钢结构位移后再逐渐安装玻璃。无论在安装时，还是在偶然事故时，都要防止在玻璃重量下，支承钢爪安装点发生过大位移，所以支承钢爪必须能通过高抗张力螺栓、销钉、楔销固定。支承钢爪的支承点宜设置球铰，支承点的连接方式不应阻碍面板的弯曲变形。

2. 拉索的安装

拉索的安装过程中要掌握好施工顺序，安装必须按"先上后下，先竖后横"的原则进行安装。

（1）竖向拉索的安装。根据图纸给定的拉索长度尺寸加 1～3 mm 从顶部结构开始挂索呈自由状态，待全部竖向拉索安装结束后进行调整，调整顺序也是先上后下，按尺寸控制单元逐层将支撑杆调整到位。

（2）横向拉索的安装。待竖向拉索安装调整到位后连接横向拉索，横向拉索在安装前应先按图纸给定的长度尺寸加长 1～3 mm 呈自由状态，先上后下各子单元逐层安装，待全部安装结束后调整到位。

3. 支撑杆的定位、调整

在支撑杆的安装过程中必须对杆件的安装定位几何尺寸进行校核，前后索长度尺寸严格按图纸尺寸调整，保证支撑连接杆与玻璃平面的垂直度。调整以按单元控制点为基准对每一个支撑杆的中心位置进行核准。确保每个支撑杆的前端与玻璃平面保持一致，整个平面度的误差应控制在≤5 mm/3 m。在支撑杆调整时要采用"定位头"来保证支撑杆与玻璃的距离和中心定位的准确。

4. 拉索的预应力设定与检测

用于固定支撑杆的横向和竖向拉索在安装和调整过程中必须提前设置合理的内应力值，才能保证在玻璃安装后受自重荷载的作用下结构变形在允许的范围内。

（1）竖向拉索内预拉值的设定主要考虑以下几个方面：一是玻璃与支承系统的自重；二是拉索螺纹和钢索转向的摩擦阻力；三是连接拉索、锁头、销头所允许承受拉力的范围；四是支承结构所允许承受的拉力范围。

（2）横向拉索预拉力值的设定主要考虑以下几个方面：一是校准竖向索偏拉所需的力；二是校准竖向桁架偏差所需的力；三是螺纹的摩擦力和钢索转向的摩擦力；四是拉索、锁头、耳板所允许承受的拉力；五是支承结构所允许承受的力。

（3）索的内力设置是采用扭力扳手通过螺纹产生力，用扭矩来控制拉杆内应力的大小。

（4）在安装调整拉索结束后用扭力扳手进行扭力设定和检测，通过对照扭力表的读数来校核扭矩值。

5. 配重检测

由于幕墙玻璃的自重荷载和所受力的其他荷载都是通过支撑杆传递到支承结构上的，为确保结构安装后在玻璃安装时拉杆系统的变形在允许范围内，必须对支撑杆上进行配重检测。

（1）配重检测应按单元设置，配重的重量为玻璃在支撑杆上所产生的重力荷载乘以系数 1～1.2，配重后结构的变形应小于 2 mm。

（2）配重检测的记录。配重物的施加应逐级进行，每加一级要对支撑杆的变形量进行一次检测，一直到全部配重物施加在支撑杆上测量出其变形情况，并在配重物卸载后测量变形复位情况并详细记录。

6. 玻璃的安装

安装前应检查校对钢结构的垂直度、标高、横梁的高度和水平度等是否符合设计要求，特别要注意安装孔位的复查。安装前必须用钢刷局部清洁钢槽表面及槽底泥土、灰尘等杂物，点支承玻璃底部 U 形槽应装入氯丁橡胶垫块，对应于玻璃支承面宽度边缘左右 1/4 处各放置垫块。应清洁玻璃及吸盘上的灰尘，根据玻璃重量及吸盘规格确定吸盘个数。应检查支承钢爪的安装位置是否准确，确保无误后，方可安装玻璃。

（1）现场安装玻璃时，应先将支承头与玻璃在安装平台上装配好，然后再与支承钢爪进行安装。为确保支承处的气密性和水密性，必须使用扭力扳手。应根据支承系统的具体规格尺寸来确定扭矩大小，按标准安装玻璃时，应始终将玻璃悬挂在上部的两个支承头上。

（2）现场组装后，应调整上下左右的位置，保证玻璃水平偏差在允许范围内。

（3）玻璃全部调整好后，应进行整体里面平整度的检查，确认无误后，才能进行打胶密封。

六、全玻璃幕墙的安装

（1）安装固定主支承器。根据设计要求和图纸位置用螺栓连接或焊接的方式将主支承器固定在预埋件上。检查各螺钉的位置及焊接口，涂刷防锈油漆。

（2）安装玻璃底槽。

1）安装固定角码。

2）临时固定钢槽，根据水平和标高控制线调整好钢槽的水平高低精度。

3）检查合格后进行焊接固定。

（3）安装玻璃吊夹。根据设计要求和图纸位置用螺栓将玻璃吊夹与预埋件或上部钢架连接。检查吊夹与玻璃底槽的中心位置是否对应，吊夹是否调整合格后方能进行玻璃安装。

（4）安装面玻璃。将相应规格的面玻璃搬入就位，调整玻璃的水平及垂直位置，定位校准后夹紧固定，并检查接触铜块与玻璃的摩擦粘牢度。

（5）安装肋玻璃。将相应规格的肋玻璃搬入就位，同样对其水平及垂直位置进行调整，并校准与面玻璃之间的间距，定位校准后夹紧固定。

（6）检查所有吊夹的紧固度、垂直度、粘牢度是否达到要求，否则进行调整。

（7）检查所有连接器的松紧度是否达到要求，否则进行调整。

七、质量标准

1. 主控项目

（1）玻璃幕墙工程所使用的各种材料、构件和组件的质量，应符合设计要求及国家现行产品标准和工程技术规范的规定。

检验方法：检查材料、构件、组件的产品合格证书、进场验收记录、性能检测报告和材料的复验报告。

（2）玻璃幕墙的造型和立面分格应符合设计要求。

检验方法：观察；尺量检查。

（3）玻璃幕墙使用的玻璃应符合下列规定。

1）幕墙应使用安全玻璃，玻璃的品种、规格、颜色、光学性能及安装方向应符合设计要求。

2）幕墙玻璃的厚度不应小于 6.0 mm。全玻璃幕墙肋玻璃的厚度不应小于 12 mm。

3）幕墙的中空玻璃应采用双道密封。明框幕墙的中空玻璃应采用聚硫密封胶及丁基密封胶；隐框和半隐框幕墙的中空玻璃应采用硅酮结构密封胶及丁基密封胶；镀膜面应在中空玻璃的第 2 面或第 3 面上。

4）幕墙的夹层玻璃应采用聚乙烯醇缩丁醛（PVB）胶片干法加工夹层玻璃。点支承玻璃幕墙夹层胶片（PVB）厚度不应小于 0.76 mm。

5）钢化玻璃表面不得有损伤；8.0 mm 以下的钢化玻璃应进行引爆处理。

6）所有幕墙玻璃均应进行边缘处理。

检验方法：观察；尺量检查；检查施工记录。

（4）玻璃幕墙与主体结构连接的各种预埋件、连接件、紧固件必须安装牢固，其数量、规格、位置、连接方法和防腐处理应符合设计要求。

检验方法：观察；检查隐蔽工程验收记录和施工记录。

（5）各种连接件、紧固件的螺栓应有防松动措施；焊接连接应符合设计要求和焊接规范的规定。

检验方法：观察；检查隐蔽工程验收记录和施工记录。

（6）隐框或半隐框玻璃幕墙，每块玻璃下端应设置两个铝合金或不锈钢托条，其长度不应小于 100 mm，厚度不应小于 2 mm，托条外端应低于玻璃外表面 2 mm。

检验方法：观察；检查施工记录。

（7）明框玻璃幕墙的玻璃安装应符合下列规定。

1）玻璃槽口与玻璃的配合尺寸应符合设计要求和技术标准的规定。

2）玻璃与构件不得直接接触，玻璃四周与构件凹槽底部应保持一定的空隙，每块玻璃下部应至少放置两块宽度与槽口宽度相同、长度不小于 100 mm 的弹性定位垫块；玻璃两边嵌入量及空隙应符合设计要求。

3）玻璃四周橡胶条的材质、型号应符合设计要求，镶嵌应平整，橡胶条长度应比边框内槽长 1.5%～2.0%，橡胶条在转角处应斜面断开，并应用黏结剂黏结牢固后嵌入槽内。

检验方法：观察；检查施工记录。

（8）高度超过 4 m 的全玻璃幕墙应吊挂在主体结构上，吊夹具应符合设计要求，玻璃与玻璃、玻璃与玻璃肋之间的缝隙，应采用硅酮结构密封胶填嵌严密。

检验方法：观察；检查隐蔽工程验收记录和施工记录。

（9）点支承玻璃幕墙应采用带万向头的活动不锈钢爪，其钢爪间的中心距离应大于 250 mm。

检验方法：观察；尺量检查。

（10）玻璃幕墙四周、玻璃幕墙内表面与主体结构之间的连接节点、各种变形缝、墙角的连接节点应符合设计要求和技术标准的规定。

检验方法：观察；检查隐蔽工程验收记录和施工记录。

（11）玻璃幕墙应无渗漏。

检验方法：在易渗漏部位进行淋水检查。

（12）玻璃幕墙结构胶和密封胶的灌注应饱满、密实、连续、均匀、无气泡，宽度和厚度应符合设计要求和技术标准的规定。

检验方法：观察；尺量检查；检查施工记录。

（13）玻璃幕墙开启窗的配件应齐全，安装应牢固，安装位置和开启方向、角度应正确；开启应灵活，关闭应严密。

检验方法：观察；手扳检查；开启和关闭检查。

（14）玻璃幕墙的防雷装置必须与主体结构的防雷装置可靠连接。

检验方法：观察；检查隐蔽工程验收记录和施工记录。

2. 一般项目

（1）玻璃幕墙表面应平整、洁净；整幅玻璃的色泽应均匀一致；不得有污染和镀膜损坏。

检验方法：观察。

（2）每平方米玻璃的表面质量和检验方法应符合表 6-22 的规定。

表 6-22　每平方米玻璃的表面质量和检验方法

项次	项　　目	质　量　要　求	检　验　方　法
1	明显划伤和长度<100 mm 的轻微划伤	不允许	观察
2	长度≤100 mm 的轻微划伤	≤8 条	用钢尺检查
3	擦伤总面积	≤500 mm²	用钢尺检查

（3）一个分格铝合金型材的表面质量和检验方法应符合表 6-23 的规定。

表 6-23　一个分格铝合金型材的表面质量和检验方法

项次	项　　目	质　量　要　求	检　验　方　法
1	明显划伤和长度<100 mm 的轻微划伤	不允许	观察
2	长度≤100 mm 的轻微划伤	≤2 条	用钢尺检查
3	擦伤总面积	≤500 mm²	用钢尺检查

（4）明框玻璃幕墙的外露框或压条应横平竖直，颜色、规格应符合设计要求，压条安装应牢固。单元玻璃幕墙的单元拼缝或隐框玻璃幕墙的分格玻璃拼缝应横平竖直、均匀一致。

检验方法：观察；手扳检查；检查进场验收记录。

（5）玻璃幕墙的密封胶缝应横平竖直、深浅一致、宽窄均匀、光滑顺直。

检验方法：观察；手摸检查。

（6）防火、保温材料填充应饱满、均匀，表面应密实、平整。

检验方法：检查隐蔽工程验收记录。

（7）玻璃幕墙隐蔽节点的遮封装修应牢固、整齐、美观。

检验方法：观察；手扳检查。

（8）明框玻璃幕墙安装的允许偏差和检验方法应符合表 6-24 的规定。

表 6-24　明框玻璃幕墙安装的允许偏差和检验方法

项次	项　　目		允许偏差（mm）	检查方法
1	幕墙垂直度	幕墙高度≤30 m	10	用经纬仪检查
		30 m<幕墙高度≤60 m	15	
		60 m<幕墙高度≤90 m	20	
		幕墙高度>90 m	25	
2	幕墙水平度	幕墙幅宽≤35 m	5	用水平仪检查
		幕墙幅宽>35 m	7	

续上表

项次	项　　目		允许偏差（mm）	检查方法
3	构件直线度		2	用2m靠尺和塞尺检查
4	构件水平度	构件长度≤2 m	2	用水平仪检查
		构件长度＞2 m	3	
5	相邻构件错位		1	用钢直尺检查
6	分格框对角线长度差	对角线长度≤2 m	3	用钢尺检查
		对角线长度＞2 m	4	

（9）隐框、半隐框玻璃幕墙安装的允许偏差和检验方法应符合表6-25的规定。

表6-25　隐框、半隐框玻璃幕墙安装的允许偏差和检验方法

项次	项　　目		允许偏差（mm）	检查方法
1	幕墙垂直度	幕墙高度≤30 m	10	用经纬仪检查
		30 m＜幕墙高度≤60 m	15	
		60 m＜幕墙高度≤90 m	20	
		幕墙高度＞90 m	25	
2	幕墙水平度	层高≤3 mm	3	用水平仪检查
		层高＞3 mm	5	
3	幕墙表面平整度		2	用2m靠尺和塞尺检查
4	板材立面垂直度		2	用垂直检测尺检查
5	板材上沿水平度		2	用1m水平尺和钢直尺检查
6	相邻板材板角错位		1	用钢直尺检查
7	阳角方正		2	用直角检测尺检查
8	接缝直线度		3	拉5m线，不足5m拉通线，用钢直尺检查
9	接缝高低差			用钢直尺和塞尺检查
10	接缝宽度		1	用钢直尺检查

八、安全环保措施

1. 安全措施

（1）玻璃幕墙安装施工应符合现行行业标准《建筑施工高处作业安全技术规范》（JGJ 80—1991）、《建筑机械使用安全技术规程》（JGJ 33—2001）、《施工现场临时用电安全技术规范》（JGJ 46—2005）的有关规定。

（2）安装施工机具在使用前，应进行严格检查。电动工具应进行绝缘电压试验；手持玻璃吸盘及玻璃吸盘机应进行吸附重量和吸附持续时间试验。

（3）采用外脚手架施工时，脚手架应经过设计，并应与主体结构可靠连接。采用落地式钢管脚手架时，应双排布置。

（4）当高层建筑的玻璃幕墙安装与主体结构施工交叉作业时，在主体结构的施工层下方应设置防护网；在距离地面约3 m高度处，应设置挑出宽度不小于6 m的水平防护网。

（5）采用吊篮施工时，应符合下列要求。

1）吊篮应进行设计，使用前应进行安全检查。

2）吊篮不应作为竖向运输工具，并不得超载。

3）不应在空中进行吊篮检修。

4）吊篮上的施工人员必须配系安全带。

（6）现场焊接作业时，应采取防火措施，在焊接下方应设防火斗。

（7）脚手板上的废弃杂物应及时清理，不得在窗台、栏杆上放置施工工具。

2. 环保措施

（1）合理安排作业时间，尽量减少夜间作业，以减少施工时机具噪声污染；避免影响施工现场内或附近居民的休息。

（2）完成每项工序后，应及时清理施工后滞留的垃圾，比如胶、胶瓶、胶带纸等，保证施工现场的清洁。

（3）对于密封材料及清洗溶剂等可能产生有害物质或气体的材料，应做好保管工作，并在挥发过期前使用完毕，以免对环境造成影响。

第二节 金属幕墙工程

一、细部构造

1. 顶部处理

女儿墙上部部位均属幕墙顶部水平部位的压顶处理，即用金属板封盖，使其能阻挡风雨浸透。水平盖板（铝合金板）的固定，一般先将盖板固定于基层上，然后再用螺栓将盖板与骨架牢固连接，适当留缝，打密封胶。

2. 底部处理

幕墙墙面下端收口处理，通常用一条特制挡水板将下端封住，同时将板与墙之间的缝隙盖住，防止雨水渗入室内，如图 6-30 所示。

3. 边缘部位处理

墙面边缘部位的收口处理，是用铝合金成形板将墙板端部及龙骨部位封住，如图 6-31 所示。

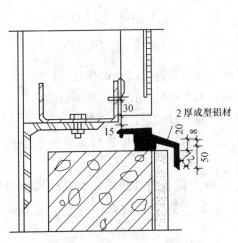

图 6-30 铝合金板端下墙处理

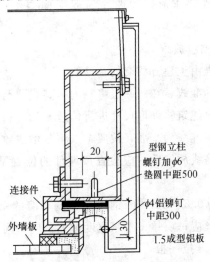

图 6-31 边缘部位的收口处理

4. 伸缩缝、沉降缝的处理

伸缩缝、沉降缝的处理，首先要适应建筑物伸缩、沉降的需要，同时也应考虑装饰效果。另外，此部位也是防水的薄弱环节，其构造节点应周密考虑一般可用氯丁橡胶带做连接和密封。

5. 窗口部位处理

窗口的窗台处属水平部位的压顶处理，即用金属板封盖，使之能阻挡风雨浸透，如图 6-32 所示。水平盖板的固定，一般先将骨架固定于基层上，然后再用螺栓将盖板与骨架牢固连接，板与板间适当留缝，打密封胶处理。

板的连接部位宜留 5 mm 左右间隙，并用耐候硅酮密封胶密封。

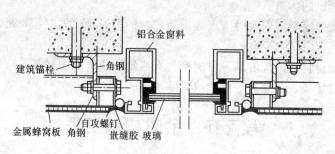

图 6-32　窗口部位处理

二、施工要点

1. 预埋件的安装

（1）按照土建进度，从下向上逐层安装预埋件。

（2）按照幕墙的设计分格尺寸用经纬仪或其他测量仪器进行分格定位。

（3）检查定位无误后，按图纸要求埋设铁件。

（4）安装埋件时要采取措施防止浇筑混凝土时埋件位移，控制好埋件表面的水平或垂直，严禁歪、斜、倾等。

（5）检查预埋件是否牢固、位置是否准确。预埋件的位置误差应按设计要求进行复查。当设计无明确要求时，预埋件的标高偏差不应大于 10 mm，预埋件的位置差不应大于 20 mm。

2. 施工测量放线

（1）复查由土建方移交的基准线。

（2）放标准线。在每一层将室内标高线移至外墙施工面，并进行检查；在石材挂板放线前，应首先对建筑物外形尺寸进行偏差测量，根据测量结果，确定出挂板的基准面。

（3）以标准线为基准，按照图纸将分格线放在墙上，并做好标记。

（4）分格线放完后，应检查预埋件的位置是否与设计相符，否则应进行调整或预埋件处理。

（5）用 $\phi 0.5 \sim \phi 1.0$ 的钢丝在单榀幕墙的垂直、水平方向各拉两根，作为安装的控制线，水平钢丝应每层拉一根（宽度过宽，应每间隔 20 m 设 1 支点，以防钢丝下垂），垂直钢丝应间隔 20 m 拉一根。

（6）注意事项。放线时，应结合土建的结构偏差，将偏差分解；应防止误差积累；应考虑好与其他装饰面的接口；拉好的钢丝应在两端紧固点做好标记，以便钢丝断了，能够快速重拉；应严格按照图纸放线。

3. 过渡件的焊接

（1）经检查，埋件安装合格后，可进行过渡件的焊接施工。

（2）焊接时，过渡件的位置一定要与墨线对准。

（3）应先将同水平位置两侧的过渡件点焊，并进行检查。

（4）再将中间的各个过渡件点焊上，检查合格后，进行满焊。

（5）控制重点是水平位置。

（6）焊接作业注意事项。用规定的焊接设备、材料及人员；确保焊接现场的安全，应有防火措施；严格按照设计要求进行焊接，要求焊缝均匀，无假焊、虚焊；防锈处理要及时、彻底。

4. 金属幕墙铝龙骨安装

（1）先将立柱从上至下，逐层挂上。

（2）根据水平钢丝，将每根立柱的水平标高位置调整好，稍紧螺栓。

（3）再调整进出、左右位置，经检查合格后，拧紧螺帽。

（4）当调整完毕，整体检查合格后，将垫片、螺帽与铁件电焊上。

（5）最后安装横龙骨，安装时水平方向应拉线，并保证竖龙骨与横龙骨接口处的平整，且不能有松动。

（6）注意事项。立柱与连接铁件之间要垫胶垫；因立柱料比较重，应轻拿轻放，防止碰撞、划伤；挂料时，应将螺帽拧紧些，以防脱落而掉下去；调整完以后，要将避雷铜导线接好。

5. 防火材料安装

（1）龙骨安装完毕，可进行防火材料的安装。

（2）安装时应按图纸要求，先将防火镀锌板固定（用螺钉或射钉），要求牢固可靠，并注意板的接口。

（3）然后铺防火棉，安装时注意防火棉的厚度和均匀度，保证与龙骨料接口处的饱满，且不能挤压，以免影响面材。

（4）最后进行顶部封口处理即安装封口板。

（5）安装过程中要注意对玻璃、铝板、铝材等成品的保护，以及内装饰的保护。

6. 金属板安装

（1）安装前应将铁件或钢架、立柱、避雷件、保温、防锈材料全部检查一遍，合格后再将相应规格的面材搬入就位，然后自上而下进行安装。

（2）安装过程中拉线相邻玻璃面的平整度和板缝的水平、垂直度，用木板模块控制缝的宽度。

（3）安装时，应先就位，临时固定，然后拉线调整。

（4）安装过程中，如缝宽有误差，应均分在每条胶缝中，防止误差积累在某一条缝中或某一块面材上。

金属板加工制作

（1）金属板材的品种、规格及色泽应符合设计要求；铝合金板材表面氟碳树脂涂层厚度应符合设计要求。

（2）金属板材加工允许偏差应符合表 6-26 的规定。

表 6-26　金属板材加工允许偏差　　　　　　　（单位：mm）

项　目		允 许 偏 差
边长	≤2 000	±2.0
	>2 000	±2.5
对边尺寸	≤2 000	≤2.5
	>2 000	≤3.0
对角线长度	≤2 000	2.5
	>2 000	3.0
折弯高度		≤1.0
平面度		≤2/1 000
孔的中心距		±1.5

（3）铝塑复合板的加工。铝塑复合板的加工应在洁净的专门车间中进行，加工的工序主要为铝塑复合板裁切、刨沟和固定。

1）加工前注意事项。

①板材贮存时应以 10°内倾斜放置，底板需用厚木板垫底，厚板可以水平叠放。

②搬运时需两人取放，将板面朝上，切勿推拉，以防擦伤。

③如果手工裁切，在裁切前先将工作台清理干净，以免板材受损。

④板材上切勿放置重物或践踏，以防产生弯曲或凹陷的现象。

2）铝塑复合板裁切：铝塑复合板加工的第一道工序是板材的裁切。板材的裁切可用剪床、电锯、圆盘锯、手提电锯等工具按照设计要求加工出所需尺寸。铝塑复合板加工允许偏差应符合金属板材加工允许偏差的规定。

3）铝塑复合板刨沟。

①铝塑复合板刨沟宜采用机械方式开槽。数控刨沟机带有机床，将需刨沟的板材放到机床上，调好刨刀的距离，准确进行开槽。

②刨沟机上带有不同的刨刀，通过更换刨刀，可在铝塑复合板上刨出不同形状的沟，如图 6-33 所示。图 6-33 为厚度为 4 mm（0.5 mm 铝板＋3 mm 塑性材料＋0.5 mm 铝板）的铝塑复合板的常见刨沟形状。

铝塑复合板的刨沟深度应根据不同板的厚度而定。一般情况下塑性材料层保留的厚度应在 1/4 左右且不小于 0.3 mm，并且要使所保留的塑性材料层厚薄均匀，才能使弯折平滑，并形成一弯曲半径为 3～3.5 mm 的过渡圆角。

不能将塑性材料层全部刨开，以防止面层铝板的内表面长期裸露而受到腐蚀，而且如果只剩下外表一层铝板，弯折后，弯折处板材强度会降低，导致板材使用寿命缩短。

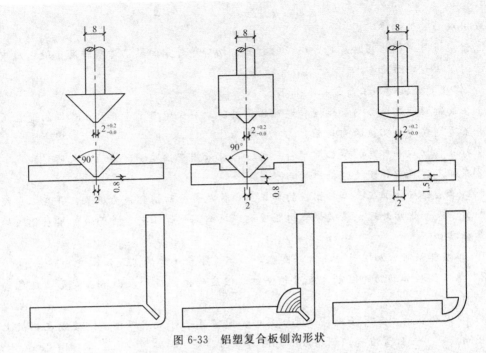

图 6-33　铝塑复合板刨沟形状

③板材被刨沟以后，再按设计对边角进行剪裁，就要将板材弯折成所需要的形状。

板材在弯折处进行弯折时，要将铝屑清理干净。弯折时切勿反复地弯折和急速弯折，防止铝板受到破损，强度降低。弯折后，板材四角对接处要用密封胶进行密封。对有毛刺的边部可用锉刀进行修边，修边时，且勿损伤铝板表面。需要钻孔时，可用电钻、线锯等在铝塑板上做出各种圆形、曲线形等多种孔径。在加工过程中复合铝板严禁与水接触。

4）铝塑复合板与副框和加强筋的固定如图 6-34 所示。

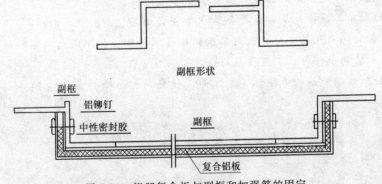

图 6-34　铝塑复合板与副框和加强筋的固定

①铝塑复合板与副框和加强筋的固定。板材边缘弯折以后，就要同副框固定成型，同时根据板材的性质及具体分格尺寸的要求，在板材背面适当的位置设置加强筋。可采用铝合金方管、铝角材或槽铝作为加强筋。加强筋的数量要根据设计确定。

②副框与板材的侧面可用抽芯铝铆钉紧固，抽钉间距应在 200 mm 左右。板的正面与副框的接触面间不宜用铆钉紧固，用结构胶粘接或双面胶带黏结。转角处要用角码将两根副框连接牢固。加强筋（铝方管）与副框间也要用角码连接牢固，加强筋与板材间要用结

构胶或用双面胶带粘接牢固。

③铝塑板与副框组装时应将每块板的打孔、切口等外露的聚乙烯塑料及角缝，用中性硅酮密封胶密封，防止渗水。

5）铝塑复合板的加工质量标准如下。

①在切割铝塑复合板内层铝板和聚乙烯塑料时，应保留不小于 0.3 mm 厚的聚乙烯塑料，并不得划伤外层铝板的内表面。

②打孔、切口等外露的聚乙烯塑料及角缝，应采用中性硅酮耐候密封胶密封。

③在加工过程中铝塑复合板严禁与水接触。

（4）单层铝板的加工。单层铝板的加工应用优质合金防锈铝板为板基，并在工厂经过钣金加工、表面化学处理、氟碳聚合树脂喷涂、烘烤固化等工艺制作而成。单层铝板的加工质量标准如下。

1）单层铝板折弯加工时，折弯外圆弧半径不应小于板厚的 1.5 倍。

2）单层铝板加劲肋的固定可采用电栓钉，但应确保铝板外表面不应变形、褪色，固定应牢固。

3）单层铝板的固定耳子应符合设计要求。固定耳子可采用焊接、铆接或在铝板上直接冲压而成，并应位置准确，调整方便，固定牢固。

4）单层铝板构件四周边应采用铆接、螺栓或胶粘与机械连接相结合的形式固定，并应做到构件刚性好，固定牢固。

（5）蜂窝铝板的加工应符合下列规定。

1）应根据组装要求决定切口的尺寸和形状，在切除铝芯时不得划伤蜂窝铝板外层铝板的内表面；各部位外层铝板上，应保留 0.3～0.5 mm 的铝芯。

2）直角构件的加工，折角应弯成圆弧状，角缝应采用硅酮耐候密封胶密封。

3）大圆弧角构件的加工，圆弧部位应填充防火材料。

4）边缘的加工，应将外层铝板折合 180°，并将铝芯包封。

（6）金属幕墙的女儿墙部分，应用单层铝板或不锈钢板加工成向内倾斜的盖顶。

（7）金属幕墙的吊挂件、安装件应符合下列规定。

1）单元金属幕墙使用的吊挂件、支撑件，宜采用铝合金件或不锈钢件，并应具备可调整范围。

2）单元幕墙的吊挂件与预埋件的连接应采用穿透螺栓。

3）铝合金立柱的连接部位的局部壁厚不得小于 5 mm。

7. 密封

（1）密封部位的清扫和干燥，采用甲苯对密封面进行清扫，清扫时应特别注意不要让溶液散发到接缝以外的场所，清扫用纱布脏污后应常更换，以保证清扫效果，最后用干燥清洁的纱布将溶剂蒸发后的痕迹拭去，保持密封面干燥。

（2）贴防护纸胶带。为防止密封材料使用时污染装饰面，同时为使密封胶缝与面材交界线平直，应贴好纸胶带，要注意纸胶带本身的平直。

（3）注胶。注胶应均匀、密实、饱满，同时注意施胶方法，避免浪费。

（4）胶缝修整。注胶后，应将胶缝用小铲沿注胶方向用力施压，将多余的胶刮掉，并将胶缝刮成设计形状，使胶缝光滑、流畅。

（5）清除纸胶带。胶缝修整好后，应及时去掉保护胶带，并注意撕下的胶带不要污染玻璃面或铝板面；及时清理粘在施工表面上的胶痕。

8. 清扫

（1）清扫时先用浸泡过中性溶剂（5％水溶液）的湿纱布将污物等擦去，然后再用干纱布擦干净。

（2）清扫灰浆、胶带残留物时，可使用竹铲、合成树脂铲等仔细刮去。

（3）禁止使用金属清扫工具，不得用粘有砂子、金属屑的工具。

（4）禁止使用酸性或碱性洗剂。

三、质量标准

1. 主控项目

（1）金属幕墙工程所使用的各种材料和配件，应符合设计要求及国家现行产品标准和工程技术规范的规定。

检验方法：检查产品合格证书、性能检测报告、材料进场验收记录和复验报告。

（2）金属幕墙的造型和立面分格应符合设计要求。

检验方法：观察；尺量检查。

（3）金属面板的品种、规格、颜色、光泽及安装方向应符合设计要求。

检验方法：观察；检查进场验收记录。

（4）金属幕墙主体结构上的预埋件、后置埋件的数量、位置及后置埋件的拉拔力必须符合设计要求。

检验方法：检查拉拔力检测报告和隐蔽工程验收记录。

（5）金属幕墙的金属框架立柱与主体结构预埋件的连接、立柱与横梁的连接、金属面板的安装必须符合设计要求，安装必须牢固。

检验方法：手扳检查；检查隐蔽工程验收记录。

（6）金属幕墙的防火、保温、防潮材料的设置应符合设计要求，并应密实、均匀、厚度一致。

检验方法：检查隐蔽工程验收记录。

（7）金属框架及连接件的防腐处理应符合设计要求。

检验方法：检查隐蔽工程验收记录和施工记录。

（8）金属幕墙的防雷装置必须与主体结构的防雷装置可靠连接。

检验方法：检查隐蔽工程验收记录。

（9）各种变形缝、墙角的连接节点应符合设计要求和技术标准的规定。

检验方法：观察；检查隐蔽工程验收记录。

（10）金属幕墙的板缝注胶应饱满、密实、连续、均匀、无气泡，宽度和厚度应符合设计要求和技术标准的规定。

检验方法：观察；尺量检查；检查施工记录。

（11）金属幕墙应无渗漏。

检验方法：在易渗漏部位进行淋水检查。

2. 一般项目

（1）金属板表面应平整、洁净、色泽一致。

检验方法：观察。

（2）金属幕墙的压条应平直、洁净、接口严密、安装牢固。

检验方法：观察；手扳检查。

（3）金属幕墙的密封胶缝应横平竖直、深浅一致、宽窄均匀、光滑顺直。

检验方法：观察。

（4）金属幕墙上的滴水线、流水坡向应正确、顺直。

检验方法：观察；用水平尺检查。

（5）每平方米金属板的表面质量和检验方法应符合表 6-27 的规定。

表 6-27　每平方米金属板的表面质量和检验方法

项次	项　　目	质量要求	检　验　方　法
1	明显划伤和长度＞100 mm 的轻微划伤	不允许	观察
2	长度≤100 mm 的轻微划伤	≤8 条	用钢尺检查
3	擦伤总面积	≤500 mm²	用钢尺检查

（6）金属幕墙安装的允许偏差和检验方法应符合表 6-28 的规定。

表 6-28　金属幕墙安装的允许偏差和检验方法

项次	项　　目		允许偏差（mm）	检　查　方　法
1	幕墙垂直度	幕墙高度≤30 m	10	用经纬仪检查
		30 m＜幕墙高度≤60 m	15	
		60 m＜幕墙高度≤90 m	20	
		幕墙高度＞90 m	25	
2	幕墙水平度	层高≤3 m	3	用水平仪检查
		层高＞3 m	5	
3	幕墙表面平整度		2	用 2 m 靠尺和塞尺检查
4	板材立面垂直度		3	用垂直检测尺检查
5	板材上沿水平度		2	用 1 m 水平尺和钢直尺检查
6	相邻板材板角错位		1	用钢直尺检查
7	阳角方正		2	用直角检测尺检查
8	接缝直线度		3	拉 5 m 线，不足 5 m 拉通线，用钢直尺检查
9	接缝高低差		1	用钢直尺和塞尺检查
10	接缝宽度		1	用钢直尺检查

四、施工注意事项

（1）幕墙分格轴线的测量应与主体结构的测量配合，其误差应及时调整不得积累。

（2）对高层建筑的测量应在风力不大于 4 级情况下进行，每天应定时对幕墙的垂直及立柱位置进行校核。

（3）应将立柱与连接件连接，然后连接件再与主体预埋件连接，并进行调整和固定，立柱安装标高偏差不应大于 3 mm。轴线前后偏差不应大于 2 mm，左右偏差不应大于 3 mm。

（4）相邻两根立柱安装标高偏差不应大于 3 mm，同层立柱的最大标高偏差不应大于 5 mm；相邻两根立柱的距离偏差不应大于 2 mm。

（5）应将横梁两端的连接件及弹性橡胶垫安装在立柱的预定位置，并应安装牢固，其接缝应严密。

（6）相邻两根横梁水平标高偏差不应大于 1 mm。同层标高偏差：当一幅幕墙宽度小于或等于 35 m 时，不应大于 5 mm；当一幅幕墙宽度大于或等于 35 m 时，不应大于 7 mm。

（7）同一层横梁安装应由下向上进行。当安装完一层刚度时，应进行检查、调整、校正、固定，使其符合质量要求。

（8）有热工要求的幕墙，保温部分从内向外安装，当采用内衬板时，四周应套装弹性橡胶密封条，内衬板与构件接缝应严密；内衬板就位后，应进行密封处理。

（9）固定防火保温材料应锚钉牢固，防火保温层应平整，拼接处不应留缝隙。

（10）冷凝水排出管及附件应与水平构件预留孔连接严密，与内衬板出水孔连接处应设橡胶密封条。

（11）其他通气留槽孔及雨水排出口等应按设计施工，不得遗漏。

（12）幕墙立柱安装就位、调整后应及时紧固。幕墙安装的临时螺栓等在构件安装就位、调整、紧固后应及时拆除。

（13）现场焊接或高强螺栓紧固的构件固定后，应及时进行防锈处理。幕墙中与铝合金接触的螺栓及金属配件应采用不锈钢或轻金属制品。

（14）不同金属的接触面应采用垫片做隔离处理。

（15）金属板安装时，左右上下的偏差不应大于 1.5 mm。

（16）金属板空缝安装时，必须要有防水措施，并有符合设计要求的排水出口。

（17）幕墙四周与主体之间的间隙，应采用防火的保温材料填塞，内外表面应采用密封胶连续封闭，接缝应严密不漏水。

（18）幕墙的施工过程中应分层进行防水渗漏性能检查。

（19）幕墙安装过程中应进行接缝部位的雨水渗漏检验。

（20）填充硅酮耐候密封胶时，金属板缝的宽度、厚度应根据硅酮耐候胶的技术参数，经计算后确定。较深的密封槽口底部应采用聚乙烯发泡材料填塞。

（21）耐候硅酮密封胶在接缝内应形成相对两面黏结。

（22）幕墙安装施工应对下列项目进行隐蔽验收。

1）构件与主体结构的连接节点的安装。

2）幕墙四周、幕墙内表面与主体结构之间间隙节点的安装。

3）幕墙伸缩缝、沉降缝、防震缝及墙面转角节点的安装。

4）幕墙防雷接地节点的安装。

5）其他带有隐蔽性质的项目。

第三节　石材幕墙工程

一、安装施工准备

（1）在主体结构施工时，根据设计要求，埋入预埋件。

（2）在完成幕墙测量放线和物料编排后，将幕墙单元的托座按照参考线，安装到楼面的预埋件上。首先点焊调节高低的角码，确定位置无误后，对角码施行满焊，焊后涂上防腐防锈油漆，然后安装横料，调整标高。

（3）在楼层顶部安置吊重与悬挂支架轨道系统，以便为安装单元体用。

（4）幕墙单元体从楼层内运出，并在楼面边缘提升起来，然后安装在对应的外墙位置上。调整好垂直与水平后，紧固螺栓。

（5）每层幕墙安装完毕，必须将幕墙内侧包上透明保护膜，做好成品保护。

（6）当单元体安装完毕，按要求完成封口扣板与单元框的连接，并完成窗台板安装及跨越两单元的石材饰面安装工作。

二、预埋件的安装

参见本章第二节金属幕墙工程施工要点中预埋件的安装。

三、施工测量放线

参见本章第二节金属幕墙工程中施工要点关于施工测量放线的内容。

石材的要求

（1）幕墙石材宜选用火成岩，石材吸水率应小于0.8%。

（2）花岗石板材的弯曲强度应经法定检测机构检测确定，其弯曲强度标准值不应小于8.0 MPa。

（3）石板的表面处理方法应根据环境和用途决定。

（4）为满足等强度计算的要求，火烧石板的厚度应比抛光石板厚3 mm。

（5）石材的技术要求应符合下列现行行业标准的规定：《天然花岗石荒料》（JC 204—2011）；《天然花岗石建筑板材》（GB/T 18601—2001）。

（6）石材表面应采用机械进行加工，加工后的表面应用高压水冲洗或用水和刷子清理，严禁用溶剂型的化学清洁剂清洗石材。

四、石材幕墙安装工艺

1. 石材幕墙骨架的安装

（1）根据控制线确定骨架位置，严格控制骨架位置偏差。

（2）干挂石材板主要靠骨架固定，因此必须保证骨架安装的牢固性。

（3）在挂件安装前必须全面检查骨架位置是否准确、焊接是否牢固，并检查焊缝质量。

2. 石材幕墙挂件安装

挂板应采用不锈钢或铝合金型材，钢销应采用不锈钢件，连接挂件宜采用L形，避免一个挂件同时连接上下两块石板。

石板的加工制作工艺

（1）加工石板要求。

1）石板连接部位应无崩坏、暗裂等缺陷；其他部位崩边不大于 5 mm×20 mm，或缺角不大于 20 mm 时可修补后使用，但每层修补的石板块数不应大于 2‰，且宜用于不明显部位。

2）石板的长度、宽度、厚度、直角、异形角、半圆弧形状、异型材及花纹图案造型、石板的外形尺寸均应符合设计要求。

3）石板外表面的色泽应符合设计要求，花纹图案应按样板检查，不得有明显色差。

4）火烧石应按样板检查火烧后的均匀程度，火烧石不得有暗裂、崩裂情况。

5）石板的编号应同设计一致，不得因加工造成混乱。

6）石板应结合其组合形式，并应确定工程中使用的基本形式后进行加工。

7）石板加工尺寸允许偏差应符合现行行业标准《天然花岗石建筑板材》（GB/T 18601—2001）的有关规定中一等品要求。

（2）钢销式安装的石板。

1）钢销的孔位应根据石板的大小而定。孔位距离边端不得小于石板厚度的 3 倍，也不得大于 180 mm；钢销间距不宜大于 600 mm；边长不大于 1.0 m 时每边应设两个钢销，边长大于 1.0 m 时应采用复合连接。

2）石板的钢销孔的深度宜为 22～33 mm，孔的直径宜为 7～8 mm，钢销直径宜为 5 mm 或 6 mm，钢销长度宜为 20～30 mm。

3）石板的钢销孔处不得有损坏或崩裂现象，孔径内应光滑、洁净。

（3）通槽式安装的石板加工。

1）石板的通槽宽度宜为 6 mm 或 7 mm，不锈钢连接板厚度不宜小于 3.0 mm，铝合金连接板厚度不宜小于 4.0 mm。

2）石板开槽后不得有损坏或崩裂现象，槽口应打磨成 45°倒角；槽内应光滑、洁净。

（4）短槽式安装的石板加工。

1）每块石板上下边应各开两个短平槽，短平槽长度不应小于 100 mm，在有效长度内槽深度不宜小于 15 mm；开槽宽度宜为 6 mm 或 7 mm；不锈钢连接板厚度不宜小于 3.0 mm，铝合金连接板厚度不宜小于 4.0 mm；弧形槽的有效长度不应小于 80 mm。

2）两短槽边距离石板两端部的距离不应小于石板厚度的 3 倍且不应小于 85 mm，也不应大于 180 mm。

3）石板开槽后不得有损坏或崩裂现象，槽口应打磨成 45°倒角，槽内应光滑、洁净。

（5）石板的转角做法。

1）当采用不锈钢支撑件组装时，不锈钢支撑件的厚度不应小于 3 mm。

2）当采用铝合金型材专用件组装时，铝合金型材壁厚不应小于 4.5 mm，连接部位的壁厚不应小于 5 mm。

（6）单元石板幕墙的加工组装。

1）有防火要求的全石板幕墙单元，应将石板、防火板、防火材料按设计要求组装在铝合金框架上。

2）有可视部分的混合幕墙单元，应将玻璃板、石板、防火板及防火材料按设计要求组装在铝合金框架上。

3）幕墙单元内石板之间可采用铝合金 T 形连接件连接；T 形连接件的厚度应根据石板的尺寸及质量经计算后确定，且其最小厚度不应小于 4.0 mm。

4）幕墙单元内，边部石板与金属框架的连接，可采用铝合金 L 形连接，其厚度应根据石板的尺寸及质量经计算后确定，且其最小厚度不应小于 4.0 mm。

（7）加工注意事项。

1）石板经切割或开槽等工序后均应将石屑用水冲干净，石板与不锈钢挂件间应采用石材专用结构胶黏结。

2）已加工好的石板应存放于通风良好的仓库内，其角度不应小于 85°。

3. 石材幕墙骨架的防锈

（1）槽钢主龙骨、预埋件及各类镀锌角钢焊接破坏镀锌层后均满涂两遍防锈漆（含补刷部分）进行防锈处理，并控制第一道与第二道的间隔时间不小于 12 h。

（2）型钢进场必须有防潮措施，并在除去灰尘及污物后进行防锈操作。

（3）严格控制不得漏刷防锈漆，特别控制为焊接而预留的缓刷部位在焊后涂刷不得少于两遍。

4. 花岗岩挂板的安装

（1）达到外立面的整体效果，要求板材加工精度比较高，要精心挑选板材，减少色差。

（2）在板安装前，应根据结构轴线核定结构外表面与干挂石材外露面之间的尺寸后，在建筑物大角处做出上下生根的金属丝垂线，并以此为依据，根据建筑物宽度设置足以满足要求的垂线、水平线，确保槽钢钢骨架安装后处于同一平面上（误差不大于 5 mm）。

（3）通过室内的 50 cm 线验证板材水平龙骨及水平线的正确，以此控制拟将安装的板缝水平程度。通过水平线及垂线形成的标准平面标测出结构垂直平面，为结构修补及安装龙骨提供依据。

（4）板材钻孔位置应用标定工具自板材露明面返至板中或图中注明的位置。钻孔深度依据不锈钢销钉长度予以控制。宜采用双钻同时钻孔，以保证钻孔位置正确。

（5）石板宜在水平状态下，由机械开槽口。

五、密   封

（1）密封部位的清扫和干燥，采用甲苯对密封面进行清扫，清扫时应特别注意不要让溶液散发到接缝以外的场所，清扫用纱布脏污后应常更换，以保证清扫效果，最后用干燥清洁的纱布将溶剂蒸发后的痕迹拭去，保持密封面干燥。

（2）贴防护纸胶带。为防止密封材料使用时污染装饰面，同时为使密封胶缝与面材交界线平直，应贴好纸胶带，要注意纸胶带本身的平直。

（3）注胶。注胶应均匀、密实、饱满，同时注意施胶方法，避免浪费。

（4）胶缝修整。注胶后，应将胶缝用小铲沿注胶方向用力施压，将多余的胶刮掉，并将胶缝刮成设计形状，使胶缝光滑、流畅。

（5）清除纸胶带。胶缝修整好后，应及时去掉保护胶带，并注意撕下的胶带不要污染板材表面；及时清理粘在施工表面上的胶痕。

六、清 扫

（1）整个立面的挂板安装完毕，必须将挂板清理干净，并经监理检验合格后，方可拆除脚手架。

（2）柱面阳角部位，结构转角部位的石材棱角应有保护措施，其他配合单位应按规定相应保护。

（3）防止石材表面的渗透污染。拆改脚手架时，应将石材遮蔽，避免碰撞墙面。

（4）对石材表面进行有效保护，施工后及时清除表面污物，避免腐蚀性损伤。易于污染或损坏的木材或其他胶结材料不应与石料表面直接接触。

（5）完工时需要更换有缺陷、断裂或损伤的石料。更换工作完成后，应用干净水或硬毛刷对所有石材表面清洗。直到所有尘土、污染物被清除。不能使用钢丝刷、金属刮削器。在清洗过程中应保护相邻表面免受损伤。

（6）在清洗及修补工作完成时，将临时保护措施移去。

七、质量标准

1. 主控项目

（1）石材幕墙工程所用材料的品种、规格、性能等级，应符合设计要求及国家现行产品标准和工程技术规范的规定。石材的弯曲强度不应小于 8.0 MPa；吸水率应小于 0.8%。石材幕墙的铝合金挂件厚度不应小于 4.0 mm，不锈钢挂件厚度不应小于 3.0 mm。

检验方法：观察；尺量检查；检查产品合格证书、性能检测报告、材料进场验收记录和复验报告。

（2）石材幕墙的造型、立面分格、颜色、光泽、花纹和图案应符合设计要求。

检验方法：观察。

（3）石材孔、槽的数量、深度、位置、尺寸应符合设计要求。

检验方法：检查进场验收记录或施工记录。

（4）石材幕墙主体结构上的预埋件和后置埋件的位置、数量及后置埋件的拉拔力必须符合设计要求。

检验方法：检查拉拔力检测报告和隐蔽工程验收记录。

（5）石材幕墙的金属框架立柱与主体结构预埋件的连接、立柱与横梁的连接、连接件与金属框架的连接、连接件与石材面板的连接必须符合设计要求，安装必须牢固。

检验方法：手扳检查；检查隐蔽工程验收记录。

（6）金属框架的连接件和防腐处理应符合设计要求。

检验方法：检查隐蔽工程验收记录。

（7）石材幕墙的防雷装置必须与主体结构防雷装置可靠连接。

检验方法：观察；检查隐蔽工程验收记录和施工记录。

（8）石材幕墙的防火、保温、防潮材料的设置应符合设计要求，填充应密实、均匀、厚度一致。

检验方法：检查隐蔽工程验收记录。

（9）各种结构变形缝、墙角的连接节点应符合设计要求和技术标准的规定。

检验方法：检查隐蔽工程验收记录和施工记录。

（10）石材表面和板缝的处理应符合设计要求。

检验方法：观察。

(11) 石材幕墙的板缝注胶应饱满、密实、连续、均匀、无气泡，板缝宽度和厚度应符合设计要求和技术标准的规定。

检验方法：观察；尺量检查；检查施工记录。

(12) 石材幕墙应无渗漏。

检验方法：在易渗漏部位进行淋水检查。

2. 一般项目

(1) 石材幕墙表面应平整、洁净，无污染、缺损和裂痕。颜色和花纹应协调一致，无明显色差，无明显修痕。

检验方法：观察。

(2) 石材幕墙的压条应平直、洁净、接口严密、安装牢固。

检验方法：观察；手扳检查。

(3) 石材接缝应横平竖直、宽窄均匀；阴阳角石板压向应正确，板边合缝应顺直；凸凹线出墙厚度应一致，上下口应平直；石材面板上洞口、槽边应套割吻合，边缘应整齐。

检验方法：观察；尺量检查。

(4) 石材幕墙的密封胶缝应横平竖直、深浅一致、宽窄均匀、光滑顺直。

检验方法：观察。

(5) 石材幕墙上的滴水线、流水坡向应正确、顺直。

检验方法：观察；用水平尺检查。

(6) 每平方米石材的表面质量和检验方法应符合前面表 6-27 的规定。

(7) 石材幕墙安装的允许偏差和检验方法应符合表 6-29 的规定。

表 6-29   石材幕墙安装的允许偏差和检验方法

项次	项　　目	允许偏差 (mm)		检查方法
		光面	麻面	
1	幕墙垂直度	幕墙高度≤30 m	10		用经纬仪检查
		30 m<幕墙高度≤60 m	15		
		60 m<幕墙高度≤90 m	20		
		幕墙高度>90 m	25		
2	幕墙水平度	3		用水平仪检查
3	板材立面水平度	3		用水平仪检查
4	板材上沿水平度	2		用 1 m 水平尺和钢直尺检查
5	相邻板材板角错位	1		用钢直尺检查
6	阳角方正	2	3	用直角检测尺检查
7	接缝直线度	2	4	用直角检测尺检查
8	接缝高低差	3	4	拉 5 m 线，不足 5 m 拉通线，用钢直尺检查
9	接缝宽度	1	—	用钢直尺和塞尺检查
10	幕墙表面平整度	2	3	用垂直检测尺检查

第七章　涂饰工程

第一节　水溶性涂料涂饰工程

一、施工要点

1. 基层处理

基层处理的工作内容包括基层清理和基层修补。

（1）混凝土及砂浆的基层处理。为保证涂膜能与基层牢固黏结在一起，基层表面必须干净、坚实，无酥松、脱皮、起壳、粉化等现象，基层的表面的泥土、灰尘、污垢、粘附的砂浆等应清扫干净，酥松的表面应予铲除。为保证基层表面平整，缺棱掉角处应用 1 : 3 水泥砂浆（或聚合物水泥砂浆）修补，表面的麻面、缝隙及凹陷处应用腻子填补修平。

（2）木材与金属基层的处理及打底子。为保证涂抹与基层粘接牢固，木材表面的灰尘、污垢和金属表面的油渍、鳞皮、锈斑、焊渣、毛刺等必须清除干净。木料表面的裂缝等在清理和修整后应用石膏腻子填补密实、刮平收净，用砂纸磨光以使表面平整。木材基层缺陷处理好后表面上应做打底子处理，使基层表面具有均匀吸收涂料的性能，以保证面层的色泽均匀一致。金属表面应刷防锈漆，涂料施涂前被涂物件的表面必须干燥，以免水分蒸发造成涂膜起泡，一般木材含水率不得大于 12%，金属表面不得有湿气。

2. 修补腻子

用水石膏将墙面等基层上磕碰的坑凹、缝隙等处分别找平，干燥后用 1 号砂纸将凸出处磨平，并将浮尘等清扫干净。

填充料的要求

填充料：钛白粉、石膏粉、滑石粉、羧甲基纤维素、聚乙酸乙烯乳液、地板黄、红土粉、黑烟子、立德粉等。

3. 刮腻子

刮腻子简介

涂膜对光线的反射比较均匀，因而在一般情况下不易觉察的基层表面细小的凹凸不平和砂眼，在涂刷涂料后由于光影作用都将显现出来，影响美观。所以基层必须刮腻子数遍予以找平，并在每遍所刮腻子干燥后用砂纸打磨，保证基层表面平整光滑。

需要刮腻子的遍数，视涂饰工程的质量等级，基层表面的平整度和所用的涂料品种而定。一般情况为三遍，腻子的配合比为质量比，有如下两种。

（1）适用于室内的腻子，其配合比为：聚乙酸乙烯乳液（即白乳胶）：滑石粉或钛白粉：20% 羧甲基纤维素溶液 = 1 : 5 : 3.5。

（2）适用于外墙、厨房、厕所、浴室的腻子，其配合比为：聚乙酸乙烯乳液：水泥：水 = 1 : 5 : 1。

具体操作方法为：第一遍用橡胶刮板横向满刮，一刮板接一刮板，接头不得留槎，每刮一板最后收头时，要注意收得要干净利落。干燥后用 1 号砂纸，将浮腻子及斑迹磨平磨光，再将墙面清扫干净。第二遍用橡胶刮板竖向满刮，所用材料和方法同第一遍腻子，干燥后用 1 号砂纸磨平并清扫干净。第三遍用橡胶刮板找补腻子，用钢片刮板满刮腻子，墙面等基层部位刮平刮光干燥后，用细砂纸磨平磨光，注意不要漏磨或将腻子磨穿。

　　4. 涂第一遍乳液薄涂料

　　施涂顺序是先刷顶板后刷墙面，刷墙面时应先上后下。先将墙面清扫干净，再用布将墙面粉尘擦净。乳液薄涂料一般用排笔涂刷，使用新排笔时，注意将活动的排笔毛理掉。乳液薄涂料使用前应搅拌均匀，适当加水稀释，防止头遍涂料涂不开。干燥后复补腻子，待复补腻子干燥后用砂纸磨光，并清扫干净。

涂料和颜料的要求

　　（1）涂料。乙酸乙烯乳胶漆应有产品合格证、出厂日期及使用说明。

　　（2）颜料。各色有机或无机颜料，应耐碱、耐光。

　　5. 涂第二遍乳液薄涂料

　　操作要求同第一遍，使用前要充分搅拌，如不是很稠，不宜加水，以防露底。漆膜干燥后，用细砂纸将墙面疙瘩和排笔毛打磨掉，磨光滑后清扫干净。

　　6. 涂第三遍乳液薄涂料

　　操作要求同第二遍乳液薄涂料。由于乳胶漆膜干燥较快，应连续迅速操作，涂刷时从一头开始，逐渐涂刷到另一头，要注意上下顺刷互相衔接，后一排笔紧接前一排笔，避免干燥后再处理接头。

二、质量标准

　　1. 主控项目

　　（1）水性涂料涂饰工程所用涂料的品种、型号和性能应符合设计要求。

　　检验方法：检查产品合格证书、性能检测报告和进场验收记录。

　　（2）水性涂料涂饰工程的颜色、图案应符合设计要求。

　　检验方法：观察。

　　（3）水性涂料涂饰工程应涂饰均匀、黏结牢固，不得漏涂、透底、起皮和掉粉。

　　检验方法：观察；手摸检查。

　　（4）水性涂料涂饰工程的基层处理应符合设计的要求。

　　检验方法：观察；手摸检查；检查施工记录。

　　2. 一般项目

　　（1）薄涂料的涂饰质量和检验方法应符合表 7-1 的规定。

表 7-1　薄涂料的涂饰质量和检验方法

项次	项　目	普通涂饰	高级涂饰	检验方法
1	颜色	均匀一致	均匀一致	观察
2	泛碱、咬色	允许少量轻微	不允许	
3	流坠、疙瘩	允许少量轻微	不允许	
4	砂眼、刷纹	允许少量轻微砂眼、刷纹通顺	无砂眼、无刷纹	

续上表

项次	项　目	普通涂饰	高级涂饰	检验方法
5	装饰线、分色线直线度允许偏差（mm）	2	1	拉 5 m 线，不足 5 m 拉通线，用钢直尺检查

（2）厚涂料的涂饰质量和检验方法应符合表 7-2 的规定。

表 7-2　厚涂料的涂饰质量和检验方法

项次	项　目	普通涂饰	高级涂饰	检验方法
1	颜色	均匀一致	均匀一致	观察
2	泛碱、咬色	允许少量轻微	不允许	
3	点状分布	—	疏密均匀	

（3）复合涂料的涂饰质量和检验方法应符合表 7-3 的规定。

表 7-3　复合涂料的涂饰质量和检验方法

项次	项　目	质量要求	检验方法
1	颜色	均匀一致	观察
2	泛碱、咬色	不允许	
3	喷点疏密程度	均匀，不允许连片	

（4）涂层与其他装修材料和设备衔接处应吻合，界面应清晰。

检验方法：观察。

三、施工注意事项

（1）高空作业超过 2 m 应按规定搭设脚手架，施工前要进行检查其是否牢固。人字梯应四角落地，摆放平稳，梯脚应设防滑橡胶垫和保险链。人字梯上铺设脚手板，脚手板两端搭设长度不得少于 20 cm，脚手板中间不得同时两人操作。梯子挪动时，作业人员必须下来，严禁站在梯子上踩高跷式挪动，人字梯顶部铰轴不准站人，不准铺设脚手板。人字梯应当经常检查，发现开裂、腐朽、楔头松动、缺挡等，不得使用。

（2）施工现场应有严禁烟火的安全措施，现场应设专职安全员监督确保施工现场无明火。

（3）施工现场周边应根据噪声敏感区域的不同，选择低噪声设备或其他措施，同时应按国家有关规定控制施工作业时间。

（4）涂刷作业时操作工人应佩戴相应的保护设施，如防毒面具、口罩、手套等。以免危害工人的肺、皮肤等。

（5）严禁在民用建筑工程室内用有机溶剂清洗施工用具。

第二节　溶剂型涂料涂饰工程

一、金属表面施涂混色油漆涂料

1. 基层处理

清扫、除锈、磨砂。首先将钢门窗和金属表面上浮土、灰浆等打扫干净。已刷防锈漆但出现锈斑的钢门窗或金属表面，须用铲刀铲除底层防锈漆后，再用钢丝刷和砂布彻底打磨干净，补刷一道防锈漆，待防锈漆干透后，将钢门窗或金属表面的砂眼、凹坑、缺棱、拼缝等处，用石膏腻子刮抹平整（金属表面腻子的质量配合比为石膏粉∶熟桐油∶油性腻子或醇酸腻子∶底漆＝20∶5∶10∶7，水适量。腻子要调成不软、不硬、不出蜂窝、挑丝不倒为宜），待腻子干透后，用 1 号砂纸打磨，磨完砂纸后用湿布将表面上的粉末擦干净。

> **溶剂性涂料简介**
>
> 溶剂性涂料（俗称油漆）是一种含有颜料或不含有颜料的胶体溶液，涂于物体表面干结后呈固体薄膜，有阻滞空气、水分、日光、微生物、化学药品等物质侵蚀物体表面的性能；同时可填平造型，着色增光，隔电杀菌及保护被涂物件。因此被广泛施用于金属、木材等材料表面；使金属防锈，使木材增加硬度和防腐；并使被涂物品变得美观。
>
> 油漆基层的表面质量应符合有关标准规定，施工前先对基体或基层认真检查，发现问题妥善处理后再进行施工。
>
> 油漆基层必须干燥，应在顶棚、墙面、地面管道等工程完工后进行，应保持现场清洁。

2. 刮腻子

用开刀或橡胶刮板在钢门窗或金属表面上满刮一遍石膏腻子（配合比同上），要求刮得薄，收得干净，均匀平整无飞刺。等腻子干透后，用 1 号砂纸打磨，注意保护棱角，要求达到表面光滑、线角平直、整齐一致。

3. 刷第一遍油漆

（1）刷铅油（或醇酸无光调和漆）。铅油用色铅油、光油、清油和汽油配制而成，经过搅拌后过筛，冬季宜加适量催干剂。油漆的稠度以达到盖底、不流坠、不显刷痕为宜，铅油的颜色要符合样板的色泽。刷铅油时先从框上部左边开始涂刷，框边刷油时不得刷到墙上，要注意内外分色，厚薄要均匀一致，刷纹必须通顺，框子上部刷好后再刷亮子，全部亮子刷完后，再刷框子下半部。刷窗扇时，如有两扇窗，应先刷左扇后刷右扇；三扇窗者，最后刷中间一扇，窗扇外面全部刷完后，用梃钩勾住再刷里面。刷门时先刷亮子，再刷门框及门扇背面，刷完后用木楔将门扇下口固定，全部刷完后，应立即检查一下有无遗漏，分色是否正确，并将小五金件等沾染的油漆擦干净。要重点检查线角和阴阳角处有无流坠、漏刷、裹棱、透底等毛病，如有应及时修整达到色泽一致。

> **金属表面施涂混色油漆涂料的材料要求**
>
> （1）涂料。光油、清油、铅油、调和漆（磁性调和漆、油性调和漆）、清漆、醇酸清漆、醇酸磁漆、防锈漆（红丹防锈漆、铁红防锈漆）等。
>
> （2）填充料。石膏粉、钛白粉、地板黄、红土粉、黑烟子、纤维素等。

（3）稀释剂。汽油、煤油、醇酸稀料、松香水、酒精等。

（4）催干剂。钴催干剂等。

（2）抹腻子。待油漆干透后，对于底腻子收缩或残缺处，再用石膏腻子补抹一次，要求与做法同前。

（3）磨砂纸。待腻子干透后，用1号砂纸打磨，要求同前。磨好后用湿布将磨下的粉末擦净。

4. 刷第二遍油漆

（1）刷铅油。同刷第一遍。

（2）擦玻璃、磨砂纸。使用湿布将玻璃内外擦干净。注意不得损伤油灰表面和八字角。磨砂纸应用1号砂纸或旧砂纸轻磨一遍，方法同前，但注意不要把底漆磨穿，要保护棱角。磨好砂纸应打扫干净，用湿布将磨下的粉末擦干净。

5. 刷最后一遍调和漆

方法同第二遍。但由于调和漆黏度较大，涂刷时要多刷多理，刷油要饱满、不流不坠、光亮均匀、色泽一致。在玻璃油灰上刷遍，应等油灰达到一定强度后方可进行，刷遍动作要敏捷，刷子轻、遍要均匀，不损伤油灰表面光滑，八字见线。刷完油漆后，要立即仔细检查一遍，如发现有毛病，应及时修整。最后用桎钩或木楔子将门窗扇打开固定好。

6. 冬期施工

冬期施工室内油漆涂料工程，应在采暖条件下进行，室温保持均衡，一般油漆施工的环境温度不宜低于10℃，相对湿度为60%，不得有突然变化。同时应设专人负责测温和开关门窗，以利于通风排除湿气。

7. 施工注意事项

（1）高空作业超过2 m应按规定搭设脚手架。施工前要检查脚手架是否牢固。使用的人字梯应四角落地，摆放平稳，梯脚应设防滑橡胶垫和保险链。人字梯上铺设脚手板，脚手板两端搭设长度不得小于20 cm，脚手板中间不得同时两人操作。梯子挪动时，作业人员必须下来，严禁站在梯子上踩高跷式挪动，人字梯顶部铰轴不准站人，不准铺设脚手板。人字梯应当经常检查，发现开裂、腐朽、楔头松动、缺挡等，不得使用。

（2）施工现场严禁设油漆材料仓库，场外的油漆仓库应有足够的消防设施。

（3）施工现场应有严禁烟火的安全措施，现场应设专职安全员监督确保施工现场无明火。

（4）每天收工后应尽量不剩油漆涂料，剩余涂料不准乱倒，应收集后集中处理。废弃物（如废油桶、油刷、棉纱等）按环保要求分类处置。

（5）施工现场周边应根据噪声敏感区域的不同，选择低噪声设备或其他措施，同时应按国家有关规定控制施工作业时间。

（6）涂刷作业时操作工人应佩戴相应的保护设施，如防毒面具、口罩、手套等。以免危害工人的肺、皮肤等。

（7）油漆使用后，应及时封闭存放，废料应及时清出室内，施工时室内应保持良好通风，但不宜过堂风。

（8）每遍油漆刷完后，都应将门窗用桎钩勾住或用木楔固定，防止扇框油漆黏结影响质量和美观，同时防止门窗扇玻璃损坏。

（9）刷漆后立即将滴在地面或窗台上和污染墙面及五金件上的油漆清擦干净。

（10）油漆涂料工程完成后，应派专人负责看管和管理，禁止摸碰。

二、木料表面施涂丙烯酸清漆

1. 基层处理

首先清除木料表面的尘土和油污。如木料表面沾污机油，可用汽油或稀料将油污擦洗干净。清除尘土、油污后用砂纸打磨，大面可用砂纸包 5 cm×5 cm 的短木垫研磨。要求磨平、磨光，并清扫干净。

2. 润油粉

油粉是根据样板颜色用钛白粉、红土粉、黑漆、地板黄、清油、光油等配制而成。油粉调得不可太稀，以调成粥状为宜。润油粉刷擦均可，擦时用麻绳断成 30～40 cm 长的麻头来回揉擦，包括边、角等都要擦润到并擦净。线角用牛角板刮净。

3. 满刮色腻子

色腻子由石膏、光油、水和石性颜料调配而成。色腻子要刮到、收净，不应漏刮。

4. 磨砂纸

待腻子干透后，用 1 号砂纸打磨平整，磨后用干布擦抹干净。再用同样的色腻子满刮第二道，要求和刮头道腻子相同。刮后用同样的色腻子将钉眼和缺棱掉角处补抹腻子，抹得饱满平整。干后磨砂纸，打磨平整，做到木纹清，不得磨破棱角，磨完后清扫，并用湿布擦净、晾干。

5. 刷第 1～4 道醇酸清漆

涂膜厚薄均匀，不流不坠，刷纹通顺，不得漏刷。每道漆间隔时间一般夏季约 6 h，春、秋季约 12 h，冬季约为 24 h，有条件时时间稍长一点更好。

木料表面施涂丙烯酸清漆的材料要求

（1）涂料。光油、清油、醇酸清漆、丙烯酸清漆（1 号、2 号）、黑漆、漆片等。

（2）填充料。石膏粉、钛白粉、地板黄、红土粉、黑烟子、立德粉、纤维素等。

（3）稀释剂。二甲苯、汽油、煤油、醇酸稀料、酒精等。

（4）抛光剂。上光蜡、砂蜡等。

（5）限量要求。见表 7-4。

表 7-4　有害物质限量要求

项　　目	限　量　值					
	聚氨酯类涂料		硝基类涂料	醇酸类涂料	腻子	
	面漆	底漆				
挥发性有机化合物（VOC）含量[①] /（g/L）	光泽（60°）≥80，≤580 光泽（60°）<80，≤670	≤670	≤720	≤500	≤550	
苯含量[①]（%）	≤0.3					
甲苯、二甲苯、乙苯含量总和[①]（%）	≤30		≤30	≤5	≤30	
游离二异氰酸酯（TDI、HDD）含量总和[②]（%）	≤0.4		—	—	≤0.4（限聚氨酯类腻子）	

续上表

项　目		限　量　值				
		聚氨酯类涂料		硝基类涂料	醇酸类涂料	腻子
		面漆	底漆			
甲醇含量① （％）		—		0.3	—	0.3（限硝基类腻子）
卤代烃含量①③ （％）		≤0.1				
可溶性重金属含量（限色漆、腻子和醇酸清漆）（mg/kg）	铅 Pb	≤90				
	镉 Cd	≤75				
	铬 Cr	≤60				
	汞 Hg	≤60				

①按产品明示的施工配比混合后测定。如稀释剂的使用量为某一范围时，应按照产品施工配比规定的最大稀释比例混合后进行测定。

②如聚氨酯类涂料和腻子规定了稀释比例或由双组分或多组分组成时，应先测定固化剂（含游离二异氰酸酯预聚物）中的含量，再按产品明示的施工配比计算混合后涂料中的含量。如稀释剂的使用量为某一范围时，应按照产品施工配比规定的最小稀释比例进行计算。

③包括二氯甲烷、1,1-二氯乙烷、1,2-二氯乙烷、三氯甲烷、1,1,1-三氯乙烷，1,1,2-三氯乙烷、四氯化碳。

具体测定方法详见《室内装饰装修材料 溶剂型木器涂料中有害物质限量》（GB/T 18581—2009）。

6. 点漆片修色

对钉眼、节疤进行拼色，使整个表面颜色一致。

7. 刷第1～2道丙烯酸清漆

用羊毛排笔顺纹涂刷，涂膜要厚度适中、均匀一致，不得流淌、过边、漏刷。第1～2道刷漆时间间隔应控制在一般夏季约6 h，春、秋季约12 h，冬季约为24 h左右，有条件时时间稍长一点更好。

8. 磨水砂纸

涂料刷4～6 h后用280～320号水砂纸打磨，要磨光、磨平并擦去浮粉。

9. 打砂蜡

首先将原砂蜡掺煤油调成粥状，用双层棉丝蘸砂蜡往返多次揉擦，力量要均匀，边角线都要揉擦，不可漏擦，棱角不要磨破，直到不见亮星为止。最后用干净棉丝蘸汽油将浮蜡擦净。

10. 擦上光蜡

用干净白布将上光蜡包在里面，收口扎紧，用手揉擦，擦匀、擦净直至光亮为止。

11. 冬期施工。

室内油漆工程应在采暖条件下进行，室温保持均衡，不宜低于10℃，且不得突然变化。应设专人负责测量和开关门窗，以利通风排除湿气。

12. 施工注意事项

参见金属表面施涂混色油漆涂料中施工注意事项。

民用建筑工程室内装修中，进行饰面人造木板拼接施工时，除芯板为 A 类外，应对其断面及无饰面部位进行密封处理（如采用环保胶类腻子等）。

三、木料表面施涂混色磁漆磨退

1. 基层处理

首先用开刀或碎玻璃片将木料表面的油污、灰浆等清理干净，然后磨一遍砂纸，要磨光、磨平，木毛茬要磨掉，阴阳角胶迹要清除，阳角要倒棱、磨圆，上下一致。

2. 操底油

底油由光油、清油、汽油拌和而成，要涂刷均匀，不可漏刷。石膏腻子，拌和腻子时可加入适量醇酸磁漆。干燥后磨砂纸，将外露腻子磨掉，清扫并用湿布擦满刮石膏腻子（调制腻子时要加适量醇酸磁漆，腻子要调得稍稀些），用刮腻子板满刮一遍，要刮光、刮平。干燥后磨砂纸，将野腻子磨掉，清扫并用湿布擦净。满刮第二道腻子，大面用钢片刮板刮，要平整光滑。小面处用开刀刮，阴角要直。腻子干透后，用零号砂纸磨平、磨光；清扫并用湿布擦净。

3. 刷第一道醇酸磁漆

头道漆可加入适量醇酸稀料调得稍稀，要注意横平竖直涂刷，不得漏刷和流坠，待漆干透后进行磨砂纸，清扫并用湿布擦净。如发现有不平之处，要及时复抹腻子，干燥后局部磨平、磨光，清扫并用湿布擦净。刷每道漆间隔时间，应根据当时气温而定，一般夏季约 6 h，春、秋季约 12 h，冬季约为 24 h。

木料表面施涂混色磁漆磨退的材料

（1）涂料：光油、清油、硝基磁漆等。

（2）填充料：石膏粉、钛白粉、地板黄、红土粉、黑烟子、栗色料、纤维素等。

（3）稀释剂：汽油、煤油、醇酸稀料、酒精等。

（4）抛光剂：上光蜡、砂蜡等。

（5）催干剂：钴催干剂等液料。

4. 刷第二道醇酸磁漆

刷这一道不加稀料，注意不得漏刷和流坠。干透后磨水砂纸，如表面疙瘩多，可用 280 号水砂纸磨。如局部有不光、不平处，应及时复补腻子，待腻子干透后，磨砂纸，清扫并用湿布擦净。刷完第二道漆后，便可进行玻璃安装工作。

5. 刷第三道醇酸磁漆

刷法与要求同第二道，这一道可用 320 号水砂纸打磨，但要注意不得磨破棱角，要达到磨平和磨光，磨好以后应清扫并用湿布擦净。

6. 刷第四道醇酸磁漆

刷漆的方法与要求同第三道。刷完 7 d 后应用 320～400 号水砂纸打磨，磨时用力要均匀，应将刷纹基本磨平，并注意棱角不得磨破，磨好后清扫并用湿布擦净晾干。

7. 打石蜡

先将原石蜡加入煤油化成粥状，然后用棉丝蘸上砂蜡涂布满一个门面或窗面，用手按棉丝来回揉擦往返多次，揉擦时用力要均匀，擦至出现暗光，大小面上下一致为准（不得磨破棱角），最后用棉丝蘸汽油将浮蜡擦洗干净。

8. 擦上光蜡

用干净棉丝蘸上光蜡薄薄地抹一层，注意要擦匀擦净，达到光泽饱满为止。

9. 冬期施工

室内油漆工程在采暖条件下进行，室温保持均衡，一般不宜低于10℃，且不得突然变化。同时应设专人负责测温和开关门窗，以利通风排除湿气。

10. 施工注意事项

参见木料表面施涂丙烯酸清漆中施工注意事项。

四、木料表面清漆涂料施涂

1. 基层处理

首先将木门窗和木料表面基层面上的灰尘、油污、斑点、胶迹等用刮刀或碎玻璃片刮除干净。注意不要刮出毛刺，也不要刮破抹灰墙面。然后用1号以上砂纸顺木纹打磨，先磨线角，后磨四口平面，直到光滑为止。木门窗基层有小块活翘皮时，可用小刀撕掉。重皮的地方应用小钉子钉牢固，如重皮较大或有烤煳印疤，应由木工修补。

2. 润色油粉

用钛白粉24、松香水16、熟桐油2（质量比）等混合搅拌成色油粉（颜色同样板颜色），盛在小油桶内。用棉丝蘸油粉反复涂于木料表面，擦进木料内，而后用麻布或棉丝擦净，线角应用竹片除去余粉。注意墙面及五金上不得沾染油粉。待油粉干后，用1号砂纸轻轻顺木纹打磨，先磨线角、裁口，后磨四口平面，直到光滑为止。注意保护棱角，不要将棕眼内油粉磨掉。磨完后用潮布将磨下的粉末、灰尘擦净。

3. 满刮油腻子

抹腻子的质量配合比为石膏粉20、熟桐油7、水50（质量比），并加颜料调成油色腻子（颜色浅于样板1~2色），要注意腻子油性不可过大或过小，如油性大，刷时不易浸入木质内，如油性小，则易钻入木质内，这样刷的油色不易均匀，颜色不能一致。用开刀或牛角板将腻子刮入钉孔、裂纹、棕眼内。刮抹时要横抹竖起，如遇接缝或节疤较大时，应用开刀、牛角板将腻子挤入缝内，然后抹平。腻子一定要刮光，不留野腻子。待腻子干透后，用1号砂纸轻轻顺木纹打磨，先磨线角、裁口，后磨四口平面，注意保护棱角，来回打磨至光滑为止。磨完后用湿布将磨下的粉末擦净。

4. 刷油色

先将铅油（或调和漆）、汽油、光油、清油等混合在一起过筛（颜色同样板颜色），然后倒在小油桶内，使用时经常搅拌，以免沉淀造成颜色不一致。刷油色时，应从外至内，从左至右，从上至下进行，顺着木纹涂刷。刷门窗框时不得污染墙面，刷到接头处要轻飘，达到颜色一致；因油色干燥较快，所以刷油色时动作应敏捷，要求无缕无节，横平竖直，刷油过刷子要轻飘，避免出现纹络。刷木窗时，刷好框子上部后再刷亮子；亮子全部刷完后，将桤钩勾住，再刷窗扇；如为双扇窗，应先刷左扇后刷右扇；三扇窗最后刷中间扇；纱窗扇先刷外面后刷里面。刷木门时，先刷亮子后刷门框、门扇背面，刷完后用木楔将门扇固定，最后刷门扇正面；全部刷好后，检查是否有漏刷，小五金上沾染的油色要及时擦净。油色涂刷后，要求与木材色泽一致，而又不盖住木纹，所以每一个刷面一定要一次刷好，不留接头，两个刷面交接棱口不要互相沾油，沾油后要及时擦掉，达到颜色一致。

5. 刷第一遍清漆

（1）刷清漆。刷法与刷油色相同，但刷第一遍用的清漆应略加一些稀料便于快干。因清漆黏性较大，最好使用已用出刷口的旧刷子，刷时要注意不流、不坠，涂刷均匀。待清漆完全干透后，用 1 号或旧砂纸彻底打磨一遍，将头遍清漆面上的光亮基本打磨掉，再用潮布将粉尘擦净。

（2）修补腻子。一般要求刷油色后不抹腻子，特殊情况下，可以使用油性略大的带色石膏腻子，修补残缺不全之处，操作时必须使用牛角板刮抹，不得损伤漆膜，腻子要收刮干净，光滑无腻子疤（有腻子疤必须点漆片处理）。

（3）修色。木料表面上的黑斑、节疤、腻子疤和材色不一致处，应用漆片、酒精加色调配（颜色同样板颜色），或用由浅到深清漆调合漆和稀释剂调配，进行修色；材色深的应修浅，浅的提深，将深浅色的木料拼成一色，并绘出木纹。

（4）磨砂纸。使用细砂纸轻轻往返打磨，然后用湿布擦净粉末。

木料表面清漆涂料施涂的材料要求

（1）涂料：光油、清油、脂胶清漆、酚醛清漆、铅油、调和漆、漆片等。

（2）填充料：石膏粉、地板黄、红土粉、黑烟子、钛白粉等。

（3）稀释剂：汽油、煤油、醇酸稀料、松香水、酒精等。

（4）催干剂：液体钴催干剂等。

6. 刷第二遍清漆

应使用原桶清漆不加稀释剂（冬期可略加催干剂），刷油操作同第一遍，但刷油动作要敏捷、多刷多理，漆涂刷得饱满一致，不流、不坠，光亮均匀，刷完后再仔细检查一遍，有毛病要及时纠正。刷此遍清漆时，周围环境要整洁，宜暂时禁止通行，最后将木门窗用梃钩勾住或用木楔固定牢固。

7. 磨光

刷第三遍清漆待第二遍清漆干透后，首先要进行磨光，然后过水布，最后刷第三遍清漆，刷法同第二遍。

8. 冬期施工

室内油漆工程，应在采暖条件下进行，室温保持均衡，一般油漆施工的环境温度不宜低于 10 ℃，相对湿度不宜大于 60%，不得有突然变化。同时应设专人负责测温和开关门窗，以利通风排除湿气。

9. 施工注意事项

参见本节木料表面施涂混色磁漆磨退的有关规定。

五、质量标准

1. 主控项目

（1）溶剂型涂料涂饰工程所选用涂料的品种、型号和性能应符合设计要求。

检验方法：检查产品合格证书、性能检测报告和进场验收记录。

（2）溶剂型涂料涂饰工程的颜色、光泽、图案应符合设计要求。

检验方法：观察。

（3）溶剂型涂料涂饰工程应涂饰均匀、黏结牢固，不得漏涂、透底、起皮和反锈。

检验方法：观察；手摸检查。

（4）溶剂型涂料涂饰工程的基层处理应符合要求。

检验方法：观察；手摸检查；检查施工记录。

2．一般项目

（1）色漆的涂饰质量和检验方法应符合表 7-5 的规定。

表 7-5　色漆的涂饰质量和检验方法

项次	项　目	普通涂饰	高级涂饰	检验方法
1	颜色	均匀一致	均匀一致	观察
2	光泽、光滑	光泽基本均匀，光滑无挡手感	光泽均匀一致光滑	观察、手摸检查
3	刷纹	刷纹通顺	无刷纹	观察
4	裹棱、流坠、皱皮	明显处不允许	不允许	观察
5	装饰线、分色线直线度允许偏差（mm）	2	1	拉 5 m 线，不足 5 m 拉通线，用钢直尺检查

注：无光色漆不检查光泽。

（2）清漆的涂饰质量和检验方法应符合表 7-6 的规定。

表 7-6　清漆的涂饰质量和检验方法

项次	项　目	普通涂饰	高级涂饰	检验方法
1	颜色	均匀一致	均匀一致	观察
2	木纹	棕眼刮平、木纹清楚	棕眼刮平、木纹清楚	观察
3	光泽、光滑	光泽基本均匀，光滑无挡手感	光泽均匀一致光滑	观察、手摸检查
4	刷纹	无刷纹	无刷纹	观察
5	裹棱、流坠、皱皮	明显处不允许	不允许	观察

（3）涂层与其他装修材料和设备衔接处应吻合，界面应清晰。

检验方法：观察。

第三节　美术涂饰工程

一、施工要点

1．仿木纹

仿木纹一般是仿硬质木材的木纹如黄菠萝、水曲柳、榆木、核桃等木纹，通过专用工具和工艺手法用涂料涂饰在内墙面上。涂饰完成后，外观与镶木墙裙相似；在木门窗表面上，亦可用同样方法涂饰仿木纹。

2．仿石纹

仿石纹又称"假大理石"。

（1）用丝棉经温水浸泡后，拧去水分，用手甩开使之松散，以小钉挂在墙面上，并将丝棉理成如大理石的各种纹理状。涂料的颜色一般以底层涂料的颜色为基底，再喷涂深、浅两色，喷涂的顺序是浅色＋深色＋白色，共为三色。喷完后即将丝棉揭去，墙面上即显出细纹大理石纹。

（2）在底层涂好白色涂料的面上，再刷一道浅灰色涂料，未干燥时就在上面刷上黑色的粗条纹，条纹要曲折不能端直。在涂料将干未干时，用干净刷子把条纹的边线刷混，刷到隐约可见，使两种颜色充分调和。

（3）喷涂大理石纹，可用干燥快的涂料，刷涂大理石纹，可用伸展性好的涂料，因伸展性好，才能化开刷纹。

（4）仿木纹或仿石饰纹涂饰完成后，表面均应涂饰一遍罩面清漆。

美术涂饰的材料要求

（1）涂料：光油、清油、铅油、各色油性调和漆（酯胶调和漆、酚醛调和漆、醇酸调和漆等），或各色无光调和漆等；应有产品合格证、出厂日期及使用说明。

（2）稀释剂：汽油、煤油、松香水、酒精、醇酸稀料等与油漆相应配套的稀料。

（3）各色颜料应耐碱、耐光。

3. 涂饰鸡皮皱面层

（1）底层上涂上拍打鸡皮皱纹的涂料，其配合比目前常用的为：清油 15、钛白粉 26、麻斯面（双飞粉）54、松节油 5（质量比）。也可由试验确定。

（2）涂刷面层的厚度为 1.5～2.0 mm，比一般涂刷的涂料要厚些。刷鸡皮皱涂料和拍打鸡皮皱纹应同时进行。即前边一人涂刷，后边一人随着拍打。起粒大小应均匀一致。

4. 拉毛面层

（1）墙面底层要做到表面嵌补平整。用血料腻子加石膏粉或熟桐油的菜胶腻子。用钢皮或木刮尺满刮。要严格控制腻子的厚度，一般办公室、卧室等面积较小的房间，腻子的厚度不应超过 5 mm；公共场所及大型建筑的内墙墙面，因面积大，拉毛小了不能明显看出，腻子厚度要求 20～30 mm，这样拉出的花纹才明显。不等腻子干燥，立即用长方形的猪鬃毛板刷拍拉腻子，使其头部有尖形的花纹。再用长刮尺把尖头轻轻刮平，即成表面有平整感觉的花纹。根据需要涂刷各种涂料或粉浆，由于拉毛腻子较厚，干燥后吸收力特别强，故在涂刷涂料、粉料前必须刷清油或胶料水润滑。涂刷时应用新的排笔或油刷，以防流坠。

（2）石膏油拉毛。在基层清扫干净后，应刷一遍底油，以增强其附着力并便于操作。刮石膏油时，要满刮并严格控制厚度，表面要均匀平整。剧院、娱乐场、体育馆等大型建筑的内墙一般要求大拉毛，石膏油应刮厚些，其厚度为 15～25 mm；办公室等较小房间的内墙，一般为小拉毛，石膏油的厚度应控制在 5 mm 以下。石膏油刮上后，随即用椭圆形长猪鬃刷子捣匀，使石膏油厚薄一致。紧跟着进行拍拉，即形成高低均匀的毛面。如石膏油拉毛面要求涂刷各色涂料时，应先刷一遍清油，由于拉毛面涂刷困难，最好采用喷涂法，但应将涂料适当调稀，以便操作。石膏必须先过筛。石膏油如过稀，出现流淌时，可加入石膏粉调整。

二、质量标准

1. 主控项目

（1）美术涂饰所用材料的品种、型号和性能应符合设计要求。

检验方法：观察；检查产品合格证书、性能检测报告和进场验收记录。

（2）美术涂饰工程应涂饰均匀、黏结牢固，不得有漏涂、透底、起皮、掉粉和反锈。

检验方法：观察；手摸检查。

（3）美术涂饰工程的基层处理应符合要求。

检验方法：观察；手摸检查；检查施工记录。

（4）美术涂饰的套色、花纹和图案应符合设计要求。

检验方法：观察。

2. 一般项目

（1）美术涂饰表面应洁净，不得有流坠现象。

检验方法：观察。

（2）仿花纹涂饰的饰面应具有被模仿材料的纹理。

检验方法：观察。

（3）套色涂饰的图案不得移位，纹理和轮廓应清晰。

检验方法：观察。

第八章　裱糊与软包工程

第一节　裱糊工程

一、裱糊顶棚壁纸工艺

1. 基层处理

清理混凝土顶面，满刮腻子。首先将混凝土顶上的灰渣、浆点、污物等清刮干净，并用笤帚将粉尘扫净，满刮腻子一道。腻子的体积配合比为聚乙酸乙烯乳液：石膏或滑石粉：羧甲基纤维素溶液＝1：5.9：3.5。腻子干后磨砂纸，满刮第二遍腻子，待腻子干后用砂纸磨平、磨光。

2. 吊直、套方、找规矩、弹线

首先应将顶面的对称中心线通过吊直、套方、找规矩的办法弹出中心线，以便从中间向两边对称控制。墙顶交接处的处理原则：凡有挂镜线的以挂镜线为界，没有挂镜线则按设计要求弹线。

3. 计算用料、裁纸

根据设计要求决定壁纸的粘贴方向，然后计算用料、裁纸。应按所量尺寸每边留出2～3 cm余量，如采用塑料壁纸，应将壁纸在水槽内先浸泡2～3 min，拿出，抖出余水，把纸面用净毛巾蘸干。

壁纸的要求

为保证裱糊质量，各种壁纸、墙布的质量应符合设计要求和相应的国家标准。

4. 刷胶、糊纸

在纸的背面和顶棚的粘贴部位刷胶，应注意按壁纸宽度刷胶，不宜过宽，铺粘时应从中间开始向两边铺粘。第一张一定要按已弹好的线找直粘牢，应注意纸的两边各甩出1～2 cm不压死，以满足与第二张铺粘时的拼花压槎对缝的要求。然后依上法铺粘第二张，两张纸搭接1～2 cm，用钢板尺比齐，两人将尺按紧，一人用劈纸刀裁切，随即将搭槎处两张纸条撕去，用刮板带胶将缝隙压实刮牢。随后将顶面两端阴角处用钢板尺比齐、拉直，用刮板及辊子压实，最后用湿温毛巾将接缝处辊压出的胶痕擦净，依次进行。

裱糊顶棚壁纸的材料要求

（1）石膏粉、钛白粉、滑石粉、聚乙酸乙烯乳液、羧甲基纤维素、108胶及各种型号的壁纸、胶黏剂等材料应符合设计要求和国家标准。

（2）胶黏剂、嵌缝腻子、玻璃网格布等，应根据设计和基层的实际需要提前备齐。但胶黏剂应满足建筑物的防火要求，避免在高温下因胶黏剂失去黏结力使壁纸脱落而引起火灾。

5. 修整

壁纸粘贴完后，应检查是否有空鼓不实之处，接槎是否平顺，有无翘边现象，胶痕是否擦净，有无气泡，表面是否平整，多余的胶是否清擦干净等，直至符合要求为止。

二、裱糊墙面壁纸工艺

1. 基层处理

如为混凝土墙面，可根据原基层质量的好坏，在清扫干净的墙面上满刮 1~2 道石膏腻子，干后用砂纸磨平、磨光；若为抹灰墙面，可满刮大白腻子 1~2 道找平、磨光，但不可磨破灰皮；石膏板墙则用嵌缝腻子将缝堵实堵严，粘贴玻璃网格布或丝绸条、绢条等，然后局部刮腻子补平。

2. 吊垂直、套方、找规矩、弹线

首先应在房间四角的阴阳角通过吊垂直、套方、找规矩，并确定从哪个阴角开始按照壁纸的尺寸进行分块弹线控制（习惯做法是进门左阴角处开始铺贴第一张）。有挂镜线的按挂镜线，没有挂镜线的按设计要求弹线控制。

3. 计算用料、裁纸

按已量好的墙体高度放大 2~3 cm，按此尺寸计算用料、裁纸，一般应在案子上裁割，将裁好的纸用湿温毛巾擦拭后，折好待用。

4. 刷胶、糊纸

应分别在纸上及墙上刷胶，其刷胶宽度应相互吻合，墙上刷胶一次不应过宽。糊纸时从墙的阴角开始铺贴第一张，按已画好的垂直线吊直，并从上往下用手铺平，刮板刮实，并用小辊子将上、下阴角处压实。第一张粘好留 1~2 cm（应拐过阴角约 2 cm），然后粘铺第二张，依同法压平、压实，与第一张搭槎 1~2 cm，要自上而下对缝，拼花要端正，用刮板刮平，用钢板尺在第一、第二张搭槎处切割开，将纸边撕去，边槎处带胶压实，并及时将挤出的胶液用湿温毛巾擦净，然后用同法将接顶、接踢脚的边切割整齐，并带胶压实。墙面上遇有电门、插销盒时，应在其位置上破纸作为标记。在裱糊时，阳角不允许甩槎接缝，阴角处必须裁纸搭缝，不允许整张纸铺贴，避免产生空鼓与皱折。

5. 花纸拼接

（1）纸的拼缝处花形要对接拼搭好。

（2）铺贴前应注意花形及纸的颜色，力求一致。

（3）墙与顶壁纸的搭接应根据设计要求而定，一般有挂镜线的房间应以挂镜线为界，无挂镜线的房间则以弹线为准。

（4）花形拼接如出现困难时，错槎应尽量甩到不显眼的阴角处，大面不应出现错槎和花形混乱的现象。

6. 壁纸修整

糊纸后应认真检查，对墙纸的翘边翘角、气泡、皱折及胶痕未擦净等，应修整，使之完善。

7. 冬期施工

（1）冬期施工应在采暖条件下进行，室内操作温度不应低于 5℃。

（2）做好门窗缝隙的封闭，并设专人负责测温、排湿、换气，严防寒气进入冻坏成品。

三、质量标准

1. 主控项目

（1）壁纸、墙布的种类、规格、图案、颜色和燃烧性能等级必须符合设计要求及国家现行标准的有关规定。

检验方法：观察；检查产品合格证书、进场验收记录和性能检测报告。

（2）裱糊工程基层处理质量应符合以下要求。

1）新建筑物的混凝土或抹灰基层墙面在刮腻子前应涂刷抗碱封闭底漆。

2）旧墙面在裱糊前应清除疏松的旧装修层，并涂刷界面剂。

3）混凝土或抹灰基层含水率不得大于8％；木材基层的含水率不得大于12％。

4）基层腻子应平整、坚实、牢固，无粉化、起皮和裂缝；腻子的黏结强度应符合《建筑室内用腻子》（JG/T 298—2010）N 型的规定。

5）基层表面平整度、立面垂直度及阴阳角方正应达到高级抹灰的要求。

6）基层表面颜色应一致。

7）裱糊前应用封闭底胶涂刷基层。

检验方法：观察；手摸检查；检查施工记录。

（3）裱糊后各幅拼接应横平竖直，拼接处花纹、图案应吻合，不离缝，不搭接，不显拼缝。

检验方法：观察；拼缝检查距离墙面1.5 m处正视。

（4）壁纸、墙布应粘贴牢固，不得有漏贴、补贴、脱层、空鼓和翘边。

检验方法：观察；手摸检查。

2. 一般项目

（1）裱糊后的壁纸、墙布表面应平整，色泽一致，不得有波纹起伏、气泡、裂缝、皱折及斑污，斜视时应无胶痕。

检验方法：观察；手摸检查。

（2）复合压花壁纸的压痕及发泡壁纸的发泡层应无损坏。

检验方法：观察。

（3）壁纸、墙布与各种装饰线、设备线盒应交接严密。

检验方法：观察。

（4）壁纸、墙布边缘应平直整齐，不得有纸毛、飞刺。

检验方法：观察。

（5）壁纸、墙布阴角处搭接应顺光，阳角处应无接缝。

检验方法：观察。

四、施工注意事项

（1）操作前检查脚手架和跳板是否搭设牢固，高度是否满足操作要求，合格后才能上架操作，凡不符合安全之处应及时修整。

（2）在两层脚手架上操作时，应尽量避免在同一垂直线上工作。

（3）墙纸裱糊完的房间应及时清理干净，不准作料房或休息室，避免污染和损坏墙纸。

（4）在整个裱糊的施工过程中，严禁非操作人员随意触摸墙纸。

（5）电气和其他设备等在进行安装时，应注意保护墙纸，防止污染和损坏。

（6）铺贴壁纸时，必须严格按照规程施工，施工操作时要做到干净利落，边缝要切割整齐，胶痕必须及时清擦干净。

（7）严禁在已裱糊好壁纸的顶、墙上剔眼打洞。若纯属设计变更，也应采取相应的措施，施工时要小心保护，施工后要及时认真修复，以保证壁纸的完整。

（8）二次修补油、补浆及磨石二次清理打蜡时，注意做好壁纸的保护，防止污染、碰撞与损坏。

（9）胶黏剂按壁纸和墙布的品种选配，并应具有防霉、耐久的性能，如有防火要求则胶黏剂应具有耐高温不起层性能。

（10）壁纸、墙布必须粘贴牢固，表面色泽一致，不得有气泡、空鼓、裂缝、翘边、皱折、斑污，斜视时无胶痕。

（11）表面平整、无波纹起伏。壁纸、墙布与挂镜线，贴脸板，踢脚板紧接，不得有缝隙。

（12）各幅拼接横平竖直，拼接处花纹、图案吻合，不离缝，不搭接，距墙面 1.5 m 处正视，不显拼缝。

（13）阴阳角垂直，棱角分明。阴角处搭接顺光，阳角处无接缝。

第二节　软包工程

一、施工要点

1. 基层或底板处理

凡做软包墙面装饰的房间基层，大都是事先在结构墙上预埋木砖、抹水泥砂浆找平层、刷喷冷底子油、铺贴一毡二油防潮层、安装 50 mm×50 mm 木墙筋（中距为 450 mm）、上铺 5 层胶合板，此基层或底板实际是该房间的标准做法。如采取直接铺贴法，基层必须做认真的处理，方法是先将底板拼缝用油腻子嵌平密实、满刮腻子 1～2 遍，待腻子干燥后用砂纸磨平，粘贴前，在基层表面满刷清油（清漆＋橡胶水）一道。如有填充层，此工序可以简化。

2. 吊直、套方、找规矩、弹线

根据设计图纸要求，将该房间需要软包墙面的装饰尺寸、造型等通过吊直、套方、找规矩、弹线等工序，把实际设计的尺寸与造型落实到墙面上。

3. 计算用料、套裁填充料和面料

首先根据设计图纸的要求，确定软包墙面的具体做法。一般做法有两种：一是直接铺贴法（此法操作比较简便，但对基层或底板的平整度要求较高）；二是预制铺贴镶嵌法，此法有一定的难度，要求必须横平竖直、不得歪斜，尺寸必须准确等。故需要做定位标志以利于对号入座。然后按照设计要求进行用料计算和底材（填充料）、面料套裁工作。要注意同一房间、同一图案与面料必须用同一卷材料和相同部位（含填充料）套裁面料。

软包施工的材料要求

（1）软包墙面木框、龙骨、底板、面板等木材的树种、规格、等级、含水率和防腐处理，必须符合设计图纸要求和《木结构工程施工及验收规范》（GB 50206—2002）的规定。

（2）软包面料及其他填充材料必须符合设计要求，并应符合建筑内装修设计防火的有关规定。

(3) 龙骨料一般用红白松烘干料，含水率不大于 12%，厚度应根据设计要求，不得有腐朽、节疤、劈裂、扭曲等疵病，并预先经防腐、防火处理。

(4) 辅料有防潮纸或油毡、乳胶、钉子（钉子长应为面层厚的 2～2.5 倍）、木螺钉、木砂纸、氟化钠（纯度应在 75% 以上，不含游离氟化氢，它的粘度应能通过 120 号筛）或石油沥青（一般采用 10 号、30 号建筑石油沥青）等。

(5) 如设计采取轻质隔墙做法时，其基层、面层和其他填充材料必须符合设计要求和配套使用。

(6) 罩面材料和做法必须符合设计图纸要求，并符合建筑内装修设计防火的有关规定。

4. 粘贴面料

如采取直接铺贴法施工时，应待墙面细木装修基本完成、边框油漆达到交接条件，方可粘贴面料；如果采取预制铺贴镶嵌法，则不受此限制，可事先进行粘贴面料工作。首先按照设计图纸和造型的要求先粘贴填充料（如泡沫塑料、聚苯板或矿棉、木条、五合板等），按设计用料（黏结用胶、钉子、木螺钉、电化铝帽头钉、铜丝等）把填充垫层固定在预制铺贴镶嵌底板上，然后把面料按照定位标志找好横竖坐标上下摆正，首先把上部用木条加钉子临时固定，然后把下端和两侧位置找好后，便可按设计要求粘贴面料。

面板的质量要求

(1) 面板一般采用胶合板（五合板），厚度不小于 3 mm，颜色、花纹要尽量相似，用原木板材做面板时，一般采用烘干的红白松、椴木和水曲柳等硬杂木，含水率不大于 12%。其厚度不小于 20 mm，且要求纹理顺直、颜色均匀、花纹近似，不得有节疤、扭曲、裂缝、变色等疵病。

(2) 外饰面用的压条、分格框料和木贴脸等面料，一般采用工厂加工的半成品烘干料，含水率不大于 12%，厚度应根据设计要求且外观没毛病的好料；并预先经过防腐处理。

5. 安装贴脸或装饰边线

根据设计选择和加工好的贴脸或装饰边线，应按设计要求先把油漆刷好（达到交活条件），便可把事先预制铺贴镶嵌的装饰板进行安装工作，首先经过试拼达到设计要求和效果后，便可与基层固定和安装贴脸或装饰边线，最后修刷镶边油漆成活。

6. 修整软包墙面

如软包墙面施工安排靠后，其修整软包墙面工作比较简单，如果施工插入较早，由于增加了成品保护膜，则修整工作量较大，例如增加除尘清理、钉粘保护膜的钉眼和胶痕的处理等。

7. 冬期施工

(1) 冬期施工应在采暖条件下进行，室内操作温度不应低于 5℃，要注意防火工作。

(2) 做好门窗缝隙的封闭，并设专人负责测温、排湿、换气，严防寒气进入冻坏成品。

二、质量标准

1. 主控项目

(1) 软包面料、内衬材料及边框的材质、颜色、图案、燃烧性能等级和木材的含水率应符合设计要求及国家现行标准的有关规定。

检验方法：观察；检查产品合格证书、进场验收记录和性能检测报告。

(2) 软包工程的安装位置及构造做法应符合设计要求。

检验方法：观察；尺量检查；检查施工记录。

（3）软包工程的龙骨、衬板、边框应安装牢固，无翘曲，拼缝应平直。

检验方法：观察；手扳检查。

（4）单块软包面料不应有接缝，四周应绷压严密。

检验方法：观察；手摸检查。

2. 一般项目

（1）软包工程表面应平整、洁净，无凹凸不平及皱折；图案应清晰、无色差，整体应协调美观。

检验方法：观察。

（2）软包边框应平整、顺直、接缝吻合。

检验方法：观察；手摸检查。

（3）清漆涂饰木制边框的颜色、木纹应协调一致。

检验方法：观察。

（4）软包工程安装的允许偏差和检验方法应符合表 8-1 的规定。

表 8-1　软包工程安装的允许偏差和检验方法

项次	项　　目	允许偏差（mm）	检　验　方　法
1	垂直度	3	用 1 m 垂直检测尺检查
2	边框宽度、高度	0 −2	用钢尺检查
3	对角线长度差	3	用钢尺检查
4	裁口、线条接缝高低差	1	用钢直尺和塞尺检查

三、施工注意事项

（1）对软包面料及填塞料的阻燃性能严格把关，达不到防火要求的，不予使用。

（2）软包布附近尽量避免使用碘钨灯或其他高温照明设备，不得动用明火，避免损坏。

（3）控制电锯、切割机等施工机具产生的噪声、锯末粉尘的排放对周围环境的影响。

（4）控制甲醛等有害气体，油漆、稀料、胶、涂料的气味的排放对周围环境的影响。

（5）严禁随地丢弃废油漆刷、涂料滚筒。

（6）控制油漆、稀料、胶、涂料的运送遗洒、防火、防腐涂料的废弃、废夹板等施工垃圾的排放对周围环境的影响。

（7）软包墙面装饰工程已完的房间应及时清理干净，不准做料房或休息室，避免污染和损坏，应设专人管理（加锁、定期通风换气、排湿）。

（8）在整个软包墙面装饰工程施工过程中，严禁非操作人员随意触摸成品。

（9）严禁在已完成软包墙面装饰房间内剔眼打洞。若纯属设计变更，也应采取相应的可靠有效的措施，施工时要小心保护，施工后要及时认真修复，以保证成品完整。

（10）二次修补油、浆活及地面磨石清理打蜡时，要注意保护好成品，防止污染，碰撞和损坏。

（11）软包墙面施工时，各项工序必须严格按照规程施工，操作时做到干净利落，边缝要切割整齐到位，胶痕应及时清擦干净。

（12）冬季采暖要有专人看管，严防发生跑水、渗漏水等灾害性事故。

第九章　细部工程

第一节　壁橱、吊柜安装工程

一、施工要点

1. 找线定位

抹灰前利用室内统一标高线，按设计施工图要求的壁橱、吊柜标高及上下口高度，考虑抹灰厚度的关系，确定相应的位置。

2. 壁橱、吊柜的框、架安装

壁橱、吊柜的框、架应在室内抹灰前进行，安装在正确位置后，两侧框固定点应钉两个钉子与墙体木砖钉牢，钉帽不得外露。若隔墙为轻质材料，应按设计要求固定方法固定牢固。如设计无要求，可预钻 70～100 mm 深、$\phi 5$ 的孔，埋入木楔，其方法是将与孔相应大的木楔粘 108 胶水泥浆，打入孔内黏结牢固，用以钉固框。采用钢框时，需在安装洞口固定框的位置处预埋铁件，用来进行框件的焊固。在框架固定前应先校正、套方、吊直，核对标高、尺寸，位置准确无误后，进行固定。

壁橱、吊柜安装的材料要求

（1）壁橱、吊柜制品由工厂生产成成品或半成品，木材制品含水率不得超过 12%。加工的框和扇进场时，应核查其型号、质量，验证产品合格证和图纸设计要求尺寸。

（2）其他材料：防腐剂、插销、木螺钉、拉手、锁、磁珠、合页等，按设计要求的品种、规格、型号备购。

3. 壁柜隔板支固点安装

按施工图隔板标高位置及支固点的构造要求，安设隔板的支固条、架、件。木隔板的支固点一般是将支固木条钉在墙体木砖上；混凝土隔板一般是型铁件或设置角钢支架。

4. 壁橱、吊柜扇的安装

（1）按扇的规格尺寸，确定五金的型号和规格，对开扇的裁口方向，一般应以开启方向的右扇为盖口扇。

（2）检查框口尺寸。框口高度应量上口两端；框口宽度，应量两侧框之间上、中、下三点，并在扇的相应部位定点画线。

（3）框扇修刨。根据画线对柜扇进行第一次修刨，使框扇间留缝合适，试装并画第二次修刨线，同时画出框、扇合页槽的位置，注意画线时避开上、下榫头。

（4）铲、剔合页槽进行合页安装。根据画定的合页位置，用扁铲凿出合页边线，即可剔合页槽。

（5）安装扇。安装时应将合页先压入扇的合页槽内，找正后拧好固定螺钉，进行试装，调好框扇间缝隙，修框上的合页槽，固定时框上每个合页先拧一个螺钉，然后关闭，检查框与扇的平整，无缺陷符合要求后，将全部螺钉装上拧紧。木螺钉应钉入全长 1/3，拧入 2/3，如框、扇为黄花松或其他硬木时，合页安装、螺钉安装应画位打眼，孔径为木螺钉直径的 0.9，眼深为螺钉长度的 2/3。

（6）安装对开扇。先将框扇尺寸量好，确定中间对口缝、裁口深度，画线后进行刨槽，试装合适时，先装左扇，后装盖扇。

5. 五金安装

五金的品种、规格、数量按设计要求选用，安装时注意位置的选择，无具体尺寸时，操作应按技术交底进行，一般应先安装样板，经确认后再大面积安装。

二、质量标准

1. 主控项目

（1）橱柜制作与安装所用材料的材质和规格、木材的燃烧性能等级和含水率、花岗石的放射性及人造木板的甲醛含量应符合设计要求及国家现行标准的有关规定。

检验方法：观察；检查产品合格证书、进场验收记录、性能检测报告和复验报告。

（2）橱柜安装预埋件或后置埋件的数量、规格、位置应符合设计要求。

检验方法：检查隐蔽工程验收记录和施工记录。

（3）橱柜的造型、尺寸、安装位置、制作和固定方法应符合设计要求。橱柜安装必须牢固。

检验方法：观察；尺量检查；手扳检查。

（4）橱柜配件的品种、规格应符合设计要求。配件应齐全，安装应牢固。

检验方法：观察；手扳检查；检查进场验收记录。

（5）橱柜的抽屉和柜门应开关灵活、回位正确。

检验方法：观察；开启和关闭检查。

2. 一般项目

（1）橱柜表面应平整、洁净、色泽一致，不得有裂缝、翘曲及损坏。

检验方法：观察。

（2）橱柜裁口应顺直、拼缝应严密。

检验方法：观察。

（3）橱柜安装的允许偏差和检验方法应符合表 9-1 的规定。

表 9-1　橱柜安装的允许偏差和检验方法

项次	项 目	允许偏差（mm）	检 验 方 法
1	外形尺寸	3	用钢尺检查
2	立面垂直度	2	用 1 m 垂直检测尺检查
3	门与框架的平等度	2	用钢尺检查

三、施工注意事项

（1）各种电动工具使用前要检查，严禁非电工接电。

（2）施工现场内严禁吸烟，明火作业要有动火证，并设置看火人员。

（3）木制品进场后，及时刷一道底油，靠基层面应刷防腐剂；钢制品应及时刷防锈漆并入库存放。

（4）壁橱、吊柜安装时，严禁碰撞抹灰及其他装饰面的口角，防止损坏成品面层。

（5）安装好的壁橱隔板，不得拆动，保护产品完整。

第二节　窗帘盒、窗台板、暖气罩制作与安装

一、施工要点

1. 定位与画线

根据设计要求的窗下框标高、位置，画窗台板的标高、位置线，同时核对暖气罩的高度，并弹暖气罩的位置线，为使同房间或连通窗台板的标高和纵横位置一致，安装时应统一找平，使标高统一无误。

2. 检查预埋件

找位与画线后，检查窗台板、暖气罩安装位置的预埋件，是否符合设计与安装的连接构造要求，如有误差应进行修正。

3. 支架安装

构造上需要设窗台板支架的，安装前应核对固定支架的预埋件，确认标高、位置无误后，根据设计构造进行支架安装。

4. 窗台板安装

（1）木窗台板安装。在窗下墙面钉木砖处，横向钉梯形断面木条（窗宽大于 1 m 时，中间应以间距 500 mm 左右加钉横向梯形木条），用以找平窗台板底线。窗台板宽度大于 150 mm 的，拼合板面底部横向应穿暗带。安装时应插入窗框下帽头的裁口，两端伸入窗口墙的尺寸应一致，保持水平，找正后用砸扁钉帽的钉子钉牢，钉帽冲入木窗台板面 2 mm。

（2）预制水泥窗台板、预制水磨石窗台板、石料窗台板安装。按设计要求找好位置，进行预装，标高、位置、出墙尺寸符合要求，接缝平顺严密，固定件无误后，按其构造的固定方式正式固定安装。

（3）金属窗台板安装。按设计构造要求，核对标高、位置、固定件后，先进行预装，经检查无误，再正式安装固定。金属窗台板安装好，防锈处理。

> **窗帘盒、窗台板、暖气罩制作与安装的材料要求**
>
> （1）窗台板的制作材料一般有以下几种：木制窗台板、水泥窗台板、水磨石窗台板、天然石料窗台板和金属窗台板。
>
> （2）窗台板、暖气罩制作材料的品种、材质、颜色应按设计选用，木制品应经烘干，控制含水率在 12% 以内，并做好防腐处理，不允许有扭曲变形。
>
> （3）安装固定一般用角钢或扁钢做托架或挂架；窗台板的构造一般直接装在窗下墙顶面，用砂浆或细石混凝土稳固。

5. 暖气罩安装

在窗台板底面或地面上画好位置线，进行定位安装。分块板式暖气罩接缝应平、顺、直、齐，上下边棱高度、平度应一致，上边棱应位于窗台板外棱内。

二、质量标准

1. 主控项目

（1）窗帘盒、窗台板和散热器罩的制作与安装所使用材料的材质规格、木材的燃烧性能

等级和含水率、花岗石的放射性及人造木板的甲醛含量应符合设计要求及国家现行标准的有关规定。

检验方法：观察；检查产品合格证书、进场验收记录、性能检测报告和复验报告。

（2）窗帘盒、窗台板和散热器罩的造型、规格、尺寸、安装位置和固定方法必须符合设计要求。窗帘盒、窗台板和散热器罩的安装必须牢固。

检验方法：观察；尺量检查；手扳检查。

（3）窗帘盒配件的品种、规格应符合设计要求，安装应牢固。

检验方法：手扳检查；检查进场验收记录。

2. 一般项目

（1）窗帘盒、窗台板和散热器罩表面应平整、洁净、线条顺直、接缝严密、色泽一致，不得有裂缝、翘曲及损坏。

检验方法：观察。

（2）窗帘盒、窗台板和散热器罩与墙、窗框的衔接应严密，密封胶缝应顺直、光滑。

检验方法：观察。

（3）窗帘盒、窗台板和散热器罩安装的允许偏差和检验方法应符合表 9-2 的规定。

表 9-2　窗帘盒、窗台板和散热器罩安装的允许偏差和检验方法

项次	项　目	允许偏差（mm）	检　验　方　法
1	水平度	2	用 1 m 水平尺和塞尺检查
2	上口、下口直线度	3	拉 5 m 线，不足 5 m 拉通线，用钢直尺检查
3	两端距窗洞口长度差	2	用钢直尺检查
4	两端出墙厚度差	3	用钢直尺检查

三、施工注意事项

（1）各种电动工具使用前要检查，严禁非电工接电。

（2）施工现场内严禁吸烟，明火作业要有动火证，并设置看火人员。

（3）安装窗台板和暖气罩时，应保护已完成的工程项目，不得因操作损坏地面、窗洞、墙角等成品。

（4）窗台板、暖气罩进场应妥善保管，做到木制品不受潮，金属品不生锈，石料、块材不损坏棱角，不受污染。

（5）安装好的成品应有保护措施，做到不损坏、不污染。

第三节　门窗套制作与安装

一、施工要点

1. 找位与画线

木门窗套安装前，应根据设计图要求，先找好标高、平面位置、竖向尺寸进行弹线。

2. 核查预埋件及洞口

弹线后检查预埋件、木砖是否符合设计及安装的要求，主要检查排列间距、尺寸、位置

是否满足钉装龙骨的要求；测量门窗及其他洞口位置、尺寸是否方正垂直，与设计要求是否相符。

3. 铺、涂防潮层

设计有防潮要求的木门窗套，在钉装龙骨时应压铺防潮卷材，或在钉装龙骨前进行涂刷防潮层的施工。

4. 龙骨配制与安装

木门窗套龙骨，根据洞口实际尺寸，按设计规定骨架料断面规格，可将一侧木门窗套骨架分三片预制，洞顶一片、两侧各一片。每片一般为两根立杆，当筒子板宽度大于500 mm，中间应适当增加立杆。横向龙骨间距不大于 400 mm；面板宽度为 500 mm 时，横向龙骨间距不大于 300 mm。龙骨必须与固定件钉装牢固，表面应刨平，安装后必须平、正、直。防腐剂配制与涂刷方法应符合有关规范的规定。

木龙骨材料要求

（1）木材的树种、材质等级、规格应符合设计图纸要求及有关施工及验收规范的规定。

（2）龙骨料一般用红、白松烘干料，含水率不大于 12%，材质不得有腐朽、超断面 1/3 的节疤、劈裂、扭曲等疵病，并预先经防腐处理。

5. 钉装面板

（1）面板选色配纹。全部进场的面板材，使用前按同房间、临近部位的用量进行挑选，使安装后从观感上木纹、颜色近似一致。

面板的质量要求

面板一般采用胶合板（切片板或旋片板），厚度不小于 3 mm（也可采用其他贴面板材），颜色、花纹要尽量相似。用原木材做面板时，含水率不大于 12%，板材厚度不小于 15 mm；要求拼接的板面，板材厚度不少于 20 mm，且要求纹理顺直、颜色均匀、花纹近似，不得有节疤、裂缝、扭曲、变色等疵病。

（2）裁板配制。按龙骨排尺，在板上画线裁板，原木材板面应刨净；胶合板、贴面板的板面严禁刨光，小面皆须刮直。面板长向对接配制时，必须考虑接头位于横龙骨处。原木材的面板背面应做卸力槽，一般卸力槽间距为 100 mm，槽宽 10 mm，槽深 4~6 mm，以防板面扭曲变形。

（3）面板安装。

1）面板安装前，对龙骨位置、平直度、钉设牢固情况、防潮构造要求等进行检查，合格后进行安装。

2）面板配好后进行安装，面板尺寸、接缝、接头处构造完全合适，木纹方向、颜色的观感尚可的情况下，才能进行正式安装。

3）面板接头处应涂胶与龙骨钉牢，钉固面板的钉子规格应适宜，钉长约为面板厚度的 2~2.5 倍，钉距一般为 100 mm，钉帽应砸扁，并用尖冲子将钉帽顺木纹方向冲入面板表面下 1~2 mm。

4）钉贴脸。贴脸料应进行挑选，花纹、颜色应与框料、面板近似。贴脸规格尺寸、宽窄、厚度应一致，接槎应顺平无错槎。

门窗套制作与安装的辅料要求

（1）防潮卷材：油纸、油毡，也可用防潮涂料。

（2）胶黏剂、防腐剂：乳胶、氟化钠（纯度应在 75% 以上，不含游离氟化氢和石油沥青）。

（3）钉子：长度规格应是面板厚度的 2~2.5 倍；也可用射钉。

二、质量标准

1. 主控项目

（1）门窗套制作与安装所使用材料的材质、规格、花纹和颜色、木材的燃烧性能等级和含水率、花岗石的放射性及人造木板的甲醛含量应符合设计要求及国家现行标准的有关规定。

检验方法：观察；检查产品合格证书、进场验收记录、性能检测报告和复验报告。

（2）门窗套的造型、尺寸和固定方法应符合设计要求，安装应牢固。

检验方法：观察；尺量检查；手扳检查。

2. 一般项目

（1）门窗套表面应平整、洁净、线条顺直、接缝严密、色泽一致，不得有裂缝、翘曲及损坏。

检验方法：观察。

（2）门窗套安装的允许偏差和检验方法应符合表 9-3 的规定。

表 9-3　门窗套安装的允许偏差和检验方法

项次	项　目	允许偏差（mm）	检验方法
1	正、侧面垂直度	3	用 1 m 垂直检测尺检查
2	门窗套上口水平度	1	用 1 m 水平检测尺和塞尺检查
3	门窗套上口直线度	3	拉 5 m 线，不足 5 m 拉通线，用钢直尺检查

三、施工注意事项

（1）各种电动工具使用前要检查，严禁非电工接电。

（2）施工现场内严禁吸烟，明火作业要有动火证，并设置看火人员。

（3）安装前应设置简易防护栏杆，防止施工人员意外摔伤。

（4）细木制品进场后，应贮存在室内仓库或料棚中，保持干燥、通风，并按成品的种类、规格搁置在垫木上水平堆放。

（5）配料应在操作台上进行，不得直接在没有保护措施的地面上操作。

（6）操作时窗台板上应铺垫保护层，不得直接站在窗台板上操作。

（7）木门窗套安装后，应及时刷一道底漆，以防干裂或污染。

（8）为保护细木成品，防止碰坏或污染，尤其出入口处应加保护措施，如装设保护条、护角板、塑料贴膜，并设专人看管等。

第四节　护栏和扶手制作与安装

一、木扶手制作与安装

1. 找位与画线

（1）安装扶手的固定件。位置、标高、坡度找位校正后，弹出扶手纵向中心线。

（2）按设计扶手构造，根据折弯位置、角度，画出折弯或割角线。

（3）楼梯栏板和栏杆顶面，画出扶手直线段与弯头、折弯段的起点和终点的位置。

2. 弯头配制

（1）按栏板或栏杆顶面的斜度，配好起步弯头，一般木扶手可用扶手料割配弯头，采用割角对缝粘接，在断块割配区段内最少要考虑 3 个螺钉与固定件连接固定。大于 70 mm 断面的扶手接头配制后，除黏结外，还应在下面做暗榫或用铁件铆固。

（2）整体弯头制作。先做足尺大样的样板，并与现场画线核对后，在弯头料上按样板画线，制成雏形毛料（毛料尺寸一般大于设计尺寸约 10 mm）。按画线位置预装，与纵向直线扶手端头黏结，制作的弯头下面刻槽，与栏杆扁钢或固定件紧贴结合。

3. 连接预装

预制木扶手须经预装，预装木扶手由下往上进行，先预装起步弯头及连接第一跑扶手的折弯弯头，再配上下折弯之间的直线扶手料，进行分段预装黏结，黏结时操作环境温度不得低于 5℃。

护栏和扶手制作与安装的材料要求

（1）木制扶手一般用硬杂木加工成规格成品，其树种、规格、尺寸、形状按设计要求。木材质量均应纹理顺直、颜色一致，不得有腐朽、节疤、裂缝、扭曲等缺陷；含水率不得大于 12％。弯头料一般采用扶手料，以 45°角断面相接，断面特殊的木扶手按设计要求备弯头料。

（2）黏结料：可以用动物胶（鳔），一般多用聚乙酸乙烯（乳胶）等化学胶黏剂。

（3）其他材料：木螺钉、木砂纸、加工配件。

---

4. 固定

分段预装检查无误，进行扶手与栏杆（栏板）上固定件，用木螺钉拧紧固定，固定间距控制在 400 mm 以内，操作时应在固定点处，先将扶手料钻孔，再将木螺钉拧入，不得用锤子直接打入，螺帽达到平正。

5. 整修

扶手折弯处如有不平顺，应用细木锉锉平，找顺磨光，使其折角线清晰。坡角合适，弯曲自然、断面一致，最后用木砂纸打光。

二、塑料扶手（聚氯乙烯扶手）制作与安装

1. 找位与画线

按设计要求及选配的塑料扶手料，核对扶手支承的固定件、坡度、尺寸规格、转角形状，找位、画线确定每段转角折线点，直线段扶手长度。

2. 弯头配制

一般塑料扶手，用扶手料割角配制。

3. 连接预装

安装塑料扶手，应由每跑楼梯扶手栏杆（栏板）的上端，设扁钢，将扶手料固定槽插入支承件上，从上向下穿入，即可使扶手槽紧握扁钢。直线段与上下折弯线位置重合，拼合割制折弯料相接。

4. 固定

塑料扶手主要靠扶手料槽插入支承扁钢件抱紧固定，折弯处与直线扶手端头加热压粘，也可用乳胶与扶手直线段粘接。

5. 整修

黏结硬化后，折弯处用木锉锉平磨光，整修平顺。

三、质量标准

1. 主控项目

（1）护栏和扶手制作与安装所使用材料的材质、规格、数量和木材、塑料的燃烧性能等级应符合设计要求。

检验方法：观察；检查产品合格证书、进场验收记录和性能检测报告。

（2）护栏和扶手的造型、尺寸及安装位置应符合设计要求。

检验方法：观察；尺量检查；检查进场验收记录。

（3）护栏和扶手安装预埋件的数量、规格、位置以及护栏与预埋件的连接节点应符合设计要求。

检验方法：检查隐蔽工程验收记录和施工记录。

（4）护栏高度、栏杆间距、安装位置必须符合设计要求。护栏安装必须牢固。

检验方法：观察；尺量检查；手扳检查。

（5）护栏玻璃应使用公称厚度不小于 12 mm 的钢化玻璃或钢化夹层玻璃。当护栏一侧距楼地面高度为 5 m 及以上时，应使用钢化夹层玻璃。

检验方法：观察；尺量检查；检查产品合格证书和进场验收记录。

2. 一般项目

（1）护栏和扶手转角弧度应符合设计要求，接缝应严密，表面应光滑，色泽应一致，不得有裂缝、翘曲及损坏。

检验方法：观察；手摸检查。

（2）护栏和扶手安装的允许偏差和检验方法应符合表 9-4 的规定。

表 9-4　护栏和扶手安装的允许偏差和检验方法

项次	项　目	允许偏差（mm）	检　验　方　法
1	护栏垂直度	3	用 1 m 垂直检测尺检查
2	栏杆间距	3	用钢尺检查
3	扶手直线度	4	拉通线，用钢直尺检查
4	扶手高度	3	用钢尺检查

四、施工注意事项

（1）各种电动工具使用前要检查，严禁非电工接电。

（2）施工现场内严禁吸烟，明火作业要有动火证，并设置看火人员。

（3）对各种木方、夹板饰面板分类堆放整齐，保持施工现场整洁。

（4）安装前应设置简易防护栏杆，防止施工人员意外摔伤。

（5）安装扶手时，应保护楼梯栏杆、楼梯踏步和操作范围内已施工完的项目。

（6）木扶手安装完毕后，宜刷一道底漆，且应加包裹，以免撞击损坏和受潮变色。

（7）塑料扶手安装后应及时包裹保护。

第五节　花饰安装工程

一、预制花饰安装

1. 基层处理与弹线

（1）安装花饰的基体或基层表面应清理洁净、平整，要保证无灰尘、杂物及凹凸不平等现象。如遇有平整度误差过大的基面，可用手持电动机具打磨或用砂纸磨平。

（2）按照设计要求的位置和尺寸，结合花饰图案，在墙、柱或顶棚上进行实测并弹出中心线、分格线或相关的安装尺寸控制线。

（3）凡是采用木螺钉和螺栓进行固定的花饰，如体积较大的重型的水泥砂浆、水刷石、剁斧石、木质浮雕、玻璃钢、石膏及金属花饰等，应配合土建施工，事先在基体内预埋木砖、铁件或是预留孔洞。如果是预留孔洞，其孔径一般应比螺栓等紧固件的直径大出 12～16 mm，以便安装时进行填充作业，孔洞形状宜呈底部大口部小的锥形孔。弹线后，必须复核预埋件及预留孔洞的数量、位置和间距尺寸；检查预埋件是否埋设牢固；预埋件与基层表面是否突出或内陷过多。同时要清除预埋铁件的锈迹，不论木砖或铁件，均应经防腐、防锈处理。

（4）在基层处理妥当后并经实测定位，一般即可正式安装花饰。但如若花饰造型复杂，其分块安装或图案拼镶要求较高并具有一定难度时，必须按照设计及花饰制品的图案要求，并结合建筑部位的实际尺寸，进行预安装。预安装的效果经有关方面检查合格后，将饰件编号并顺序堆放。对于较复杂的花饰图案在较重要的部位安装时，宜绘制大样图，施工时将单体饰件对号排布，要保证准确无误。

（5）在抹灰面上安装花饰时，应待抹灰层硬化固结后进行。安装镶贴花饰前，要浇水润湿基层。但如采用胶合剂粘贴花饰时，应根据所采用的胶黏剂使用要求确定基层处理方法。

2. 安装方法及工艺

花饰粘贴法安装，一般轻型花饰采用粘贴法安装。粘贴材料根据花饰材料的品种选用。

（1）水泥砂浆花饰和水泥水刷石花饰，使用水泥砂浆或聚合物水泥砂浆粘贴。

（2）石膏花饰宜用石膏灰或水泥浆粘贴。

（3）木制花饰和塑料花饰可用胶黏剂粘贴，也可用钉固的方法。

（4）金属花饰宜用螺钉固定，根据构造可选用焊接安装。

（5）预制混凝土花格或浮面花饰制品，应用 1：2 水泥砂浆砌筑，拼块的相互间用钢销子系固，并与结构连接牢固。

3. 螺钉固定法

（1）在基层薄刮水泥砂浆一道，厚度 2～3 mm。

（2）水泥砂浆花饰或水刷石等类花饰的背面，用水稍加湿润，然后涂抹水泥砂浆或聚合物水泥砂浆，即将其与基层紧密贴敷。在镶贴时，注意把花饰上的预留孔眼对准预埋的木砖，然后拧上铜质、不锈钢或镀锌螺钉，要松紧适度。安装后用1∶1水泥砂浆或水泥素浆将螺钉孔眼及花饰与基层之间的缝隙嵌填密实，表面再用与花饰相同颜色的彩色（或单色）水泥浆或水泥砂浆修补至不留痕迹。修整时，应清除接缝周边的余浆，最后打磨光滑洁净。

（3）石膏花饰的安装方法与上述相同，但其与基层的黏结宜采用石膏灰、黏结石膏材料或白水泥浆；堵塞螺钉孔及嵌补缝隙等修整修饰处理也宜采用石膏灰、嵌缝石膏腻子。用木螺钉固定时不应拧得过紧，以防止损伤石膏花饰。

（4）对于钢丝网结构的吊顶或墙、柱体，其花饰的安装，除按上述做法外，对于较重型的花饰应事先有预设铜丝，安装时将其预设的铜丝与骨架主龙骨绑扎牢固。

4. 螺栓固定法

（1）通过花饰上的预留孔，把花饰穿在建筑基体的预埋螺栓上。如不设预埋，也可采用胀铆螺栓。

（2）采用螺栓固定花饰的做法中，一般要求花饰与基层之间应保持一定间隙，而不是将花饰背面紧贴基层，通常要留有30～50 mm的缝隙，以便灌浆。这种间隙灌浆的控制方法是：在花饰与基层之间放置相应厚度的垫块，然后拧紧螺母。设置垫块时应考虑支模灌浆方便，避免产生空鼓。花饰安装时，应认真检查花饰图案的完整和平直、端正，合格后，如果花饰的面积较大或安装高度较高时，还要采取临时支撑稳固措施。

（3）花饰临时固定后，用石膏将底线和两侧的缝隙堵住，即用1∶（2～2.5）水泥砂浆（稠度为8～12 cm）分层灌注。每次灌浆高度约为10 cm，待其初凝后再继续灌注。在建筑立面上按照图案组合的单元，自下而上依次安装、固定和灌浆。

（4）待水泥砂浆具有足够强度后，即可拆除临时支撑和模板。此时，还须将灌浆前堵缝的石膏清理掉，而后沿花饰图案周边用1∶1水泥砂浆将缝隙填塞饱满和平整，外表面采用与花饰相同颜色的砂浆嵌补，并保证不留痕迹。

（5）上述采用螺栓安装并加以灌浆稳固的花饰工程，主要是针对体积较大较重型的水泥砂浆花饰、水刷石及剁斧石等花饰的墙面安装工程。对于较轻型的石膏花饰或玻璃钢花饰等采用螺栓安装时，一般不采用灌浆做法，将其用黏结材料粘贴到位后，拧紧螺栓螺母即可。

5. 胶合剂粘贴法

较小型、轻型细部花饰，多采用粘贴法安装。有时根据施工部位或使用要求，在以胶合剂镶贴的同时再辅以其他固定方法，以保证安装质量及使用安全，这是花饰工程应用最普遍的安装施工方法。粘贴花饰用的胶合剂，应按花饰的材质品种选用。对于现场自行配制的黏结材料，其配合比应由试验确定。

目前成品胶合剂种类繁多，如前述环氧树脂类胶合剂，可适用混凝土、玻璃、砖石、陶瓷、木材、金属等花饰及其基层的粘贴；聚异氰酸酯胶合剂及白乳胶，可用于塑料、木质花饰与水泥类基层的黏结；氯丁橡胶类的胶合剂也可用于多种材质花饰的粘贴。此外还有通用型的建筑胶合剂，如W—Ⅰ、D型建筑胶合剂、建筑多用胶合剂等。选择时应明确所用胶合剂的性能特点，按使用说明制备。花饰粘贴时，有的须采取临时支撑稳定措施，尤其是对于初粘强度不高的胶合剂，应防止其位移或坠落。以普通砖块组成各种图案的花格墙，砌筑方法与前述砖墙体基本相同，一般采用坐浆法砌筑。砌筑前先将尺寸分配好，使排砖图案均匀对称。砌筑宜采用1∶2或1∶3水泥砂浆，操作中灰缝要控制均匀，灰浆饱满密实，砖块安放要平正，搭接长度要一致。

砌筑完成后要划缝、清扫，最后进行勾缝。拼砖花饰墙图案多样，可根据构思进行创新，以丰富民间风格的花墙艺术形式。

6. 焊接固定法安装

大重型金属花饰采用焊接固定法安装。根据设计构造，采用临时固定的方法后，按设计要求先找正位置，焊接点应受力均匀，焊接质量应满足设计及有关规范的要求。

二、石膏花饰安装

（1）按石膏花饰的型号、尺寸和安装位置，在每块石膏花饰的边缘抹好石膏腻子，然后平稳地支顶于楼板下。安装时，紧贴龙骨并用竹片或木片临时支住并加以固定，随后用镀锌木螺钉拧住固定，不宜拧得过紧，以防石膏花饰损坏。

（2）视石膏腻子的凝结时间而决定拆除支架的时间，一般以 12 h 拆除为宜。

（3）拆除支架后，用石膏腻子将两块相邻花饰的缝填满抹平，待凝固后打磨平整。螺钉拧的孔，应用白水泥浆填嵌密实，螺钉孔用石膏修平。

（4）花饰的安装，应与预埋在结构中的锚固件连接牢固。薄浮雕和高凸浮雕安装宜与镶贴饰面板、饰面砖同时进行。

（5）在抹灰面上安装花饰，应待抹灰层硬化后进行。安装时应防止灰浆流坠污染墙面。

（6）花饰安装后，不得有歪斜、装反和镶接处的花枝、花叶、花瓣错乱、花面不清等现象。

三、水泥花格安装

1. 单一或多种构件拼装

单一或多种构件拼装程序

单一或多种构件的拼装程序：预排→拉线→拼装→刷面。

（1）预排。先在拟定装花格部位，按构件排列形状和尺寸标定位置，然后用构件进行预排调缝。

（2）拉线。调整好构件的位置后，在横向拉画线，画线应用水平尺和线锤找平找直，以保证安装后构件位置准确，表面平整，不致出现前后错动、缝隙不均等现象。

（3）拼装。从下而上地将构件拼装在一起，拼装缝用（1∶2）～（1∶2.5）水泥砂浆砌筑。构件相互之间连接是在两构件的预留孔内插入 φ6 钢筋销子固定，然后用水泥砂浆灌实。拼砌的花格饰件四周，应用锚固件与墙、柱或梁连接牢固。

（4）刷面。拼装后的花格应刷各种涂料。水磨石花格因在制作时已用彩色石子或颜料调出装饰色，可不必刷涂。如需要刷涂时，刷涂方法同墙面。

2. 竖向混凝土组装花格

竖向混凝土组装程序

竖向混凝土花格的组装程序：预埋件留槽→立板连接→安装花格。

（1）预埋件留槽。竖向板与上下墙体或梁连接时，在上下连接点，要根据竖板间隔尺寸埋入预埋件或留凹槽。若竖向板间插入花饰，板上也应埋件或留槽。

（2）立板连接。在拟安板部位将板立起，用线锤吊直，并与墙、梁上埋件或凹槽连在一起，连接节点可采用焊、拧等方法。

（3）安装花格。竖板中加花格也采用焊、拧和插入凹槽的方法。焊接花格可在竖板立完固定后进行，插入凹槽的安装应与装竖板同时进行。

四、水泥石渣花饰安装

1. 小型花饰

（1）花饰背面稍浸水，涂上水泥砂浆。

（2）基层上刮一层 2～3 mm 的水泥砂浆。

（3）花饰上的预留孔对准预埋木砖，用镀锌螺钉固定。

（4）用水泥砂浆堵螺纹孔，并用与花饰相同的材料修补。

（5）砂浆凝固后，清扫干净。

2. 大尺寸花饰

（1）让埋在基层上的螺栓穿入花饰预留孔。

（2）花饰与基层之间放置垫块，按设计要求保持一定间隙，以便灌浆。

（3）拧紧螺母，对质量大、安装位置高的花饰搭设临时支架予以固定。

（4）花饰底线和两侧缝隙用石膏堵严，用 1∶2 的水泥砂浆分层灌实。

（5）砂浆凝固后拆除临时支架，清理堵缝石膏。

（6）用 1∶1 水泥砂浆嵌实螺栓孔和周边缝隙，并用与花饰相同颜色的材料修整。

（7）待砂浆凝固后，清扫干净。

五、塑料、纸质花饰安装

（1）根据花饰的材料与基层的特点，选配黏结剂，通常可用聚乙酸乙烯酯或聚异氰酸酯为基础的黏结剂。

（2）用所选的黏结剂试粘贴，强度和外观均满足要求后方可正式粘贴。

（3）花饰背面均匀刷胶，待表面稍干后贴在基层上，并用力压实。

（4）花饰按弹线位置就位后，及时擦拭挤出边缘的余胶。

（5）安装完毕后，用塑料薄膜覆盖保护，防止表面污染。

六、质量标准

1. 主控项目

（1）花饰制作与安装所使用材料的材质、规格应符合设计要求。

检验方法：观察；检查产品合格证书和进场验收记录。

（2）花饰的造型、尺寸应符合设计要求。

检验方法：观察；尺量检查。

（3）花饰的安装位置和固定方法必须符合设计要求，安装必须牢固。

检验方法：观察；尺量检查；手扳检查。

2. 一般项目

（1）花饰表面应洁净，接缝应严密吻合，不得有歪斜、裂缝、翘曲及损坏。

检验方法：观察。

（2）花饰安装的允许偏差和检验方法应符合表 9-5 的规定。

七、施工注意事项

（1）拆架子或搬动材料、设备及施工工具时，不得碰损花饰，注意保护其完整。

（2）花饰脱落。花饰安装必须选择适当的固定方法及粘贴材料。注意胶黏剂的品种、性能，防止粘不牢，造成开粘脱落。

表 9-5　花饰安装的允许偏差和检验方法

项次	项　目		允许偏差（mm）		检　验　方　法
			室内	室外	
1	条型花饰的水平度或垂直度	每米	1	3	拉线和用 1 m 垂直检测尺检查
		全长	3	6	
2	单独花饰中心位置偏移		10	15	拉线和用钢直尺检查

（3）必须有用火证和设专人监护，并布置好防火器材，方可施工。

（4）在油漆掺入稀释剂或快干剂时，禁止烟火，以免引起燃烧，发生火灾。

（5）花饰安装的平直超偏，注意弹线和块体拼接的精确程度。

（6）施工中及时清理施工现场，保持施工现场有秩序整洁。工程完工后应将地面和现场清理整洁。

（7）施工中使用必要的脚手架，要注意地面保护，防止碰坏地面。

（8）石膏腻子凝固的时间短促，应随配随用。初凝后的石膏腻子不得再使用，因其已失去黏结性。

（9）石膏花饰制品一般强度不高，故在搬运过程中应轻拿轻放。

（10）石膏花饰制品怕水，不得在露天存放，受潮后会发黄，要采取防水、防潮措施，湿度较大的房间，不得使用未经防水处理的石膏花饰。

（11）安装花饰的墙面或顶棚，不得经常有潮湿或漏水现象，以免花饰受潮变色。

（12）花饰镶接处的花纹、花叶、花瓣应相互连接对齐，不可错乱，注意合角拼缝和花饰。

（13）花饰扭曲变形、开裂。螺钉和螺栓固定花饰不可硬拧，应使各固定点平均受力，防止花饰扭曲变形和开裂。

（14）花饰安装后应加强保护措施，保持已安装好的花饰完好洁净。

（15）施工中要特别注意成品保护。刷漆时应防止洒漏，防止污染其他成品。

（16）花饰工程完成后，应设专人看管，防止摸碰和弄脏饰物。

参考文献

[1] 中国建筑科学研究院. GB 50210—2001 建筑装饰装修工程质量验收规范 [S]. 北京：中国标准出版社，2001.

[2] 北京土木建筑学会. 建筑装饰装修工程—技术交底记录详解 [M]. 武汉：华中科技大学出版社，2009.

[3] 北京土木建筑学会. 门窗与幕墙工程—施工技术交底记录详解 [M]. 武汉：华中科技大学出版社，2010.

[4] 北京建工集团有限责任公司. 建筑分项工程施工工艺标准 [M]. 北京：中国建筑工业出版社，2001.

参考文献

[1]
[2]
[3]
[4]